Michael Dickreiter
Mikrofon-Aufnahmetechnik

Michael Dickreiter

Mikrofon-Aufnahmetechnik

**Aufnahmeräume · Schallquellen · Mikrofone
Räumliches Hören · Aufnahmeverfahren
Aufnahme einzelner Instrumente und Stimmen**

3., neu bearbeitete und erweiterte Auflage

herausgegeben von Michael Dickreiter in Kooperation mit der

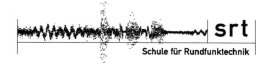

Schule für Rundfunktechnik

S. HIRZEL Verlag Stuttgart · Leipzig 2003

Dr. Michael Dickreiter
F-83680 La Garde-Freinet

Bibliografische Information Der Deutschen Bibliothek
Die Deutsche Bibliothek verzeichnet diese Publikation in der Deutschen Nationalbibliografie;
detaillierte bibliografische Daten sind im Internet über http://dnb.ddb.de abrufbar.

ISBN 3-7776-1199-9

© 2003 S. Hirzel Verlag
Birkenwaldstraße 44, 70191 Stuttgart
Printed in Germany

Satz und Druck: Mediendruck Unterland, Flein
Umschlaggestaltung: Atelier Schäfer, Esslingen

Inhalt

Einleitung VII

Aufnahmeraum 1
Schallwellen, Grundbegriffe 2
Raumakustik, Grundbegriff 6
Direktschall 10
Schallreflexionen 14
Absorption 18
Nachhall 22
Hallabstand 26
Tonstudios und Kirche 30
Historische Konzertsäle bis 1800 34
Historische Konzertsäle des 19. Jahrhunderts 38
Konzertsäle des 20. Jahrhunderts 42
Historische und moderne Opernhäuser 46

Schallquellen 51
Orchester und Kammermusikensembles 52
Akustik der Musikinstrumente 56
Dynamik und Lautstärke der Musikinstrumente . . . 60
Streichinstrumente 64
Holzblasinstrumente 68
Blechblasinstrumente 72
Schlaginstrumente und Klavier 76
Sprech- und Singstimme 80
Wahrnehmung von Tönen und Klängen 84

Mikrofone 89
Richtcharakteristik und Empfängerprinzip 90
Elektroakustische Wandlung und deren Kennwerte 94
Frequenzgang 98
Spezialmikrofone für Gesangs- und
Sprachaufnahmen 102
Spezielle Richtmikrofone und Mikrofonpärchen . . 104
Grenzflächenmikrofone 106
Digitalmikrofone 108
Großmembran- und Röhrenmikrofone 110
Maßnahmen gegen Wind, Popp und Körperschall 112

Räumliches Hören 115
Räumliches Hören im natürlichen Schallfeld 116
Räumliches Hören bei Lautsprecherwiedergabe . . . 118

Aufnahmeverfahren 122
Stereofonie 124
Intensitätsstereofonie mit Koinzidenzmikrofonen . . 128
Intensitätsstereofonie: XY-Mikrofonverfahren 130
Intensitätsstereofonie: MS-Mikrofonverfahren 132
Intensitätsstereofonie: Einzelmikrofonverfahren . . . 134
Intensitätsstereofonie: Kontrolle der Stereosignale . 138
Laufzeitstereofonie 142
Gemischte Aufnahmeverfahren 146
Gemischte Aufnahmeverfahren mit Trennkörpern . . 150
Stützmikrofone 154
Kunstkopf-Aufnahmeverfahren
und Kopfhörerwiedergabe 158
Mehrkanalstereofonie 160
Klangästhetische Prinzipien bei Musikaufnahmen . . 163

**Aufnahme einzelner Instrumente
und Stimmen** 167
Aufnahme von Streichinstrumenten 168
Aufnahme von Blasinstrumenten 170
Aufnahme von Schlaginstrumenten 174
Aufnahme von Gitarren 178
Anschluss elektrischer Musikanlagen 180
Aufnahme von Tasteninstrumenten 184
Wortaufnahme 188
Aufnahme von Gesangssolisten und Chören 192

Weiterführende Literatur, eine Auswahl 196

Bildquellennachweise 197

Sachregister 198

Einleitung

Zwischen den Musikern oder auch nur einem Sprecher im Studio und den Lautsprechern im Regieraum gibt es zwei Aufgabenbereiche für das aufnehmende Team und für die Tontechnik, die sich in ihrer Problematik und in ihrem Einfluss auf die Tonaufnahme gut gegeneinander abgrenzen lassen: der Aufnahmeraum mit Schallquellen und Mikrofonen auf der einen Seite - das ist die eigentliche Mikrofon-Aufnahmetechnik -, die Tonregieanlage mit ihren mannigfaltigen tontechnischen Gestaltungsmöglichkeiten auf der anderen Seite. Die Bedeutung dieser Bereiche hängt durchaus davon ab, was gerade aufzunehmen ist: Bei klassischer Musik z. B. kommt dem Aufnahmeraum mit der Mikrofonaufstellung eine erstrangige Bedeutung für die Aufnahme zu, bei Popmusikaufnahmen ist eine geeignete Mikrofonaufstellung in einem geeigneten Studio Bedingung für das Gelingen der Aufnahme, hier kann aber keine gute Tonaufnahme ohne eine umfassende tontechnische Bearbeitung realisiert werden.

Dieses Buch beschäftigt sich mit der Mikrofon-Aufnahmetechnik. Sinnvoll ist dies nur, wenn der Aufnahmeraum, das räumliche Hören, die Mikrofone und die Schallquellen in die Betrachtung einbezogen werden. Diese Themenbereiche werden in thematisch geordneten Sachartikeln behandelt. Der Bezug zur Praxis, die alltägliche Verwertbarkeit der Fakten, stehen soweit wie möglich im Vordergrund. Da in dieser Praxis aber Fragen des Geschmacks und der klanglichen Zielvorstellungen, also subjektive Urteile, eine ganz wichtige Rolle spielen und deshalb allzu oft nicht als allgemeine Empfehlungen weitergegeben werden können, beschränkt sich dieses Buch auf das Wissen, das Voraussetzung ist, um eine Klangkonzeption gezielt zu verwirklichen. Erst auf diesem Wissen aufbauend kann ein „persönlicher Stil" bei der Tonaufnahme entwickelt werden.

Die Darstellung und das notwendige Vorwissen ermöglichen es - so hofft der Autor - sowohl dem Berufsanfänger wie dem Erfahrenen, mit Gewinn mit diesem Buch zu arbeiten. Im Mittelpunkt steht zwar die professionelle Studiotechnik, allerdings sind die akustischen Gegebenheiten und die verwendeten Mikrofone bei nicht professionellen Aufnahmen nicht so grundsätzlich verschieden, so dass das Buch für diesen Sektor ebenso hilfreich ist.

Die vorliegende dritte Auflage, sieben Jahre nach dem Erscheinen der zweiten Auflage vorgelegt, trägt wieder den Entwicklungen der Aufnahmetechnik in diesem Zeitraum Rechnung. Die Einführung der digitalen Speicherung und Bearbeitung hat zu einer Anhebung der Qualitätsstandards geführt, die die Anforderungen an die Aufnahmetechnik weiter gesteigert haben. Dies musste zu einer erheblichen Erweiterung führen.

Im Bereich der E-Musikaufnahmen haben sich diese Anforderungen auf alle beteiligten Faktoren ausgewirkt: Der Aufnahmeraum als Teil des musikalisch-akustischen Geschehens wird heute nach Möglichkeit stilgerecht passend zur Musik ausgewählt; dies führte zur Erweiterung in diesem Themenbereich. Bei einer Tonaufzeichnungs- und Bearbeitungstechnik, die in qualitativer Hinsicht gemessen an den menschlichen Hörfähigkeiten kaum mehr wirklicher Verbesserungen bedarf, musste sich der Blick notwendigerweise auf das Mikrofon als komplexes elektroakustisches Gebilde richten. Erstmals gibt es ein Kapitel über digitale Mikrofone. Technische Spezifikationen erfassen zwar nicht vollständig die hörbare Qualität von Mikrofonen, stellen aber objektivierbare Bedingungen an gute Mikrofone; auch hier wurde die Monografie erweitert. Im Bereich des räumlichen Hörens werden die Probleme der zweikanalig-stereofonen Wiedergabe inzwischen deutlicher gesehen und dementsprechend ausführlicher dargestellt. Auf die derzeit laufenden Entwicklungen zu Verbesserungen der stereofonen Wiedergabe durch fünfkanalige Aufnahme und Wiedergabe wird eingegangen, aber noch sind die Entwicklungen im Fluss.

Neuerungen und Ergänzungen enthält auch der Abschnitt über die Mikrofon-Aufnahme selbst. Hier sind die Hauptmikrofonverfahren in Verbindung mit guten und geeigneten Aufnahmeräumen viel mehr in den Mittelpunkt gerückt und werden heute differenzierter betrachtet und eingesetzt. Das musste zu einer stärkeren Berücksichtigung des Raumschalls bei der Aufnahme führen, was bei der Entwicklung z. B. des Kugelflächenmikrofons und des Kunstkopfs berücksichtigt wurde. Weiter ist die reine Intensitätsstereofonie, die aus der Forderung nach Monokompatibilität zu Beginn des Stereozeitalters nach 1960 besonders gepflegt wurde, zugunsten besonders der gemischten Aufnahmeverfahren zurückgetreten.

Der dritten Auflage ist auch das „Tonmeister Survival Kit" beigelegt, das seinen Nutzen vor allem bei den Einstellungen der Parameter bei den „gemischten" Aufnahmetechniken erweist. Die Anwendung dieser Einstellscheibe ist kein Patentrezept für gelungene Aufnahmen, aber eine Hilfestellung.

Im Bereich der Popmusikaufnahmen haben die rein elektronischen Produktionstechniken weiter an Bedeutung gewonnen, so dass in vielen Fällen gerade noch die menschliche Stimme mit Mikrofon aufgenommen wird. Dabei gibt es keine wesentlichen Neuerungen. Aber auch hier entwickeln sich Gegenströmungen, die der akustischen Aufführung wieder mehr Gewicht verschaffen.

Dem Verlag sei gedankt, dass er die umfangreichen Umarbeitungen und Erweiterungen bereitwillig akzeptiert hat. Den Lesern wünsche ich, dass sie das bereitgestellte theoretische Wissen erfolgreich in die Praxis umsetzen können. Zwar genügt es bei weitem nicht, Wissen einfach anzuwenden, aber auch ein bevorzugt intuitiver Umgang mit den technischen Mitteln kann nicht dauerhaft erfolgreich sein.

Nürnberg, im Sommer 2002   Michael Dickreiter

Aufnahmeraum

Schallwellen, Grundbegriffe
Raumakustik, Grundbegriffe
Direktschall
Schallreflexionen
Absorption
Nachhall
Hallabstand
Studios, Kammermusiksäle, Kirchen, Freiluft
Historische Konzertsäle bis 1800
Historische Konzertsäle des 19. Jahrhunderts
Konzertsäle des 20. Jahrhunderts
Historische und moderne Opernhäuser

Die akustischen Phänomene des Alltags, vor allem Geräusche und Sprache, und die akustischen Phänomene im Bereich der Kunst und Unterhaltung, vor allem Musik und Sprache, entfalten sich stets in einem – auch hörbaren – Raum; er kann z. B. klein oder groß, hallig oder auch trocken sein. Der Raum hat für die akustische Wahrnehmung – besonders bei elektroakustischer Wiedergabe – eine ähnliche Bedeutung wie das Licht für die Malerei oder Plastik. Ohne Raum können akustische, ohne Licht optische Phänomene nicht adäquat wahrgenommen werden. Raum und Licht sind also Medien der Wahrnehmung. Sie sind nicht neutral, sondern verändern, interpretieren die Ereignisse. So fügt die Akustik des Aufnahmeraums der Musik oder Sprache Informationen über die Art des Raumes hinzu, über seine Größe und die Beschaffenheit der Wände. Dies kann zugleich eine Information über die kulturelle und soziale Umgebung sein: Eine typische Kirchenakustik assoziiert die Musik mit einer Kirche, mit ihrer feierlichen Stille, mit ihrer religiösen Besinnlichkeit. Es ist auch ein erheblicher Unterschied, ob Kammermusik stilgerecht mit der Akustik einer intimen Kammer oder mit derjenigen eines Konzertsaals mit 2000 Plätzen vermittelt wird. Schließlich gehörten der passende Aufnahmeraum genauso zu einer historischen Aufführungspraxis wie die historischen Instrumente. Weil bei elektroakustischer Wiedergabe der optische Raumeindruck fehlt, gewinnt der akustische Raumeindruck um so mehr Gewicht. Mehr und mehr benutzt man für Aufnahmen deshalb sog. Originalräume.

Der bei der modernen Aufnahmetechnik von U- und Popmusik, aber gelegentlich auch von E-Musik, geübte Verzicht auf den „natürlichen" Aufnahmeraum und sein Ersatz durch eine mit den Mitteln der Tontechnik erzeugte Raumillusion bedeutet nicht den Verzicht auf die angemessene Akustik, sondern eine sonst oft nur mit großem Aufwand mögliche Optimierung der notwendigen Raumillusion einer Aufnahme. Mit denselben Mitteln können allerdings auch „künstliche" Aufnahmeräume geschaffen werden; die Raumakustik, der Raum wird damit Teil der bei der Aufnahme gestaltbaren Klangästhetik. Zwischen einer „natürlichen Raumakustik" und einer „künstlichen Raumakustik", die rein physikalisch durchaus auch undenkbar sein kann, gibt es natürlich alle Stufen des Übergangs.

Schallwellen, Grundbegriffe

Schallausbreitung

Schall breitet sich **in Luft** als Längs- oder Longitudinalwelle aus (Abb. A). Dabei bewegen sich Zonen verdichteter Luft mit erhöhtem Luftdruck abwechselnd mit Zonen verdünnter Luft mit geringerem Luftdruck von der Schallquelle mit Schallgeschwindigkeit weg. Die einzelnen Luftteilchen schwingen bei dieser Wellenausbreitung nur hin und her; die Schallwelle transportiert also nicht Teilchen, sondern Energie – Schallenergie. Diese Dichtewelle ist die Wellenart, mit der sich Schallwellen in Luft und allgemein in Gasen und in Flüssigkeiten ausbreiten. Reine Longitudinalwellen entwickeln sich nur in einem allseitig unbegrenzten Ausbreitungsmedium. Bei Luftschall ist diese Bedingung in der Raumakustik praktisch ausreichend erfüllt. In **Festkörpern** gibt es neben den Dichtewellen auch andere Wellenformen. Körperschall breitet sich in Saiten und Platten aus, also in begrenzten Körpern. Dabei haben Körperschallwellen im allgemeinen kompliziertere Wellenformen, sie sind z. B. Biegewellen in Platten und Membranen und Dehn- oder Torsionswellen in Saiten und Stäben (Abb. A).

Da sich Schall in Luft nach allen Richtungen von der Schallquelle aus gleichmäßig ausbreitet, ist die Schallwelle bei einer – gemessen an der Wellenlänge der Schwingung – kleinen Schallquelle mit konzentrischen Kugelschalen zu vergleichen, die sich ständig vergrößern und dabei von der Schallquelle entfernen. Eine solche Schallwelle wird als **Kugelwelle** bezeichnet. In größerem Abstand von der Schallquelle wird die Wölbung der Kugelschalen so gering, dass die Kugelwelle allmählich in eine **ebene Welle** übergeht (Abb. B). Bei der Kugelwelle nimmt die Stärke der Wellenbewegung, also ihre Amplitude, mit zunehmender Entfernung ab; bei der ebenen Welle bleibt sie theoretisch konstant, unter Praxisbedingungen nimmt sie nur wenig ab. In allernächster Umgebung der Schallquelle hat die Schallwelle kompliziertere Merkmale (→ S. 101, Nahbesprechungseffekt). In der Praxis gibt es weitere Einflüsse auf die Schallausbreitung (→ S. 10).

Kennwerte einer Schallwelle

Bei der Ausbreitung einer Schallwelle ändern sich mehrere **physikalische Größen,** nämlich: der Ort der Luftteilchen im Raum, die Dichte der Luft, der Schalldruck, d. h. die Änderung des Luftdrucks durch die Schallwelle, die Schallschnelle, d. h. die Bewegungsgeschwindigkeit der Luftteilchen, der Schalldruckgradient, d. h. der Luftdruckunterschied zwischen zwei Raumpunkten, und die Temperatur. Mikrofone reagieren entweder auf den Schalldruckgradienten oder auf den Schalldruck (→ S. 90 ff.).

Der **Schalldruck** überlagert sich als Wechseldruck dem atmosphärischen Gleichdruck. Die Druckschwankungen sind sehr gering; sie betragen z. B. in 1 m Entfernung von einem Sprecher etwa den millionsten Teil des atmosphärischen Luftdrucks, weit weniger als die wetterbedingten Schwankungen. Schalldruck wirkt stets in alle Richtungen in gleicher Weise, eine bestimmte Richtung – wie sie etwa die Luftteilchenbewegung kennzeichnet – gibt es nicht. Ein Mikrofon, das auf Schalldruck reagiert, ist deshalb stets in alle Richtungen gleich empfindlich (Kugelrichtcharakteristik), wenn es klein gegenüber der Wellenlänge ist. Die Größe des Schalldrucks kann durch verschiedene Messgrößen angegeben werden, im allgemeinen durch den Effektivwert, gemessen in Pascal (Pa) oder Newton pro m² (N/m²). In vielen Fällen erweist sich der Schalldruckpegel angegeben in Dezibel (dB) und bezogen auf die genormte Hörschwelle (0 dB $\triangleq$ 2 · 10^{-5} N/m²) als praktische Größe des Schalldrucks (Abb. C). Leise Geräusche liegen bei 30–40 dB, gesprochenes Wort bei 55–65 dB, laut wird es ab 80 dB.

Die **Schallschnelle,** die Bewegungsgeschwindigkeit der Luftteilchen, zeigt im Nahfeld ein anderes Verhalten als der Schalldruck. Während der Schalldruck unabhängig von der Wellenlänge des Schalls in dem Maß ansteigt, wie der Abstand zur Schallquelle abnimmt, steigt die Schallschnelle überproportional an. Da hierbei nur das Verhältnis von Wellenlänge zum Abstand von der Schallquelle ausschlaggebend ist, verstärkt sich dieser Effekt zu tiefen Frequenzen hin und führt zu einer Bassanhebung bei Auf-

A. Schallwellen

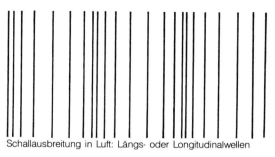

Schallausbreitung in Luft: Längs- oder Longitudinalwellen

Quer- oder
Transversalwellen

Biegewellen

Torsionswellen

Schallausbreitung in Festkörpern

B. Schallwellen im Nah-
und Fernfeld einer
Schallquelle

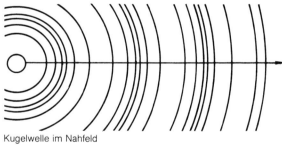

Kugelwelle im Nahfeld

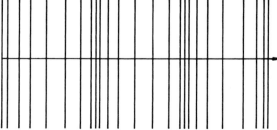

ebene Welle im Fernfeld

C. Schallwellen, grundlegende mathematische Zusammenhänge

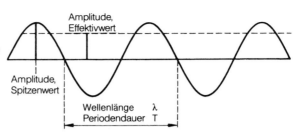

$\lambda = c \cdot T$

$\quad = \dfrac{c}{f}$

$f = \dfrac{1}{T} \quad c = 343\,\text{m/s}$

λ = Wellenlänge [m]
c = Schallgeschwindigkeit [m/s]
T = Periodendauer [s]
f = Frequenz [Hz]

für die ebene Welle:

$\dfrac{p}{v} = Z$

$Z = \varrho \cdot c$

p = Schalldruck [N/m^2] oder [Pa]
v = Schallschnelle [m/s]
Z = Schallkennimpedanz [Ns/m^3]
ϱ = Luftdichte [kg/m^3]

D. Zusammenhang von Laufzeit und zurückgelegtem Weg bei der Ausbreitung einer Schallwelle in Luft

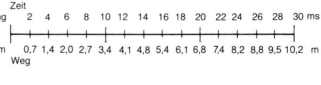

E. Zusammenhang von musikalischer Tonhöhe, Frequenz und Wellenlänge bei einer Schallwelle in Luft

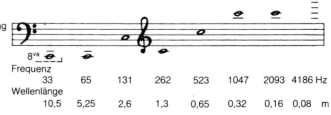
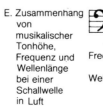

Frequenz: 33, 65, 131, 262, 523, 1047, 2093, 4186 Hz
Wellenlänge: 10,5, 5,25, 2,6, 1,3, 0,65, 0,32, 0,16, 0,08 m

nahmen mit einem Mikrofon, das auf die Schnelle reagiert. Der **Schalldruckgradient,** also die Druckdifferenz zwischen zwei Punkten des Schallfelds, verhält sich im Nahfeld wie die Schnelle. Alle Richtmikrofone sind Druckgradientenempfänger, nur Bändchenmikrofone sind Schnelleempfänger, ($\rightarrow$ S. 90f.).

Schalldruck, Schallschnelle und **Schalldruckgradient** sind in der ebenen Schallwelle, also im Fernfeld, in Phase und einander proportional. Im Nahfeld üblicher Schallquellen stellt sich zwischen Druck und Schnelle bei Annäherung an die Schallquelle eine zunehmende Phasenverschiebung bis 90° ein. Schalldruck und -schnelle sind hier nicht mehr proportional. Das Verhältnis von Druck zu Schnelle ist die **Schallkennimpedanz** (Abb. C). Sie ist im Nahfeld eine komplexe Größe, im Fernfeld eine Konstante der Luft, der akustische Widerstand der Luft.

Die **Schallgeschwindigkeit** bezeichnet die Ausbreitungsgeschwindigkeit der Schallwelle in Luft im Raum. Im Gegensatz zur Schnelle ist die Schallgeschwindigkeit eine Konstante, die nur von den atmosphärischen Bedingungen bestimmt wird. Sie beträgt bei 20 °C auf Meereshöhe 343,8 m/s. Abb. D zeigt den Zusammenhang von Weg und der dafür benötigten Zeit bei der Ausbreitung einer Schallwelle in Luft.

Die **Wellenlängen** der Schallwellen, die für Tonaufnahmen von Bedeutung sind, reichen von rund 20 m für die tiefsten hörbaren Frequenzen mit 16 Hz bis rund 1,5 cm für die höchsten hörbaren Frequenzen mit 20 kHz (Abb. E). Da bei vielen akustischen Vorgängen wie z.B. Schallreflexion, Schallbeugung, Schallabstrahlung bei Musikinstrumenten und Lautsprechern, Schallabsorption und beim Verhalten der Mikrofone im Schallfeld die Wellenlänge einen ganz wesentlichen Einfluss hat, müssen die meisten akustischen Phänomene unter Berücksichtigung der Wellenlänge bzw. Frequenz betrachtet werden.

Schallanalyse

Der Schall natürlicher Schallquellen setzt sich aus mehreren, im Allgemeinen sehr vielen Teilschwingungen zusammen. Schallanalyse ist die Bestimmung von Frequenz, Amplitude und gelegentlich auch der Phasenlage dieser einzelnen Teilschwingungen. **Periodische Schallvorgänge** bestehen nur aus harmonischen Teilschwingungen (Teiltöne, Partialtöne), ihre Frequenzen sind ganzzahlige Vielfache einer Grundschwingung ($\rightarrow$ S. 58, Abb. D). **Nichtperiodische Schallvorgänge** sind aus unendlich vielen, in ihrer Frequenz unendlich dicht nebeneinanderliegenden Teilschwingungen zusammengesetzt; zu diesen Schallvorgängen gehören Geräusche und alle einmaligen Vorgänge (Ausgleichsvorgänge, Transienten). Bei natürlichen Schallquellen wirken periodische und nichtperiodische Schallvorgänge zusammen; Sprache und Geräusche sind überwiegend nichtperiodische, Töne und Musik überwiegend periodische Schallvorgänge.

Je nach Aufgabenstellung und Art des Schallvorgangs stehen entsprechende **Analyseverfahren** zur Verfügung. Für jede Art von Schallanalyse eignet sich der **Echtzeitfrequenzanalysator,** der mit dem Ablauf der Schallereignisse – z.B. alle 200 ms – ein neues Spektrum anzeigt; das Gerät berechnet aus dem digitalisierten Signal in kürzester Zeit das Spektrum nach dem mathematischen Verfahren der sog. Fourier-Transformation (Fast Fourier Transformation, FFT). Durch statistische Mittelung können aus den schnell wechselnden Augenblicksmessungen allgemeiner gültige Merkmale ersehen werden. Für einfachere Überwachungsaufgaben eignen sich auch Sätze von parallel geschalteten Filtern, sog. Filterbänke, mit Durchlassbereichen mit Terzbreite (obere zur unteren Grenzfrequenz 5:4) oder Oktavbreite (2:1).

Raumakustik, Grundbegriffe

Raumeinflüsse auf das Schallereignis

Im Allgemeinen befindet sich eine Schallquelle bei der Mikrofonaufnahme in einem geschlossenen Raum, nicht nur wegen praktischer Vorteile, sondern vor allem deshalb, weil der Raum das Schallereignis in einer Weise verändert und ergänzt, die vom Hörer als gewohnt und deshalb als notwendig und angenehm empfunden wird. Wenn in der modernen Aufnahmepraxis diese Raumeinflüsse aus Gründen ihrer Veränderbarkeit, ihrer nachträglichen Hinzufügbarkeit sowie aus wirtschaftlichen Gründen ganz oder teilweise durch Hallgeräte erzeugt werden, so gelten hier dieselben Begriffe. Die **Einflüsse des Raums** können auf zweierlei Weise beschrieben werden:

1. **objektiv** durch Messungen des Schallereignisses (Raumakustik),
2. **subjektiv** durch die verbale Beschreibung des Hörereignisses (Hörakustik).

Beide Verfahren sind notwendig; je nach Fragestellung kann die objektive oder die subjektive Aussage Vorrang haben. Die objektiven Begriffe der Raumakustik sind allgemeinverbindlich definiert. Für die subjektive Hörakustik haben sich die nachfolgend genannten Begriffe weitgehend durchgesetzt. Ziel ist die Verknüpfung der Begriffe der Raumakustik mit den Begriffen der Hörakustik.

Grundbegriffe der Raumakustik

Wenn sich in einem geschlossenen Raum Schallwellen von einer Schallquelle ausbreiten, so treffen sie bald auf Wände, Decke und Boden und werden dort als **Schallreflexionen** zurückgeworfen (Abb. A). Die Rückwürfe stoßen wieder und wieder auf die Raumbegrenzungen. Dabei erhöht sich die zeitliche Dichte der Rückwürfe, die an einem Ort im Raum – bei einem Mikrofon oder einem Hörer – eintreffen, immer mehr. Die **ersten Reflexionen** haben für die Wahrnehmung des Raums und seiner Einflüsse auf das Klangbild weitreichende Bedeutung, obwohl sie einzeln meist kaum wahrnehmbar sind (→ S. 14). Störend wahrnehmbare Reflexionen sind

Echos; sie kommen mindestens 50 ms nach dem Direktschall. Die weiteren, zeitlich sehr dichten Reflexionen bilden zusammen mit den ersten Reflexionen den **Nachhall** (→ S. 22). Da die Schallwellen bei jeder Reflexion Schallenergie durch **Absorption** verlieren, wird die Stärke der Reflexionen und damit die Stärke des Nachhalls nach dem Ende eines Schallereignisses rasch schwächer; ein Maß hierfür ist die **Nachhallzeit**. Bei einem andauernden Schallereignis stellt sich ein Gleichgewicht zwischen zugeführter und absorbierter Schallenergie im Raum ein. Dieser Zustand ist nicht von Anfang an da, sondern baut sich erst auf während des **Anhalls** oder **Einschwingens des Raums** (Abb. B).

Schall erreicht also einerseits von der Schallquelle aus als **Direktschall** einen Hörer oder ein Mikrofon, andererseits treffen in einem Raum nach dem Direktschall (→ S. 10) die Raumreflexionen ein. Da die Reflexionen diffus aus allen Richtungen kommen, bilden sie zusammen den **Diffusschall** (Raumschall). Der Direktschall nimmt mit zunehmender Entfernung zur Schallquelle rasch ab, der Diffusschall ist im Allgemeinen etwa gleichmäßig über den ganzen Raum verteilt (Abb. C). Damit verändert sich das Verhältnis von Direkt- zu Diffusschall mit dem Abstand von der Schallquelle, ein wichtiges Kriterium für den Mikrofonabstand. Im Abstand des **Hallradius** (→ S. 26) um die Schallquelle haben Direkt- und Diffusschall gleiche Pegel (Abb. C).

Grundbegriffe der Hörakustik

Für die subjektive Beschreibung der Hörakustik eines Raums werden die Begriffe nach Abb. D verwendet. Die wichtigsten Begriffe daraus sind:

Die **Hörsamkeit** eines Raums ist ganz allgemein seine Eignung für bestimmte Schalldarbietungen. Gute Hörsamkeit eines Raums für Sprachdarbietungen besagt z. B., dass ohne Benutzung elektroakustischer Anlagen eine gute Sprachverständlichkeit an allen Plätzen des Raums gewährleistet ist. Das Urteil über die Hörsamkeit wird psychoakustisch gewonnen und fasst als Globalurteil verschiedene Aspekte der Hörakustik zusammen.

A. Schallausbreitung
in einem geschlos-
senen Raum
(Die Schallstrahlen
zeigen die
Ausbreitungsrichtung
und die Stärke
der Schallwellen.)

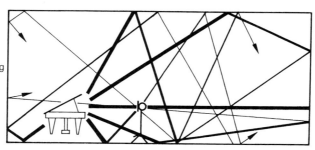

B. Zeitlicher Ablauf
von Direktschall
und Diffusschall
in einem Raum

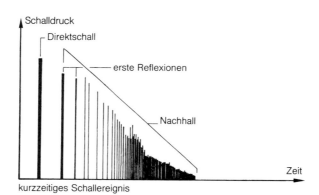

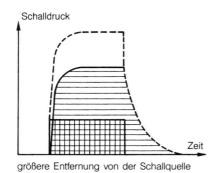

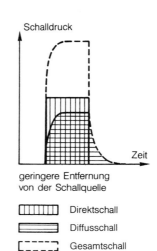

größere Entfernung von der Schallquelle

geringere Entfernung
von der Schallquelle

Direktschall

Diffusschall

Gesamtschall

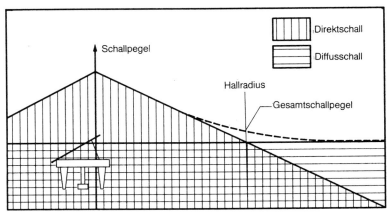

C. Räumliche Verteilung von Direktschall und Diffusschall

Kriterien für	Begriffe und Unterbegriffe der Hörakustik	Kurzdefinitionen	raumakustische Kriterien
Sprache und Musik	Hörsamkeit 1. von Sprache 2. von Musik	akustische Eignung eines Raums für Sprach- bzw. Musikdarbietungen	optimale Werte aller Größen
Sprache	Verständlichkeit 1. Silben-, 2. Satzverständlichkeit	Prozentsatz der richtig verstandenen Silben bzw. Sätze bei gut artikuliertem Vortrag, Deutlichkeit, Klarheit	Verhältnis von Direkt- zu Diffusschall, Energieanteil des 50-ms-Anfangsschalls
Sprache und Musik	Raumeindruck 1. Raumgröße 2. Halligkeit	Empfindung der Größe und Ausgestaltung des Raums	Raumgröße: Verzögerung der ersten Reflexionen, Resonanzdichte, Halligkeit: Nachhallzeit, Raumgröße
Musik	Räumlichkeit	Empfindung der Ausdehnung der Schallquelle und des Eingehülltseins des Hörers	Größen, die Teilschallenergien richtungsabhängig erfassen
	Entfernung	Empfindung der Entfernung der Schallquelle	Verhältnis Direkt- zu Diffusschall, Korrelation der zugehörigen Rauminformation
	Durchsichtigkeit 1. Registerdurchsichtigkeit 2. Zeitdurchsichtigkeit	Klarheit einer musikalischen Darbietung aufgrund der Unterscheidbarkeit gleichzeitiger (1.) und aufeinanderfolgender (2.) Schallereignisse	Verhältnis von Anfangsschallenergie zur Gesamtschallenergie
	Klangfarbe	Empfindung der Klangfarbe, Klanghelligkeit, Wärme	Frequenzgang des Nachhalls
	Lautstärke	Empfindung der Lautstärke bei Fortissimo	Raumgröße, Schallabsorption

D. Begriffe der Hörakustik

Es hängt auch von den Eigenschaften der Schallquelle und von den durchaus subjektiven Kriterien des Beurteilenden ab.

Die **Durchsichtigkeit** kennzeichnet bei Musikdarbietungen die Unterscheidbarkeit gleichzeitig gespielter Instrumente, Instrumentengruppen oder deren Register (Registerdurchsichtigkeit) trotz überlagertem Raumschall; sie bietet die Voraussetzung für die Wahrnehmung komplexer musikalischer Strukturen. Durchsichtigkeit ist auch gekennzeichnet durch klare Trennung zeitlich aufeinanderfolgender Elemente (Zeitdurchsichtigkeit). Die Durchsichtigkeit bezeichnet also die Klarheit einer Musikdarbietung, sie ist vergleichbar der Sprachhörsamkeit, also vor allem der Wortverständlichkeit. Schallreflexionen, die bei Musik bis spätestens 80 ms nach Beginn des Schallereignisses eintreffen, erhöhen die Durchsichtigkeit und die Empfindung der Räumlichkeit; spätere Reflexionen mindern die Durchsichtigkeit und erhöhen die Halligkeit. Für Sprache ist diese Zeitgrenze bei 50 ms anzusetzen.

Der **Raumeindruck** ist die Hörempfindung, die man in einem teilweise (Hof) oder ganz umschlossenen Raum beim Erklingen eines Schallereignisses von dem Raum hat. Der Raumeindruck hat mehrere Komponenten:

1. die Empfindung, im gleichen Raum wie die Schallquelle zu sein, nicht – wie z. B. bei Stereowiedergabe – durch ein Fenster in den Aufnahmeraum hineinzuhören,
2. die Empfindung von der Größe – insbesondere Breite und Tiefe – des Raums,
3. die Empfindung der Halligkeit, d. h. die Tatsache, dass außer dem Direktschall Diffusschall vorhanden ist, der nicht als Wiederholung des Direktschalls wirkt,
4. die Empfindung der Räumlichkeit, d. h. die Wahrnehmung, dass Schall aus einem größeren Raumbereich kommt als es der Ausdehnung der Schallquelle entspricht; sie wird durch frühe, von der Seite eintreffende Reflexionen (10–80 ms Verzögerung) verursacht und kann nur bei größerer Lautstärke (mindestens 75–85 dB) beobachtet

werden. Im Gegensatz zur Halligkeit wird das **Echo** als Wiederholung eines Schallereignisses wahrgenommen; es informiert den Hörer über die Entfernung und die Beschaffenheit einer weiter entfernten Wand.

Bedeutung des Raumschalls für die Mikrofonaufnahme und das Hörerlebnis

Das Mikrofon nimmt im Allgemeinen sowohl Direkt- als auch Diffusschall auf. Während der Direktschall von dem jeweiligen Raum weitgehend unbeeinflusst bleibt, übermittelt der Raumschallanteil **Informationen über die Raumgröße und über die Beschaffenheit der Raumauskleidung.** Der Raumschall integriert den Schall, der in die einzelnen Richtungen z. B. von einem Musikinstrument abgestrahlt wird; er stellt also nicht einen speziellen Klangaspekt des Instruments dar, sondern etwas, was als **Gesamtklang** bezeichnet werden kann. Auch beim „natürlichen Hören" in einem Raum erreicht unser Ohr im Allgemeinen vorrangig der Raumschall, er klingt deshalb meistens „natürlich". Die akustischen Merkmale des Raumschalls sind zugleich **Informationen über das kulturelle und soziale Umfeld,** in das z. B. eine Musikaufführung eingebettet ist. Diese Einbindung ist für Musik ähnlich bedeutend wie etwa für eine Skulptur der Raum und die Raumausstattung. So bedarf Kirchenmusik der Akustik der großen Kirche, für die sie im Allgemeinen komponiert ist; sinfonische Musik ist für die Akustik von Konzertsälen komponiert, Kammermusik für den kleinen, privaten Raum im Schloss oder Bürgerhaus. Volksmusik braucht die intime Atmosphäre der bäuerlichen Stube oder der Freiluftumgebung. Im Bereich der Popmusik u. ä. wurden teilweise neue akustische Umgebungen mit künstlicher Verhallung geschaffen; auch bei Popkonzerten, ob im Freien oder in Sälen, wird die vorhandene Raumakustik durch intensive Beschallung praktisch ausgeschaltet und durch eine neue, nicht „natürliche" akustische Umgebung ersetzt.

Direktschall

Auf dem direkten Weg von der Schallquelle zum Mikrofon oder Hörer erfährt die Schallwelle, der **Direktschall,** eine Reihe von **Veränderungen.** Die sog. geometrischen Ausbreitungsdämpfungen führen – abhängig von Größe und Gestalt der Schallquelle – zu einer Pegelabnahme mit zunehmender Entfernung. Zusätzliche Dämpfungen kommen dabei von der Luft, abhängig von ihrer Feuchtigkeit und Temperatur, von Hindernissen und von der Schallabsorption z.B. bei der Schallausbreitung über Publikum und leeren Stuhlreihen.

Geometrische Ausbreitungsdämpfungen

Bei **punktförmigen Schallquellen,** also praktisch bei allen Schallquellen, die klein gegenüber der Wellenlänge des abgestrahlten Schalls sind, verteilt sich die Schallenergie auf Kugelschalen um die Schallquelle, deren Oberflächen mit zunehmender Entfernung schnell größer werden; sie wachsen mit dem Quadrat der Entfernung. Weil sich die Schallenergie auf eine immer größer werdende Fläche verteilen muss, nimmt der Schalldruck bzw. -pegel ebenfalls mit der Entfernung stark ab: Auf jede Verdopplung der Entfernung halbiert sich der Schalldruck bzw. verringert sich der Schalldruckpegel um 6 dB (Abb. A). In nächster Nähe der Schallquelle ist die Abnahme also besonders stark, in großer Entfernung ist sie gering. Bei **linienförmigen Schallquellen,** wie z. B. bei stark befahrenen Straßen und bei Eisenbahnen, breitet sich der Schall auf Zylinderschalen aus, die Schallpegelabnahme ist geringer, sie liegt deshalb nur bei 3 dB auf jede Entfernungsverdopplung. Aus diesem Grund sind Straßen und Bahnlinien erstaunlich weit zu hören. Bei **großflächigen Schallquellen** nimmt der Pegel zunächst fast gar nicht ab, von einer gewissen Entfernung an, die von der Größe der schallstrahlenden Fläche abhängt, wirkt jede begrenzte Fläche jedoch allmählich wie ein Kugelstrahler, der Schallpegel nimmt dann also rascher ab. Ähnlich verhalten sich auch Schalltrichter z. B. bei Blechblasinstrumenten. Die Ausbreitungsdämpfungen **realer Schallquellen** wie z.B. Musikin-

strumente hängen von den jeweiligen Abstrahlcharakteristiken ab (→ S. 64 ff.). Im Durchschnitt ist in der Praxis im Abstand bis zu einigen Metern mit einer Pegelabnahme von 4 dB pro Entfernungsverdopplung zu rechnen. Da reale Schallquellen mit idealen Flächenstrahlern begrenzter Größe am ehesten vergleichbar sind, ergibt sich eine Frequenzabhängigkeit der Ausbreitungsdämpfung. Im Allgemeinen können Musikinstrumente im hohen Frequenzbereich als Flächenstrahler betrachtet werden, im tiefen Frequenzbereich aber als Punktstrahler. Damit geht der relative Anteil tiefer Klangkomponenten mit zunehmender Entfernung schneller als derjenige hoher Frequenzen zurück. Dieser Effekt wird noch vergrößert durch die zunehmend geringere Empfindlichkeit des Gehörs für tiefe Frequenzen bei abnehmendem Schallpegel.

In geschlossenen – nicht reflexionsarmen – Räumen vermischt sich der Direktschall mit dem Diffusschall (Hall) der Schallquellen; nur innerhalb des wirksamen Hallabstands (→ S. 26), dessen Größe von der Raumakustik, der Richtwirkung der Schallabstrahlung und des Mikrofons abhängt, überwiegt der Direktschall.

Einflüsse von Temperatur, Feuchtigkeit und Wind

Die klimatischen Einflüsse auf die Schallausbreitung sind relativ komplex; sie wirken sich nur auf größere Entfernungen und auf den Nachhall aus, wo schon bei mittleren Nachhallzeiten von den Schallwellen Strecken von einigen hundert Metern durchlaufen werden (→ S. 22). Allgemein steigt die Ausbreitungsdämpfung durch Luft, die zur geometrischen Ausbreitungsdämpfung hinzukommt, mit der Frequenz an. Im mittleren Bereich nimmt die Dämpfung mit zunehmender relativer **Feuchtigkeit** ab, ebenso mit steigender **Temperatur;** die Änderungen sind relativ gering, auffällig ist die akustische Intimität der kalten, trockenen Wintertage. Bei der heute üblichen Klimatisierung von Studios und Sälen sind klimatische Einflüsse ohne praktische Bedeutung. Im Freien kommt zu diesen Einflüssen noch die Wirkung

A. Geometrische
   Ausbreitungs–
   dämpfung

1 punktförmige
   Schallquelle
2 linienförmige
   Schallquelle
3 Flächenschallquelle
   (Kurvenverlauf von
   Flächengröße und
   Frequenz abhängig)

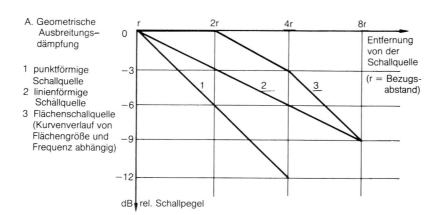

Ausbreitungs-
dämpfung
einer punktförmigen
Schallquelle,
Darstellung mit
linearer Zunahme
des Abstands

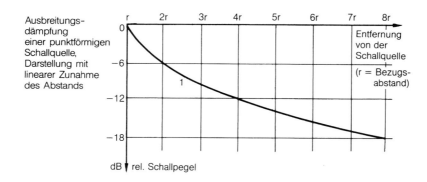

B. Windeinflüsse
   auf die
   Schallausbreitung

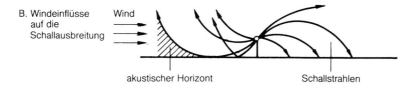

C. Schattenwirkung
eines Hindernisses
und ihr Einfluß auf
den Frequenzgang

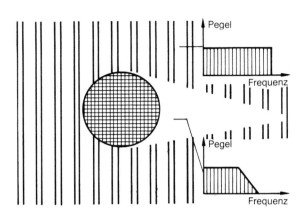

D. Abschätzung der
Schallschatten-
wirkung von
Hindernissen

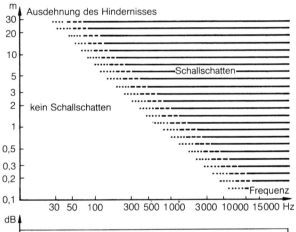

E. Frequenzgang des
Direktschalls im
Abstand von etwa
20 m nach
Überstreichen von
Stuhlreihen

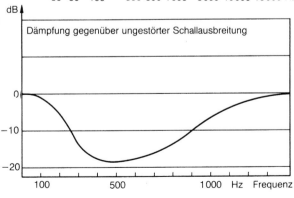

von **Wind** hinzu. Da die Windgeschwindigkeit mit zunehmender Höhe über der Erde größer wird, breitet sich der Schall nicht geradlinig aus. Gegen den Wind wird der Schall nach oben abgeleitet, mit dem Wind zur Erde hin gelenkt (Abb. B). So ergibt sich in Windrichtung eine Schallverstärkung, gegen den Wind eine starke Dämpfung mit einem „akustischen Horizont", der sich mit zunehmender Entfernung von der Schallquelle immer höher erhebt. Unter dem akustischen Horizont, dessen Abstand von der Schallquelle 300 bis 1000 m beträgt, kann der Schall um bis zu 30 dB bedämpft sein. Mit dem Wind steigt der Pegel hingegen nur wenig an.

Schallbeugung an Hindernissen

Oft befinden sich auf dem direkten Schallweg von der Schallquelle zum Hörer oder Mikrofon Hindernisse, z.B. Säulen oder Menschen. Der entstehende **Schallschatten** ist – anders als bei Licht – kein scharfer Schatten, sondern im Allgemeinen eine Zone mit mehr oder weniger ausgeprägten Klangfärbungen. Alle Schallanteile, deren Wellenlänge größer ist als die Ausdehnung des Hindernisses, werden herumgebeugt; ist die Wellenlänge klein verglichen mit der Ausdehnung des Hindernisses, entsteht dahinter ein Schallschatten. Die Übergänge sind gleitend. Damit ergibt sich als Wirkung eines Hindernisses im Schallfeld eine „Verdumpfung" des Klangbilds, und zwar um so stärker, je größer das Hindernis ist (Abb. C). Eine Abschätzung der Schattenwirkung erlaubt Abb. D. In der Praxis der Tonaufnahme werden vielfach Trennwände als Schallhindernisse zur akustischen Trennung der Schallwellen eingesetzt (→ S. 134, akustische Trennung).

Schallabsorption bei Schallausbreitung über Publikum

Breitet sich eine Schallwelle entlang einer absorbierenden Fläche aus, z.B. über Publikum, so entzieht diese Fläche Schallenergie; es kommt zu einer zusätzlichen Dämpfung der Schallwelle. Da Schallabsorber meist nur in bestimmten Frequenzbereichen wirksam sind, erhält die Schallwelle eine Klangfärbung. **Flächen mit pflanzlichem Bewuchs** haben eine nach hohen Frequenzen zunehmende Dämpfung. Bei **Schallausbreitung über Publikum** oder über unbesetzten Stuhlreihen ergibt sich zwischen etwa 200 und 2000 Hz ein starker Pegeleinbruch, der in etwa 20 m Abstand von der Bühne 10–20 dB erreichen kann (Abb. E). Dies gilt in Kopfhöhe, darüber verliert sich dieser Effekt rasch. Eine gute Versorgung der hinteren Stuhlreihen mit Deckenreflexionen und eine Erhöhung der Schallquelle und der Stuhlreihen kann die klangfärbende Wirkung der Bestuhlung weitgehend aufheben. Diese Klangfärbung entsteht durch Absorption im Hohlraum unter den Stühlen.

Bedeutung des Direktschalls bei der Mikrofonaufnahme

In der Regel empfängt das Mikrofon bei der Aufnahme sowohl Direktschall als auch Raumschall (Diffusschall); meistens überwiegt der Direktschall. Nur über den Direktschall können die Klangmerkmale der **Einschwingvorgänge** und **unregelmäßige geräuschhafte Klangkomponenten** erfasst werden; sie haben wesentlichen Anteil an der **Präsenz des Klangs.** Die Klangfarbe von gerichtet abgestrahltem Schall ändert sich im Bereich überwiegenden Direktschalls mit dem Ort des Mikrofons; nur hier ist eine **Beeinflussung der Klangfarbe durch den Mikrofonstandort** möglich. Die Information darüber, wo im Raum eine Schallquelle sich befindet, also ihre **Ortbarkeit** bezüglich Richtung und Entfernung, ist nur gesichert, wenn ausreichend Direktschall beim Hörer oder Mikrofon eintrifft. Andererseits ist der Direktschall besonders bei Musikinstrumenten immer ein spezieller Klangaspekt, den es so nur in einer ganz bestimmten Richtung und Entfernung gibt. Deshalb bietet gerade Direktschall die Möglichkeit der Klanggestaltung, aber auch die Gefahr eines ungewohnten, unnatürlichen Klangs.

Schallreflexionen

Entstehung von Schallreflexionen

Schallreflexionen kommen in einem Raum dann zustande, wenn Schall auf eine Fläche ohne zu starke Schallabsorption trifft. **Ausdehnung und Gestaltung der Fläche** bestimmen, ob der reflektierte Schall nur in eine Richtung wie ein gespiegelter Lichtstrahl zurückgeworfen oder diffus zerstreut wird. Für eine Schallspiegelung muss die Ausdehnung mindestens einige Wellenlängen betragen (Abb. A). Da die Wellenlänge mit abnehmender Frequenz größer wird, tiefe Frequenzen für eine Schallspiegelung also sehr ausgedehnte Reflexionsflächen erfordern, werden bei kleineren Reflexionsflächen nur höhere Klangkomponenten reflektiert, die Reflexion klingt hierbei also heller und enger als der Direktschall. **Gezielte Schallspiegelungen** werden zur Gestaltung der Raumakustik im Bühnenbereich für die Verständigung der Musiker und an Wänden und Decke für die akustische Versorgung bühnenferner Saalbereiche vorgesehen.

Die **Gesetze der Reflexion** entsprechen den Gesetzen, die auch für die Spiegelung des Lichts gelten: Einfallswinkel gleich Abstrahlwinkel. Eine Ecke wirft durch doppelte Reflexion den Schall in die Einfallsrichtung zurück, im Allgemeinen seitlich versetzt (Abb. B). Gewölbte Flächen haben die Eigenschaften von Sammel- bzw. Zerstreuungsspiegeln (Abb. C). In der Praxis führen vor allem gewölbeartige Decken zu oft unerwartet starken Schallkonzentrationen, die Tonaufnahmen sehr verfälschen können; aber auch ebene Wände können störende Reflexionen verursachen, z. B. reflektierende Saalrückwände. Als **„erste Reflexionen"** werden diejenigen Reflexionen bezeichnet, die unmittelbar nach dem Direktschall eintreffen; für die akustische Wirkung des Raums auf das Klangbild kommt ihnen große Bedeutung zu.

Wirkung von Schallreflexionen

Obwohl Reflexionen erst bei einer Verzögerung von mehr als etwa 50 ms deutlich als solche wahrgenommen werden, haben sie auch bei kürzeren Verzögerungszeiten – dabei nicht direkt wahrnehmbar – als „erste Reflexionen" wichtige positive und negative Auswirkungen auf das Klangbild. Zusammen mit dem Nachhall geben besonders die ersten Reflexionen ein **„Hörbild"** von einem Innenraum, von seiner Größe, seinen Proportionen und Materialien, oder im Freien von der Umgebung des Hörers. Dieses akustische Raumbild überlagert sich der Musik, der Sprache oder den Geräuschen. Die wichtigsten Auswirkungen einzelner Reflexionen sind (Abb. D):

Ortung und Fehlortung der Schallquelle

Obwohl die Einfallsrichtung von Reflexionen meist nicht mit der Einfallsrichtung des Direktschalls übereinstimmt, ortet das Gehör die Schallquelle nach dem Direktschall, da es bei weitgehend gleichen Schallereignissen stets die zuerst eintreffende Wellenfront auf ihre Einfallsrichtung analysiert; das **„Gesetz der ersten Wellenfront"**, beinhaltet diesen Sachverhalt. Selbst wenn durch Hindernisse auf dem Weg des Direktschalls dessen Pegel um bis zu 6 bis 10 dB unter dem Pegel der Reflexion liegt, kommt es noch nicht zu einer **Fehlortung** der Schallquelle (Haas-Effekt); erst bei noch höherem Pegel bestimmt die Reflexion die wahrgenommene Schalleinfallsrichtung. Dieser Effekt tritt oft bei einzelnen Instrumenten, oft sogar nur bei einzelnen Tönen von Instrumenten des Orchesters für den Hörer, besonders im Opernhaus auf.

Lautstärkeerhöhung der Schallquelle

Reflexionen mit einer Verzögerung unter 15 ms können den Schallpegel um einige dB erhöhen. Die Deutlichkeit nimmt dabei mit zunehmender Verzögerung insbesondere dann ab, wenn außerdem noch Nachhall vorhanden ist. Die Lautstärkeerhöhung ist nur bei direkter Wahrnehmung vorteilhaft (Schallspiegel einer Kanzel); bei Mikrofonaufnahmen bewirken solche Reflexionen eine ungünstige Klangfärbung.

Klangfärbung

Bei der Mikrofonaufnahme führen Reflexionen meist als Bodenreflexionen mit einer Verzögerung zwischen etwa

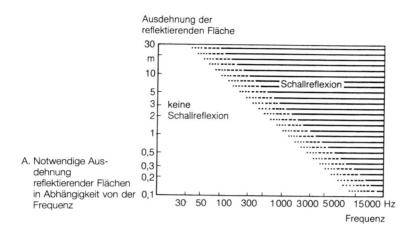

Ausdehnung der
reflektierenden Fläche

A. Notwendige Aus-
dehnung
reflektierender Flächen
in Abhängigkeit von der
Frequenz

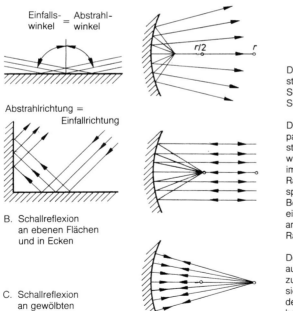

Einfalls- = Abstrahl-
winkel   winkel

Abstrahlrichtung =
Einfallrichtung

B. Schallreflexion
an ebenen Flächen
und in Ecken

C. Schallreflexion
an gewölbten
Flächen

Der Schall wird zer-
streut, wenn sich die
Schallquelle nahe am
Schallspiegel befindet.

Der Schall wird in
parallelen Schall-
strahlen reflektiert,
wenn sich die Schallquelle
im Abstand des halben
Radius vor dem Schall-
spiegel befindet.
Bei parallelem Schall-
einfall wird der Schall
am Ort des halben
Radius konzentriert.

Der Schall wird genau
auf die Schallquelle
zurückgeworfen, wenn
sie sich im Radius
des Schallspiegels
befindet.

D. Wirkungen von
Reflexionen

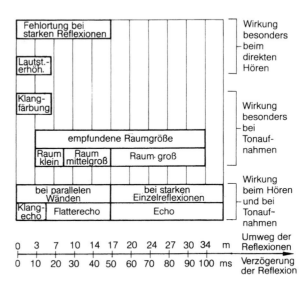

E. Frequenzgang nach
der Überlagerung
einer Schallwelle
mit ihrer Reflexion,
hier bei gleichen
Pegeln
(Kammfilterkurve)

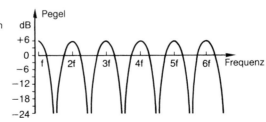

F. Stehende Wellen
zwischen
parallelen Wänden
(λ = Wellenlänge)

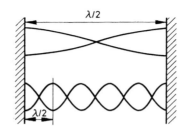

1 und 15 ms zu unangenehmen Klangfärbungen. Sie entstehen durch sich abwechselnde Bereiche von Auslöschungen und Verstärkungen im Frequenzgang nach der Überlagerung von Direktschall und Reflexion. Dabei ergibt sich ein Frequenzgang entsprechend einer **Kammfilterkurve,** die durch die gleichmäßig abwechselnden Maxima und Minima mit einigen dB Pegelunterschied Ähnlichkeit mit dem Aufbau eines harmonischen Klangs zeigt (Abb. E). Bei einer starken Reflexion hört sich das bei Musikinstrumenten „topfig" an. Besonders unangenehm wird die Klangfärbung bei Bewegungen der Schallquelle; dabei verändert sich der Tonhöhencharakter etwa wie „uüi" bzw „iüu". Dieser Effekt wird auch elektronisch als Phasing oder Flanging erzeugt und in der U-Musik für spezielle Effekte genutzt. Die Klangfärbungen stören besonders bei Sprache, dabei vor allem, wenn an einem Tisch gelesen wird (→ S. 176), sowie bei Verwendung von Stützmikrofonen (→ S. 157).

Empfundene Raumgröße und Räumlichkeit
Der subjektive Raumeindruck setzt sich aus der Empfindung der Raumgröße, der Halligkeit und ihres Frequenzgangs sowie der Räumlichkeit der Schallquelle zusammen. Die empfundene Raumgröße wird hauptsächlich durch die ersten Reflexionen bestimmt. Ihre Verzögerung gegenüber dem Direktschall ist ein Maß für den Abstand der reflektierenden Wand und gibt eine Vorstellung von der Raumgröße. Bei einer Verzögerung unter 10 ms entsprechend 3 m Schallumweg entsteht – neben der Klangfärbung bei Tonaufnahmen – ein Eindruck von **Kleinräumigkeit** (Wohnzimmerakustik), besonders bei Übereinstimmung der Einfallsrichtungen von Direktschall und Reflexion. Mit zunehmender Verzögerung vergrößert sich die empfundene Raumgröße: einem **kleineren Raum** entspricht eine Verzögerung von etwa 10–25 ms,

einem **mittleren Raum** von etwa 25–50 ms, einem **großen Raum** von etwa 50–100 ms. Mit zunehmendem Pegel wird die Empfindung der Raumgröße deutlicher, bis – abhängig von der Verzögerungszeit – ein Grenzwert erreicht wird, oberhalb dessen die Reflexion störend wahrgenommen wird. Bei Musikaufnahmen liegt dieser Grenzwert höher als bei Sprachaufnahmen.

Räumlichkeit wird die Beobachtung genannt, dass eine Schallquelle rein akustisch größer wirkt als optisch; Ursache hierfür sind seitliche Wandreflexionen, die die Korrelation reduzieren (s. S. 6 ff.).

Echo, Flatterecho, Klangecho und stehende Wellen
Einzelreflexionen mit einer Verzögerung von mindestens 50 ms entsprechend 17 m Schallumweg und ausreichender Stärke treten als **Echo** in Erscheinung. Zwischen zwei parallelen, schallreflektierenden Wänden werden impulsartige Schallereignisse mehrfach hin und hergeworfen, dadurch entsteht ein sog. **Flatterecho.** Bei einem Wandabstand von wenigen Metern pendeln **Schallimpulse** so rasch zwischen den Wänden, dass die Impulsfolge einen Tonhöhencharakter erhält, der sich als **Klangecho** jedem Schallimpuls wie Nachhall anhängt. **Dauerschall,** dazu zählen auch einzelne Töne in der Musik, erzeugt zwischen parallelen Wänden störende **stehende Wellen** (Abb. F); sie verstärken oft einzelne Basstöne ungewöhnlich, wenn die halbe Wellenlänge oder ein Vielfaches davon gleich dem Wandabstand ist. Da die Druckmaxima und -minima bei der stehenden Welle ortsfest sind, kann durch geringfügiges Verschieben des Mikrofons oft Abhilfe geschaffen werden. Stehende Wellen prägen auch die **Akustik kleiner Räume,** sofern die Wände nicht stark absorbierend sind. Unregelmäßigkeiten der Lautstärke von Basstönen sind die Folge.

Absorption

Die akustischen Eigenschaften eines Raumes werden außer durch seine geometrische Form durch das Schallschluck- oder Absorptionsvermögen, auch Schalldämpfung, der Raumbegrenzungen festgelegt. Es bestimmt zusammen mit dem Raumvolumen die Nachhallzeit und die Klangfärbung des Nachhalls. Ein wichtiger Schallabsorber ist auch Publikum. Trifft Schallenergie mit einer Schallwelle auf einen Schallabsorber, so wird ein Teil der Schallenergie von dem Absorber dem Schallfeld entzogen, der andere Teil wird zurück in den Raum reflektiert. Der **Absorptionsgrad** gibt an, welcher Teil der auftreffenden Energie von der Wand aufgenommen wird; Absorptionsgrad 1 bedeutet also, dass kein Schall reflektiert wird, das Material ist „schallweich". Absorptionsgrad 0 bedeutet totale Reflexion, das Material ist „schallhart". Jede teilweise absorbierende Fläche kann einer äquivalenten Fläche mit totaler Absorption gleichgesetzt werden; totale Absorption hat ein offenes Fenster; damit lässt sich jede absorbierende Fläche in „m² offenes Fenster" angeben. Ein Teil der nicht reflektierten Energie geht im Allgemeinen durch die Wand hindurch in den Nachbarraum. Der andere Teil wird durch Umwandlung in Wärme dem Schallfeld entzogen. Die gesamte Absorption eines Raumes, das sog. **Absorptionsvermögen,** ergibt sich aus der Größe der einzelnen absorbierenden Flächen und ihrem jeweiligen Absorptionsgrad bzw. aus der äquivalenten Fläche „offenes Fenster". **Die Wirksamkeit von Absorbern** ist stark von der Frequenz abhängig. Es gibt keinen Universalabsorber, der in allen Frequenzbereichen in gleicher Weise wirksam ist; dies ist durch die großen Unterschiede zwischen den Wellenlängen tiefer Töne (bis etwa 20 m) und hoher Töne (etwa 1,5 cm) bedingt. Die akustischen Mechanismen, die zur Schallabsorption führen, haben entsprechend den unterschiedlichen Wellenlängen bzw. Wirkungsbereichen verschiedene Arbeitsweisen.

Höhenabsorber

Höhenabsorber sind im höheren Frequenzbereich wirksam, je nach Material von etwa 500 bis 1000 Hz an aufwärts (Abb. A). Reine Höhenabsorber färben den Nachhall dunkel, der Raum klingt dumpf. Sie werden deshalb meist in modifizierter Form oder in Kombination mit Absorbern für tiefere Frequenzbereiche verwendet. Höhenabsorber sind grundsätzlich **poröse Materialien.** Die Absorption kommt dadurch zustande, dass die schwingenden Luftteilchen in ihrer Bewegungsgeschwindigkeit (Schnelle) im porösen Material gebremst werden. Deshalb sind nur offenporige Materialien geeignet, insbesondere also Faserstoffe. In Kunststoffschäume mit geschlossenen Bläschen können die schwingenden Luftteilchen nicht eindringen; solche Materialien haben deshalb oft nur einen schmalen Frequenzbereich der Absorption, im Allgemeinen sind die Absorptionseigenschaften solcher Stoffe aber nicht abzuschätzen. Die Absorptionswirkung poröser Materialien nimmt mit zunehmender Dicke zu, einmal wird der Absorptionsgrad größer, zum anderen dehnt sich die Wirksamkeit auf tiefere Frequenzen aus. Für jede Frequenz gibt es eine optimale Schichtdicke, eine größere Dicke erhöht dann die Absorption nicht mehr. Ein Luftraum zwischen Absorber und Wand dehnt die Wirksamkeit auf tiefere Frequenzen aus, was praktisch immer erwünscht ist. **Beispiele für poröse Absorber** sind weiche Matten aus Textilfasern, Glas- oder Mineralwolle, gepresste Platten aus Holz-, Mineral- oder Glasfasern (nur bei relativ hohen Frequenzen wirksam) und aufgespritzte poröse Schichten. Farbanstriche auf porösen Absorbern können die Poren verschließen und damit die Absorptionswirkung ganz wesentlich vermindern. Sehr wirksam sind Vorhänge, besonders mit Wandabstand und Falten, und Teppichböden (Abb. C, hier auch weitere Beispiele). Auch Luft ist ein Höhenabsorber, allerdings mit geringer Wirksamkeit (→ S. 10).

Praktisch wichtige Höhenabsorber sind auch **Bestuhlungen** und **Publikum** (Abb. B). Um den Unterschied zwischen Räumen mit und ohne Publikum möglichst gering

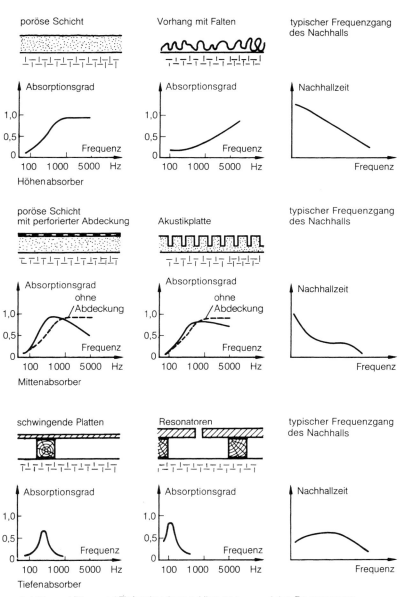

poröse Schicht

Vorhang mit Falten

typischer Frequenzgang
des Nachhalls

Höhenabsorber

poröse Schicht
mit perforierter Abdeckung

Akustikplatte

typischer Frequenzgang
des Nachhalls

Mittenabsorber

schwingende Platten

Resonatoren

typischer Frequenzgang
des Nachhalls

Tiefenabsorber

A. Höhen-, Mitten- und Tiefenabsorber und ihre Wirkung auf den Frequenzgang
der Nachhallzeit

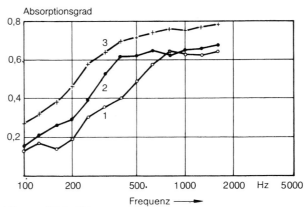

1 Publikum auf Holzstühlen
2 Polsterstühle
3 Publikum auf Polsterstühlen

B. Absorptionsgrade von Bestuhlung und Publikum

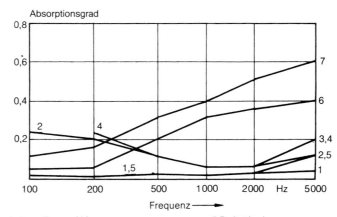

1 glatter Putz auf Mauer
2 aufgehängte Gipsdecke
3 Holz 16 mm mit poröser Hinterfüllung
4 Sperrholz 7 mm mit poröser Hinterfüllung

5 Parkettboden
6 Teppichboden mitteldick
7 Vorhänge mitteldick

C. Absorptionsgrade von Wand- und Deckenmaterialien

zu halten, werden heute weitgehend Polsterstühle verwendet, die eine ähnliche Absorptionswirkung wie Personen haben; deshalb verändert sich die Raumakustik von Konzertsälen und -studios bei Anwesenheit von Publikum nicht grundlegend. In Kirchen mit Holzbänken ist dieser Unterschied im Allgemeinen groß, und zwar um so größer, je kleiner das Raumvolumen pro Zuhörer ist.

Tiefenabsorber

Tiefenabsorber absorbieren im Frequenzbereich unter 300 bis 500 Hz, die Absorptionswirkung auf hohe Frequenzen ist vernachlässigbar. Es gibt zwei Absorberkonstruktionen: Helmholtz-Resonatoren und mitschwingende Platten. Als **Helmholtz-Resonatoren** wirken eingeschlossene Luftvolumina, die nur durch kleine Öffnungen mit dem Schallfeld verbunden sind (Abb. A). Die zweite Art von Tiefenabsorbern, die **mitschwingenden Platten,** lassen sich architektonisch besonders gut in die Ausgestaltung eines Raums integrieren: so können Holzverkleidungen zugleich Tiefenabsorber sein. Die Platten schwingen dabei vor einem Luftpolster, also einem eingeschlossenem Hohlraum, der für erhöhte Absorption auch mit lockeren Faserstoffen ausgefüllt werden kann. Mit größerer Plattendicke oder mit aufgesetzten Klötzen, mit größerem spezifischen Gewicht oder mit einem größeren Luftpolster kann die Absorptionswirkung zu tieferen Frequenzen ausgedehnt werden (Abb. C, 2, 3, 4). Absorber an Raumkanten, mehr noch in Ecken, erhöhen die Absorption ganz erheblich. Die Kombination von Tiefenabsorbern (z. B. Holzverkleidungen) mit Höhenabsorbern (z. B. Teppiche, Polstersessel, Vorhänge) bedingt im Allgemeinen einen günstigen Nachhallverlauf mit einer als angenehm empfundenen längeren Nachhallzeit im mittleren Frequenzbereich bei ansprechenden innenarchitektonischen Lösungen.

Mittenabsorber

Mittenabsorber, wirksam vor allem zwischen 300 und 1000 Hz, entstehen durch **Kombination von porösen Absorbern mit mitschwingenden Platten** aus Holz oder Gips. Die Platten sind gelocht oder geschlitzt, damit die poröse Schicht dahinter absorbierend wirken kann. **Akustikplatten** sind fabrikmäßig hergestellte Absorberelemente verschiedenster Konstruktion, meist gepresste Faserplatten oder Kassetten mit gelochten oder geschlitzten Abdeckungen, die im Allgemeinen im mittleren und hohen Frequenzbereich verhältnismäßig stark absorbieren. Mit der Verkürzung des Nachhalls wird auch das Grundgeräusch in Arbeitsräumen reduziert, oft der Anlass für die Verwendung von Absorbern.

Reflexionsarme Räume

Reflexionsarme Räume, nicht korrekt oft als reflexionsfreie oder schalltote Räume bezeichnet, haben durch vollständige **Auskleidung mit hochwirksamen Keilabsorbern** aus Mineral- oder Glasfasern praktisch nur ein Direktschallfeld (Freifeld). Die Keilform der Absorber schafft einen akustisch weichen Übergang zwischen Luft und Wand. Für höhere Frequenzen ist der Absorptionsgrad 1, die Absorptionswirkung ist vollkommen; unter etwa 100 Hz lässt sie etwas nach. Reflexionsarme Räume haben eine Nachhallzeit von maximal 0,1 s. Sie dienen als **akustische Messräume** z. B. für die Ermittlung der Richtcharakteristiken von Mikrofonen und Musiksturmenten.

Um die akustische Atmosphäre von Situationen im Freien bei Wortaufnahmen (Hörspiel, Feature, Film- und Fernsehton) herzustellen, werden akustisch speziell hergerichtete Studios benutzt, die oft als schalltot bezeichnet werden, tatsächlich aber eine Nachhallzeit unter 0,2 s haben. Dazu werden Kabinen oder „akustische Schnecken" vollflächig mit dicken Fasermatten belegt.

Schalldämmung

Schalldämmung oder -isolation ist in der Bauakustik die mehr oder weniger starke Unterdrückung der Schallübertragung z. B. von Verkehrslärm durch Wände, Decken und andere Bauteile. Schalldämmung kommt hauptsächlich durch Schallreflexion an Grenzflächen zu Materialien mit anderen akustischen Eigenschaften zustande. Allgemein gilt, dass die Schalldämmung um so besser wird, je höher das Flächengewicht und die Frequenz ist. Gute Dämmung setzt also schwere Materialien und einen mehrschichtigen Wandaufbau voraus. Die zu erreichenden Höchstwerte von Geräuschen im Studio durch Schalldämmung zeigt Abb. B, S. 31.

Nachhall

Phänomen Hall

Der Hall fügt in jedem Augenblick einem Schallereignis ein Nachklingen hinzu, das auf den gesamten Klangcharakter großen Einfluss ausübt; Pausen in der Musik werden dadurch mindestens teilweise aufgefüllt (Abb. A) und durch **Informationen über den Charakter des jeweiligen Aufführungsraums** ersetzt. Hall setzt sich aus einer großen Zahl von Reflexionen zusammen, die um so schwächer werden und um so dichter aufeinander folgen, je später nach dem Direktschall sie beim Hörer oder Mikrofon eintreffen (→ S. 6). Der Hall eines Schallereignisses erreicht den Hörer oder das Mikrofon mit einer gewissen Verzögerung. In einem Raum, in dem die Gesamtabsorption einigermaßen gleichmäßig auf Wände, Decke und Fußboden verteilt ist, ist die akustische Struktur des Halls praktisch überall im Raum gleich. Die ersten eintreffenden Reflexionen haben für die Erkennbarkeit des Raumes und seiner Eigenschaften, vor allem der Raumgröße, eine besondere Bedeutung (→ S. 14). Hall im Allgemeinen muss differenziert werden in Anhall, Mithall und Nachhall (Abb. B). Wird das Maximum des **Anhalls** in einer Zeit unter etwa 50 ms erreicht, so klingt Sprache deutlich, Musik eher hart; im Bereich der Bühne brauchen Musiker zum Zusammenspielen einen solchen relativ kurzen Anhall. Langer Anhall macht Sprache undeutlich, die Klangeinsätze von Musik eher weich. Der **Mithall** – eigentlich Nachhall, der ein vergangenes Schallereignis hinter einem neuen weiterklingen lässt – sorgt für eine Verschmelzung aufeinanderfolgender Töne bei Musik, eine Funktion, die beim Klavier z. B. durch die Entdämpfung der Saiten mit dem rechten Pedal ausgeführt wird. Sehr wichtig ist auch die als angenehm empfundene Vergrößerung der Schallquelle durch erste Reflexionen, die Räumlichkeit einer Darbietung (→ S. 6), sofern nicht starke Reflexionen aus der Richtung der Schallquelle diesen Eindruck wieder zerstören. **Erste Reflexionen** und **Nachhall** informieren den Hörer über Größe und Ausstattung des jeweiligen Raums. Er umhüllt den Hörer mit dem Schallereignis.

Eigenschaften des Nachhalls

Nachhallzeit und Nachhallfrequenzgang sind die wichtigsten Merkmale des Nachhalls. Die **Nachhallzeit** ist definiert als diejenige Zeit, innerhalb der nach dem Ende der Schallaussendung der Schallpegel um 60 dB abfällt; das entspricht einem Abfall der Schallintensität oder Schallenergie auf den millionsten Teil. Dabei wird von einem gemittelten Pegelabfall im Bereich zwischen −5 und −35 dB unter Maximalpegel ausgegangen (Abb. C). Ein Pegelabfall von 60 dB kann in der Praxis z. B. nur in Pausen nach lauten Orchesterstellen wahrgenommen werden. Deshalb ist die subjektiv wahrgenommene **Nachhalldauer** von der Lautstärke der Schallquelle abhängig; die hörbare Nachhalldauer kommt nur bei größeren Lautstärken und ruhigem Saal in den Bereich der gemessenen Nachhallzeit: je kleiner die Lautstärke ist, um so kürzer wird die Nachhalldauer. Die Nachhallzeit wird entweder bei leerem Saal, besetztem Saal oder bei der sog. „Studiobesetzung" (nur Orchester) angegeben. Ist nur ein Wert genannt, so bezieht er sich auf den Frequenzbereich zwischen 500 und 1000 Hz. In der Regel wird jedoch die Frequenzabhängigkeit des Nachhalls zwischen 100 und 8000 Hz mit einer Frequenzgangkurve angegeben. Die Nachhallzeit ist vom Raumvolumen und von der Gesamtabsorption abhängig:

$$\text{Nachhallzeit (in s)} = 0{,}163 \cdot \frac{\text{Raumvolumen (in m}^3)}{\text{Gesamtabsorption (in m}^2 \text{ Fläche offenes Fenster)}}$$

Das Volumen eines Raums wächst mit zunehmender Raumgröße mehr als die Wandoberfläche und damit mehr als die absorbierende Fläche des Raums; darum nimmt die Nachhallzeit bei gleicher Wandgestaltung mit der Größe des Raums zu, allerdings nur mit der dritten Wurzel des Volumens; zur Abschätzung: Die Nachhallzeit wächst mit der Kantenlänge eines Saals. Bei achtfachem Volumen erreicht die Nachhallzeit damit nur den doppelten Wert. Die längere Nachhallzeit großer Räume verstärkt die Saallautstärke der Schallquellen, was für große Säle auch notwendig ist. Über **optimale Nachhallzeiten** lassen sich keine verbindlichen Aussagen machen, da subjektive Urteile darüber und auch objekti-

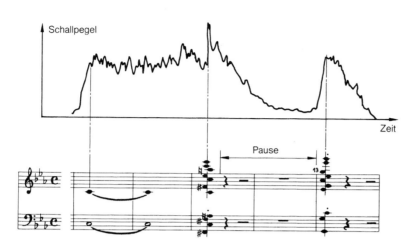

A. Wirkung des Nachhalls auf den Schallpegelverlauf bei der
   Aufführung von Musik in einem Konzertsaal

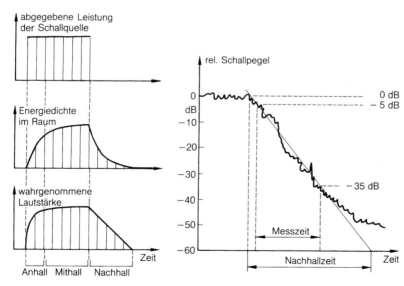

B. Arten des Halls

C. Messung der Nachhallzeit

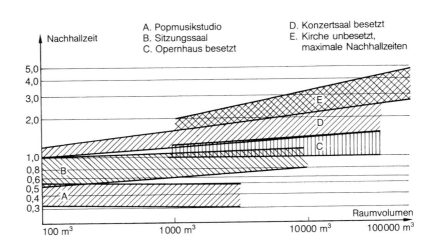

D. Günstige Nachhallzeiten für verschiedene Raumnutzung

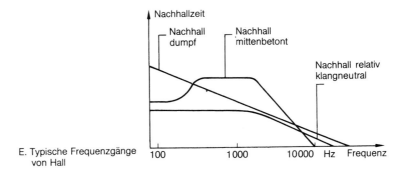

E. Typische Frequenzgänge von Hall

vierbare Forderungen uneinheitlich sind; obere und untere Grenzen günstiger Nachhallzeiten können aber angegeben werden (Abb. D, siehe auch S. 32, Abb. A). Die günstigen Nachhallzeiten hängen einerseits vom Raumvolumen ab, da größere Räume stets längere Nachhallzeiten benötigen; andererseits fordert die Zweckbestimmung eines Raums bestimmte Nachhallzeiten: Für Sprache sind wegen der geforderten Verständlichkeit kürzere, aber nicht zu kurze Nachhallzeiten günstig, für Musik längere, abhängig vom Stil der Musik. Gute Konzertsäle haben ein Raumvolumen von mindestens 7 m³ pro Sitzplatz. Ältere Kirchen haben – baulich bedingt – die längsten Nachhallzeiten, bei neueren Kirchen ist die Nachhallzeit – aus Gründen der Wortverständlichkeit – kürzer. Vielzweckräume müssen also akustisch problematisch sein.

Die **Frequenzabhängigkeit der Nachhallzeit** ist neben der durchschnittlichen Nachhallzeit das wichtigste Merkmal des Nachhalls. Der Frequenzgang entsteht dadurch, dass die Absorptionswirkung von Wänden, Decke und Fußboden stets in irgendeiner Weise frequenzabhängig ist. Dazu kommt grundsätzlich ein Höhenabfall durch Luftabsorption. Somit hebt sich Hall klanglich vom Direktschall ab. Bei der üblichen Klimatisierung von Konzertsälen und Studios sind Temperatur- und Feuchtigkeitsschwankungen so gering, dass sie auf den Hall keinen Einfluss nehmen; steigende Temperatur und Luftfeuchtigkeit können den Nachhall nur geringfügig verlängern. Da Absorberanordnungen für tiefe Frequenzen aufwendig sind, zudem Publikum, Teppiche, Vorhänge u. ä. besonders im mittleren und hohen Frequenzbereich absorbieren, stellt sich in Räumen, die nicht raumakustisch geplant sind, besonders in kleinen Räumen, ein Anstieg der Nachhallzeit bei tiefen Frequenzen ein. Relativ frequenzunabhängiger Verlauf der Nachhallzeit oder eine leichte Anhebung der mittleren Frequenzen hat sich für Aufnahmestudios als günstig erwiesen. Gute Konzertsäle können recht unterschiedliche Frequenzabhängigkeiten der Nachhallzeiten zeigen, da ein „guter" Konzertsaal nicht nur durch die Nachhallzeit definiert wird. Auffällig ist aber bei vielen als gut anerkannten Sälen der mittlere Frequenzen betonende Frequenzgang der Nachhallzeit.

Bei vielen Tonaufnahmen muss **künstlicher Hall** zugesetzt werden, sei es, dass der natürliche Hall zu gering ist, sei es, dass man bewusst durch geringen Mikrofonabstand die Präsenz erhöht und zugleich den natürlichen Hall weitgehend ausschließt, um die Gestaltungsmöglichkeiten künstlicher Verhallung auszunutzen. Moderne Hallgeräte bieten viele Möglichkeiten, die Nachhallzeit und ihren Frequenzgang, mehrere erste Reflexionen sowie die Verzögerung des Nachhalls in weiten Grenzen zu verändern und Halleffekte, die nur synthetisch zu erzeugen sind – wie z. B. überlange Nachhallzeiten und ungewöhnliche Frequenzgänge und Raumgrößen – einzustellen. Vielfach sind vorprogrammierte, spezifische akustische Verhältnisse simulierende Einstellungen vorgesehen. Im Bereich Popmusik gibt es in der heutigen Aufnahmetechnik praktisch nur noch den „künstlichen" Raum, während im Bereich der E-Musik gute Raumakustik bereits Bedingung für eine gute Aufführung ist, künstlicher Hall natürlichen Hall also nur bedingt ersetzen kann. Nachhallzeit und -stärke bestimmen die Interpretation mit, besonders das Tempo und die Artikulation, d. h. die Trennung bzw. Verbindung der einzelnen Töne: Die Deutlichkeit der Musik soll durch Hall möglichst wenig beeinträchtigt werden. Künstlicher Hall reproduziert den speziellen Klangaspekt in einer bestimmten Abstrahlrichtung, natürlicher Hall hingegen reproduziert den allseitig abgestrahlten Gesamtklang (→ Abb. A, S. 35).

Hallabstand

Das Verhältnis von Direkt- zu Diffusschall

Eine Schallquelle baut in einem geschlossenen Raum um sich ein Direktschallfeld auf, das mit zunehmender Entfernung in seinem Schallpegel ziemlich rasch abnimmt (→ S. 10), weiterhin ein Diffusschallfeld (Hall), das im Idealfall überall im Raum gleich ist (→ S. 22). An jedem Punkt im Raum gibt es also einen ganz bestimmten Pegelabstand zwischen Direkt- und Diffusschall, den sog. **Hallabstand,** genau: Direktschall-Hall-Pegelabstand. Da bei Mikrofonaufnahmen im Allgemeinen der Direktschall der Schallquelle überwiegen soll, für eine Abbildung der räumlichen Verteilung der Schallquellen bei Stereoaufnahmen überwiegen muss, ist es wichtig, den Bereich um eine Schallquelle zu kennen, in dem der Direktschall größer ist als der Diffusschall. Gleichheit zwischen Direkt- und Diffusschallpegel oder Hallabstand 0 dB besteht bei dem Abstand von der Schallquelle, der als **Hallradius** bezeichnet wird (Abb. A). Im Allgemeinen sollten Mikrofone also innerhalb des Hallradius' aufgestellt werden. Der Hallradius wird mit der Wurzel aus dem Raumvolumen größer, mit dem Kehrwert der Wurzel aus der Nachhallzeit kleiner:

$$\text{Hallradius (in m)} = 0{,}057 \sqrt{\frac{\text{Raumvolumen (in m}^3)}{\text{Nachhallzeit (in s)}}}$$

Da die Nachhallzeit mit Werten üblicherweise zwischen 0,5 und 2,5 s relativ wenig variiert, bestimmt besonders das Raumvolumen den Hallradius (Abb. B). Je größer also ein Raum ist, desto größer kann der Mikrofonabstand sein; deshalb wird bei Musikaufnahmen größerer Ensembles einem großen Raum bei gleicher Nachhallzeit gegenüber einem kleineren Raum im Allgemeinen der Vorzug gegeben; er gestattet ohne Präsenz- und Ortungseinschränkung größere Mikrofonabstände. Die in Abb. B angegebenen Werte zeigen, dass der Hallradius überraschend klein ist; in der Praxis müssen diese Werte allerdings erheblich korrigiert werden (siehe unten), sie gelten nur für kugelförmig strahlende Schallquellen und Mikrofone mit Kugelrichtcharakteristik. Nur bei kugelförmig strahlenden Quellen liegen die Hallradien aller

Richtungen auf einer Kugelschale um die Quelle. Abb. C zeigt schematisch bei jeweils gleichem Mikrofonabstand das **typische Verhältnis von Direktschall und Diffusschall** für kleine und große, trockene und hallige Räume.

Korrekturen des Hallradius' unter Praxisbedingungen

Unter Praxisbedingungen ist der Hallradius im Allgemeinen erheblich größer als nach der Formel ermittelt. Grund hierfür ist die in aller Regel gerichtete Schallabstrahlung und die Verwendung von Richtmikrofonen; die bei Verwendung von Richtmikrofonen zu erwartende Vergrößerung des Hallradius' dürfte bei dem Faktor 2 bis 3 liegen. In der Praxis ist der Hallradius oft schwer abzuschätzen. Eine einfache Methode, diesen zu ermitteln, besteht darin, ein Mikrofon relativ weit entfernt von der Schallquelle aufzustellen und sich mit einem zweiten, gleichen Mikrofon von diesem Punkt aus der Schallquelle so weit zu nähern, bis der Pegelabstand zwischen den beiden Mikrofonsignalen 3 dB erreicht ist; an dieser Stelle ist der Hallradius erreicht. Hierfür wird der Mikrofontyp verwendet, der auch für die Aufnahme vorgesehen ist.

Korrektur des Hallradius' aufgrund der Richtcharakteristik der Mikrofone

In der Praxis ist der Hallradius größer als in Abb. B angegeben. Bei Richtmikrofonen, die auf die Schallquelle gerichtet sind, werden Hallanteile aus anderen Richtungen teilweise ausgeblendet, so dass sich der Hallradius je nach Richtcharakteristik des Mikrofons und ihrer Frequenzabhängigkeit bis auf etwa den doppelten Wert vergrößern kann (Abb. D), für Niere und Acht um das 1,7fache, für Superniere um das 1,9fache und Hyperniere um das 2,0fache. Der Faktor, um den sich der Hallradius vergrößert, ergibt sich aus der Wurzel des Bündelungsgrads (→ S. 98). Der Bündelungsgrad und damit die Vergrößerung des Hallradius' ist je nach Richtcharakteristik in typischer Weise frequenzabhängig: Nieren-, Supernieren- und Achterrichtcharak-

A. Definition des Hallradius'

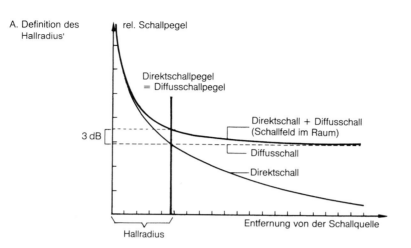

rel. Schallpegel

Direktschallpegel = Diffusschallpegel

Direktschall + Diffusschall (Schallfeld im Raum)

3 dB

Diffusschall

Direktschall

Hallradius

Entfernung von der Schallquelle

B. Hallradius für verschiedene Raumgrößen und Nachhallzeiten, gültig für Kugelrichtcharakteristik der Mikrofone und allseitig gleiche Abstrahlung der Schallquelle

Raumvolumen m³	Nachhallzeit								
	1,0	1,5	1,75	2,0	2,25	2,5	3,0	3,5	4,0 s
500	1,27	1,04	0,96	0,9	0,85	0,8	0,74	0,68	0,64
1000	1,8	1,47	1,35	1,41	1,2	1,14	1,04	0,96	0,9
2000	2,55	2,08	1,93	1,8	1,7	1,61	1,47	1,36	1,27
5000	4,03	3,29	3,04	2,85	2,69	2,55	2,33	2,16	2,02
10000		4,65	4,3	4,03	3,8	3,6	3,3	3,05	2,85
15000			5,28	4,93	4,65	4,42	4,03	3,73	3,49
20000				5,7	5,37	5,1		4,65	4,31	4,03

C. Typische Pegelverhältnisse von Direkt- und Diffusschall bei gleichem Mikrofonabstand für große und kleine Räume bei kurzer und langer Nachhallzeit

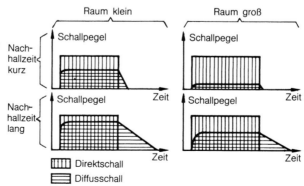

Raum klein

Raum groß

Nachhallzeit kurz

Schallpegel

Schallpegel

Zeit

Nachhallzeit lang

Schallpegel

Schallpegel

Zeit

Zeit

Direktschall

Diffusschall

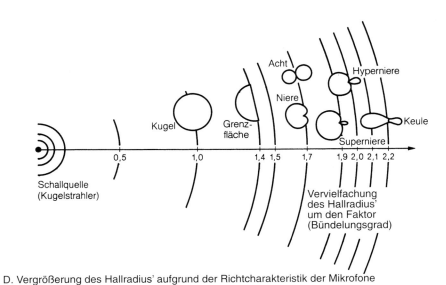

D. Vergrößerung des Hallradius' aufgrund der Richtcharakteristik der Mikrofone

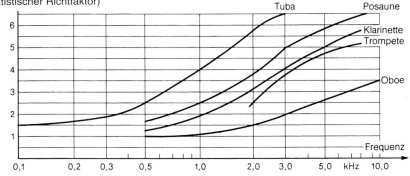

E. Vergrößerung des Hallradius' aufgrund der Richtcharakteristik der Musikinstrumente in der Hauptabstrahlrichtung

teristiken sind im Allgemeinen relativ unabhängig von der Frequenz, Kugelrichtcharakteristiken von Druckempfängern hingegen gehen für hohe Frequenzen in Nieren- bis Keulenrichtcharakteristik über, d. h. der Hallradius verdoppelt sich für diese Mikrofone oberhalb 8–10 kHz; dies ergibt bei guter Aufnahme des Raumeindrucks eine im Allgemeinen vorteilhafte Präsenz. Grenzflächenmikrofone heben den Direktschall gegenüber dem Diffusschall unabhängig von der Frequenz um 3 dB an und vergrößern den Hallradius damit um den Faktor $\sqrt{2} = 1{,}4$ ($\rightarrow$ S. 98 ff.).

Korrektur des Hallradius' aufgrund der Richtcharakteristik der Schallquellen

Anders als bei der Richtcharakteristik der Mikrofone ist bei den Schallquellen, in der Praxis insbesondere bei Musikinstrumenten, der Einfluss der Richtcharakteristik auf den Hallradius so komplex, dass er keinesfalls mit einem einzigen Zahlenwert erfasst werden kann. Ein Maß für die Veränderung des Hallradius' bei einer bestimmten Frequenz in einer bestimmten Richtung ist der sog. **statistische Richtfaktor.** Er gibt an, mit welchem Faktor der Hallradius aus Abb. B multipliziert werden muss, um den tatsächlichen Hallradius der jeweiligen Schallquelle bei einem bestimmten Ton in einer bestimmten Richtung zu erhalten. Der Richtfaktor ist nicht nur von der Art des Instruments abhängig, sondern natürlich sehr stark von der Frequenz und von der Abstrahlrichtung. Grundsätzlich gilt, dass jedes Instrument in seinem tiefen Tonbereich im wesentlichen als Kugelstrahler betrachtet werden kann, also keinen vergrößerten Hallradius besitzt. Mit steigender Frequenz vergrößert er sich in der Hauptabstrahlrichtung. In anderen Richtungen wird er sich jedoch deutlich gegenüber dem Kugelstrahler verkleinern. Besonders hohe Richtfaktoren haben die Blechblasinstrumente in Richtung der Stürze im höheren Frequenzbereich (Abb. E), da der Schalltrichter den Schall stark bündelt. Der Richtfaktor kann dabei auch in kleineren Winkelbereichen schon außerordentlich schwanken.

Die tatsächliche Vergrößerung des Hallradius' ergibt sich als Produkt der durch Mikrofon und Schallquelle bedingten Faktoren; sie kann in der Praxis bewirken, dass insbesondere bei Blechblasinstrumenten in der Hauptabstrahlrichtung der gesamte Raum innerhalb des Hallradius' bleibt. **Die Frequenzabhängigkeit des Hallradius'** unter Praxisbedingungen vergrößert diesen im höheren Frequenzbereich; dadurch wird die Präsenz in wünschenswerter Weise verbessert. Außerhalb des korrigierten Hallradius' nimmt die Richtwirkung der Mikrofone rasch ab, im Diffusfeld gibt es keine Richtwirkung mehr.

Hörwahrnehmung und Hallabstand

Veränderungen im Verhältnis von Direktschall zu Diffusschall, also Veränderungen des Hallabstandes, kann das Gehör außerordentlich gut wahrnehmen. Schon Änderungen des Nachhallpegels um 2 dB werden bemerkt. Damit ist das Gehör allgemein sehr empfindlich für die Akustik eines Raums und ihre Veränderungen. Die Änderung der Entfernung zur Schallquelle wird in einem Raum mit deutlich hörbarem Nachhall vom Gehör ebenfalls vom Hallabstand abgeleitet. Wegen seiner großen Empfindlichkeit hierfür werden schon geringe Abstandsänderungen registriert. Die Entfernungswahrnehmung ist damit in Räumen wesentlich besser als im Freien. Bei ausreichend Direktschall nimmt das Gehör mit der ersten Wellenfront zunächst den Ort der Schallquelle wahr; mit den ersten Reflexionen und dem Nachhall wird der Raum vom Gehör erfasst, zugleich wird die Schallquelle zunehmend größer und erfüllt schließlich den ganzen Raum; sie umhüllt den Hörer.

Zwischen den Begriffen „Hallabstand" und „Hallradius" kann es zu Verwechslungen kommen: Da der Hallradius tatsächlich keinen Kreis definiert, ist der Begriff zwar allgemein in Verwendung, aber eigentlich unzutreffend. Weil der Begriff „Hallabstand" aber bereits durch die Pegeldifferenz von Direkt- zu Diffusschall belegt ist, wird deshalb „Hallentfernung" an Stelle von „Hallradius" vorgeschlagen.

Tonstudios und Kirchen

In ihrer Größe, Ausgestaltung und ihren akustischen Eigenschaften sind Räume i. a. für die an sie gestellten Anforderungen optimiert, Tonstudios für Tonaufnahmen, Konzertsäle und Kammermusikräume für öffentliche Aufführungen von Konzert- bzw. Kammermusik. Der Vielzweckraum dagegen versucht einen Kompromiss zwischen verschiedenen Anforderungen, kann naturgemäß also jeweils akustisch nicht optimal sein. Während Tonstudios für Tonaufnahmen optimiert sind, haben Kirchenräume besondere akustische Eigenschaften, die bei Tonaufnahmen erhebliche Probleme aufwerfen.

Tonstudios

Tonstudios unterscheiden sich je nach ihrer Aufgabe in ihren akustischen Eigenschaften. Gemeinsam ist ihnen aber, dass **Störgeräusche** extrem gering sein müssen, also hohe Anforderungen an die Schalldämmung gegen Außenschall, an die Klimaanlage, Beleuchtung und andere Geräuschquellen gestellt werden, die auch für Regieräume gelten. Generell sind im Frequenzbereich unter 1000 Hz höhere Störpegel zugelassen, da in diesem Bereich das Gehör unempfindlicher ist als bei Frequenzen über 1000 Hz, aber auch, weil Störschall in diesem Frequenzbereich nur mit hohem Aufwand zu dämmen ist. Als Anhaltspunkt sind die Anforderungen an verschiedene Studios beim öffentlich-rechtlichen Rundfunk dargestellt. Im Einzelnen richten sich die Anforderungen nach der Art des Studios (Abb. A). Definiert werden die höchstzulässigen Pegel durch sog. Grenz-Kurven (GK), deren Nummer den höchstzulässigen Schalldruckpegel bei ca. 500 Hz angibt; angegeben sind auch die äquivalenten Schalldruckpegel in dBA (Abb. B).

Sendesäle oder Konzertstudios

Dies sind große Tonstudios für Musikaufnahmen mit oder ohne Publikum mit einem Volumen von 10 000 bis 15 000 m^3 für 800 bis 1200 Zuhörer vorwiegend für Musikaufnahmen und öffentliche gemischte Sendungen. Die ersten Sendesäle entstanden zusammen mit dem Rundfunk in den 20er Jahren des 20. Jahrhunderts, wie etwa das Voxhaus in Berlin. Ihre akustischen Eigenschaften sollten möglichst unabhängig von der Anwesenheit von Publikum sein. Die Nachhallzeit entspricht weitgehend derjenigen der Konzertsäle oder ist etwas kürzer. Als Anhaltspunkt gilt: 1,0 s bei einem Volumen von 1000 m^3 ansteigend mit jeder Volumenverdopplung um 0,2 s, bei z. B. 16 000 m^3 also 1,8 s. Mit dieser kürzeren Nachhallzeit bleibt die Möglichkeit einer zusätzlichen künstlichen Verhallung bei der Aufnahme offen und damit die Anpassung des Nachhalls an den jeweiligen Stil der Musik. Um auch klangfarblich eine weitere Gestaltung des Halls zu ermöglichen, ist die Frequenzabhängigkeit des Nachhalls relativ gering.

Kammermusikstudios

Dies sind Tonstudios für Kammermusikaufnahmen, teils auch mit Publikum bis etwa 300 Personen. Kleine Studios haben eine Größe von etwa 500 bis 1000 m^3 mit einer Nachhallzeit von 0,8 bis 1,0 s, größere Studios von 1000 bis 3000 m^3 mit einer Nachhallzeit von 1,2 bis 1,5 s. Je kleiner das Studio ist, umso geringer muss der Mikrofonabstand sein, um Diffusschall auszublenden und umso mehr treten einzeln hörbare Raumresonanzen bei tiefen Frequenzen auf. Deshalb werden Aufnahmen um so schwieriger, je kleiner ein Studio ist.

Popstudios

Hierunter sollen hier Tonstudios verstanden werden, die ausschließlich der Aufnahme von Popmusik dienen. Da die Produktionsmethoden auf diesem Sektor weitestgehend auf die Tongestaltung in der Tonregie bauen, sollte die Studioakustik möglichst nicht hörbar sein, sie wird auch nicht für den akustischen Kontakt zwischen den Musikern benötigt wie etwa bei E-Musik, da sie über Kopfhörer mit einer sog. Monitormischung versorgt werden. Daraus ergibt sich, dass das Studio nur kurze Nachhallzeiten haben darf. Sie reichen bei kleinen Studios von 0,2 bis 0,3 s bis 0,8 s bei größeren Studios, abhängig von den Produktionen, die darin jeweils stattfinden sollen. Wenn auch „akustische Produktionen" vor-

**Produktionsstudios
des Hörfunks**

Hörspielstudio	GK 0
Kammermusikstudio	GK 0
Sendesaal	GK 5
Studio für U-Musikaufnahmen	GK 15
Sprecherstudios	GK 5 – GK 10
Tonregie	GK 5 – GK 15
Bearbeitungsräume	GK 10 – GK 20

**Produktionsstudios
des Fernsehens** GK 10 – GK 20

A. Höchstzulässige Störpegel und anzuwendende Grenz-Kurven GK für verschiedenartige Studios

Fre-quenz	Hör-schwelle DIN/ISO	Grenz-Kurven					
		GK0	GK5	GK10	GK15	GK20	GK25
Hz	dB	dB	dB	dB	dB	dB	dB
50	44	34	39	42	46	50	54
63	38	29	33	37	41	45	49
80	32	25	29	33	37	41	45
100	27	20	24	29	33	37	42
125	22	16	20	25	29	33	38
160	18	12	17	22	26	31	35
200	15	9	14	19	23	28	33
250	11	6	11	16	21	25	30
320	9	4	9	14	18	23	28
400	6	2	7	11	16	21	26
500	4	0	5	9	14	19	24
630	2	0	3,5	7,5	13	18	23
800	1	0	3,5	7,5	11	17	21
1k	1	0	3,5	7,5	10	15	20
1,25k	0	0	3,5	7,5	10	14	19
1,6k	−1	0	3,5	7,5	10	13	18
2k	−2	0	3,5	7,5	10	12	17
2,5k	−3	0	3,5	7,5	10	11	16
3,2k	−5	0	3,5	7,5	10	10	15
4k	−5	0	3,5	7,5	10	10	15
5k	−4	0	3,5	7,5	10	10	14
6,3k	1	0	3,5	7,5	10	10	14
8k	6	0	3,5	7,5	10	10	14
10k	10	0	3,5	7,5	10	10	14
dB(A)		14	18	22	26	30	34

B. Grenz-Kurven (GK) und Hörschwelle für höchstzulässige Störpegel (unten) und entsprechende Terzpegel (rechts)

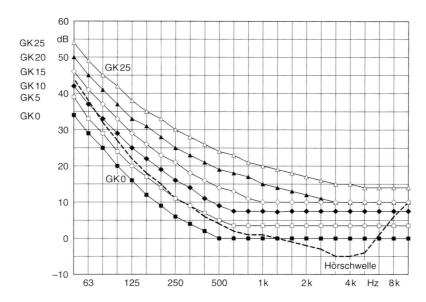

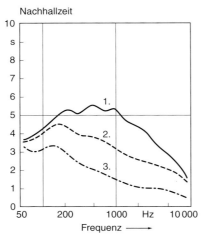

A. Typische Veränderung der Nachhallzeit einer Kirche bei unterschiedlicher Besetzung mit Zuhörern, 1. leer, 2. mittel-, 3. voll besetzt

B. Typische Klangfärbung und Dauer des Nachhalls bei gotischen (1.), Renaissance- (2.) und Barockkirchen (3.)

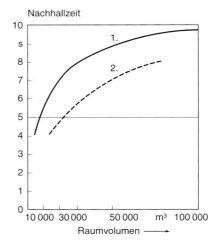

C. Typischer Zusammenhang zwischen Raumvolumen und Nachhallzeit bei großen gotischen (1.) und barocken (2.) Kirchenräumen

Raumgröße	5 000 m³	10 000 m³	30 000 m³	100 000 m³
Nachhallzeit	4 s	6 s	8 s	12 s
Hallradius	2,0 m	2,5 m	3,6 m	5,0 m

D. Typische Hallradien in großen gotischen Kirchen

gesehen sind, muss die Nachhallzeit länger sein. Auch bei diesen stark bedämpften Studios bilden einzelne erste Reflexionen die Ursache für schlecht klingende Räume; auch hier gewinnt also ein Studio mit der Größe an akustischer Qualität.

Kirchen

Kirchenräume variieren sowohl in ihrer Größe – von 2000 bis 200 000 m^3 – als auch in ihrer durch den jeweiligen kunsthistorischen Stil gegebenen Ausgestaltung so stark, dass nur einzelne Architekturtypen genauer gekennzeichnet werden können; der Bestand an Kirchengebäuden stammt im Wesentlichen aus der Zeit vom Mittelalter (Romanik und Gotik) über die Renaissance bis zum Ende der Barockzeit, nur wenige Kirchen sind im 19. und 20. Jahrhundert errichtet worden. Allen Stilen ist die Tatsache gemeinsam, dass zwischen der **Nachhallzeit des besetzten und unbesetzten Kirchenraums** vielfach ein erheblicher Unterschied besteht. Da in Kirchen meist Holzbänke oder -bestuhlung verwendet wird, erhöhen Zuhörer die Schallabsorption erheblich bzw. verkürzen die Nachhallzeit; je größer der Kirchenraum ist, um so geringer ist dieser Einfluss (Abb. A). Man kann für die Kunststile Gotik, Renaissance und Barock typische Nachhallfärbungen feststellen, verursacht durch die Ausgestaltung der Räume (Abb. B).

Gotische Kirchengebäude

Gotische Kirchenräume sind im Allgemeinen gekennzeichnet durch große Raumvolumina und sehr geringe Schallabsorption besonders bei tiefen, aber auch mittleren Frequenzen, verursacht durch steinerne Oberflächen und fehlende Tiefenabsorber. Dies führt typisch zu einer sehr langen Nachhallzeit von bis zu 12 s oder mehr (Abb. C) mit einem ausgeprägten Maximum bei 100 Hz oder darunter. Der Nachhall hat also eine ausgesprochen dunkle Färbung und auch durch seine lange Dauer eine stark verdeckende Wirkung. Andererseits steigt der Hallradius mit dem Raumvolumen an, trotz zunehmender Nachhallzeit. Romanische Kirchen verhalten sich ähnlich, sofern sie eine steinerne Gewölbedecke haben, Holzdecken verringern die Dunkelfärbung des Nachhalls.

Barockkirchen

Barocke Kirchen sind gekennzeichnet durch einen etwas kürzeren Nachhall als gotische Kirchen (Abb. C), ein Maximum der Nachhallzeit im mittleren Frequenzbereich um 500 Hz mit einer Betonung der Vokalfarben von „O" bis „A" und eine klare Höhenwiedergabe, verursacht durch zahlreiche tiefenabsorbierende Gestaltungselemente aus Holz und glatte Putzflächen (Abb. B). Der Helligkeit des Barockraums entspricht also die Helligkeit der Klangfärbung, wie beim gotischen Raum sich die Dunkelheit von Klang und Raum entsprechen. Insgesamt zeigen Barockkirchen auch aus weiteren ungenannten Gründen eine weitaus bessere Eignung für Tonaufnahmen als gotische Kirchen. Renaissancekirchen haben ähnliche akustische Eigenschaften wie Barockkirchen.

Historische Konzertsäle bis 1800

Auch der hohe Qualitätsstandard moderner Geräte für künstliche Verhallung kann bei Aufnahmen von E-Musik die gute Akustik eines Raums nicht ersetzen. Einerseits bestimmt die Raumakustik das Tempo und die Artikulation, allgemein die Interpretation bei der Aufführung mit, andererseits repräsentiert die übliche und notwendige Aufstellung der Mikrofone im Nahbereich bei vorgesehener elektronischer Verhallung die spezielle Klangfarbe am Aufnahmeort; sie ist Ausgangspunkt für die spezielle Klangfärbung des elektronischen Halls, der natürliche Hall hingegen integriert die Klangabstrahlung in alle Raumrichtungen (siehe auch S. 66). Deshalb kann künstlicher Hall dem natürlichen Raumeindruck grundsätzlich nicht gleichwertig sein (Abb. A).

Die architektonischen, akustischen und sozialen Anforderungen an Konzertsäle unterliegen wie alle kulturellen Manifestationen einer **historischen Entwicklung.** So ist es nicht möglich, allgemein zu beschreiben, wie ein guter Konzertsaal klingen und aussehen soll. Nur gemessen an heutigen Anforderungen müssen deshalb viele ältere Säle ungeeignet oder gar schlecht erscheinen, während sie zu ihrer Zeit als gut anerkannt waren. Grundsätzlich gehört eine „authentische Raumakustik" zu dem derzeit besonders aktuellen Bemühen um eine authentische Klanggestalt.

Bis ins 18. Jahrhundert gab es nur wenige Räume, die für Musikaufführungen besonders geplant und ausgestaltet waren. Kirchenmusik wurde in Kirchen aufgeführt, die je nach Stil eine längere oder kürzere Nachhallzeit haben (→ S. 32). Kammermusik wurde in kleineren Räumen mit im Allgemeinen stark gedämpfter Raumakustik und Feldmusik im Freien dargeboten. Räume, die speziell für Musikaufführungen gebaut wurden, entstanden erst im Verlaufe des 18. Jahrhunderts mit der zunehmenden Beteiligung des Bürgertums an der Musikpflege.

Der **Konzertsaal des 18. Jahrhunderts** ist als Typ nicht zu beschreiben, nur einige Charakteristika, die ihn von neueren Sälen unterscheiden, sind zu nennen: Die Säle waren relativ klein, das Publikum war dicht gedrängt und bewirkte eine starke Schallabsorption und damit kurze Nachhallzeiten bei deutlichen, Intimität verleihenden ersten Reflexionen. Obwohl die Anzahl der Musiker geringer war, entwickelten sie wegen der kleineren Räume doch eine Lautstärke, wie man sie von heutigen Konzerten her kennt oder sogar noch höher.

Die ersten eigentlichen Konzertsäle wurden, verbunden mit der Veranstaltung öffentlicher Konzerte, im 18. Jahrhundert in **England** gebaut. Kennzeichnend sind relativ kleine Räume mit Grundflächen um 200 bis 400 m², darin ein dicht gedrängtes Publikum, woraus sich ein geringes Raumvolumen pro Platz und eine bemerkenswert kurze Nachhallzeit von 1 bis 1,5 s ergibt. Zu den wichtigsten Konzertsälen in London, dem europäischen Musikzentrum jener Zeit, gehören ab 1775 die Hanover Square Rooms mit knapp 1 s Nachhallzeit; auf 240 m² waren 800 Zuhörer untergebracht, pro Zuhörer standen nur 2–3 m³ Raumvolumen und eine Fläche von kaum 0,5 mal 0,5 m zur Verfügung (Abb. E). Größer war die 1793 eröffnete King's Theatre Concert Hall mit etwa 1,5 s Nachhallzeit und einem Volumen von 4500 m³ (Abb. E). Architektonisch besonders interessant und als schön gerühmt war das Pantheon mit seiner bemalten Holzkuppel, den durch Säulen und Galerien gegliederten Wänden sowie den beiden halbrunden Absiden, genutzt von 1772 bis 1792 (Abb. B); mit einer Länge von 35 m war das Pantheon ein ungewöhnlich großer Raum. Auch Edinburgh war eine Stadt mit intensiver Musikpflege; ein beliebter Saal war die noch erhaltene Cecilia's Hall, ein ovaler Saal mit Achsenlängen von ca. 20 und 10 m, die Zuhörer sitzen sich gegenüber parallel zur Längsachse (Abb. C). Der älteste erhaltene Konzertsaal überhaupt ist der Holywell Music Room in Oxford aus dem Jahr 1748; der Saal ist 21 m lang, 10 m breit und 9 m hoch, hat Rechteckform mit einem halbrunden Bühnenraum. Starke erste Reflexionen bei einer Nachhallzeit von 1,5 s geben ihm einen kräftigen, hellen und doch intimen Klang. Wichtige öffentliche Aufführungsorte waren in London und anderswo auch die Konzertgärten, Vergnügungsparks mit den unterschiedlichsten Unterhaltungsmöglichkeiten, wo in halboffenen Pavillons

A. Hallsignale
für
natürlichen
und künstlichen Hall

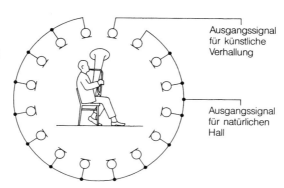

Ausgangssignal
für künstliche
Verhallung

Ausgangssignal
für natürlichen
Hall

B. Pantheon in London,
1772, einer der schönsten
Konzertsäle im 18. Jahr-
hundert, Ansicht und Grundriss

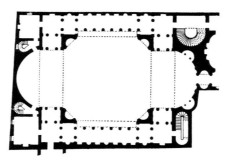

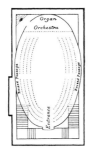

C. Cecilia´s Hall
in Edinburgh, 1762

D. Rotunda in Ranelagh Garden, London, 1742

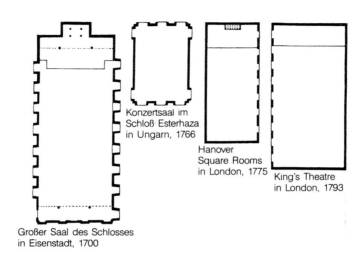

Konzertsaal im
Schloß Esterhaza
in Ungarn, 1766

Hanover
Square Rooms
in London, 1775

King's Theatre
in London, 1793

Großer Saal des Schlosses
in Eisenstadt, 1700

E. Beispiele für Konzertsäle des 18. Jahrhunderts

F. Altes Gewandhaus in Leipzig, 1781 bis 1894 in Gebrauch,
22,9 × 14,4 m, 7,5 m hoch, 400 Plätze, 1,3 s Nachhallzeit

oder in geschlossenen Räumen vor sehr zahlreichem Publikum musiziert wurde; in London wurden in Vauxhall vor allem nach 1732, in Ranelagh Garden (Abb. D) seit 1742 Konzerte veranstaltet, u. a. mit Werken von Georg Friedrich Händel. Die weitere Entwicklung des Konzertsaalbaus ging zum Ende des 18. Jahrhunderts von England nach Deutschland über.

Im **deutschsprachigen Raum** gab es im 18. Jahrhundert außerhalb des höfischen Musiklebens nur geringe öffentliche musikalische Aktivitäten. Größere Konzertsäle waren weder an den Höfen noch im öffentlichen Bereich erforderlich. Musiziert wurde im Allgemeinen in Räumen, die nicht speziell für Konzerte vorgesehen waren. Unter den Räumen, die als Konzertsäle genutzt wurden, sind herausragende, den Rahmen für die vielen Aufführungsräume absteckende Beispiele die Säle, in denen **Joseph Haydn** seine Werke – wie auch in den beiden genannten Londoner Sälen zwischen 1791 und 1795 – aufführte (Abb. E): Der Konzertsaal des Schlosses Esterháza im heutigen Ungarn ist ein kleiner Saal für 200 Zuhörer mit einer Nachhallzeit von 1,2 s, bei tiefen Frequenzen auf 2,3 s ansteigend. Dieser Konzertsaal wurde von Haydn 1766 bis 1784 genutzt. Dagegen hatte der Große Saal im österreichischen Eisenstadt, wo Haydn zwischen 1760 und 1765 mit seinem Orchester musizierte, eine Nachhallzeit von 1,7 s, ansteigend auf 2,8 s für tiefe Frequenzen; für die 400 Zuhörer stand ein Volumen von fast 7000 m^3 zur Verfügung, pro Platz also über 17 m^3, ein für Konzertsäle ungewöhnlich großes Volumen; solche akustischen Daten wären durchaus für einen Saal des 19. oder 20. Jahrhunderts denkbar und sind nicht typisch für das 18. Jahrhundert. Die wichtigste Aufführungsstätte war, noch bis 1870, in **Wien** der **Redoutensaal** der Hofburg, ein verhältnismäßig großer Saal mit einer Nachhallzeit von 1,4 s und einem Volu-

men von gut 10000 m^3 für 1500 Zuhörer, pro Platz der günstige Wert von rund 7 m^3. Neben diesem großen Saal gab es auch einen kleineren für 400 Zuhörer. Beide Säle wurden in erster Linie für Bälle und andere gesellschaftliche Veranstaltungen genutzt.

Zu den berühmten und besonders in der Zeit der Romantik viel genutzten Konzertsälen, die im 18. Jahrhundert entstanden sind, gehört das sog. **Alte Gewandhaus** in **Leipzig** (Abb. F), das 1781 erbaut und 1894 wieder abgebrochen wurde. Mit einer Nachhallzeit von ca. 1,3 s und 400, später 570 Hörerplätzen bei einem Volumen von rund 5 m^3 bzw. später knapp 4 m^3 pro Sitzplatz hat die Musik in diesem Saal präsent und relativ laut geklungen; die Holzvertäfelung und der Holzfußboden waren gute Tiefenabsorber, so dass eine gleichmäßige Absorption über den gesamten Frequenzbereich angenommen werden kann. Auffällig ist die Anordnung der Sitzreihen parallel zur Saalachse wie in der Cecilia's Hall in Edinburgh. Eine solche Sitzplatzanordnung war nicht typisch, betonte aber die gesellschaftliche Funktion öffentlichen Konzertlebens, da man bei dieser Sitzanordnung während des Konzerts sehen und gesehen werden konnte. Das Alte Gewandhaus stellt den Beginn einer eigentlichen Tradition des Konzertsaalbaus dar. Es wurde 1884 durch das wegen seiner Akustik gerühmte und vielfach kopierte Neue Gewandhaus ersetzt.

In **Italien** und **Frankreich** lag der Schwerpunkt öffentlicher Musikpflege mehr bei der Oper. Konzerte wurden vielfach in Opernhäusern veranstaltet. Auch der erste französische Konzertsaal, der erst 1822 erbaute Konzertsaal des Conservatoire – er wurde 1865 vollständig umgebaut –, erinnert mit seiner Hufeisenform, seinen Galerien und dem Bühnenvorhang an ein Opernhaus. In Italien wurden Konzerte vielfach auch in Kirchen und Kapellen aufgeführt.

Historische Konzertsäle des 19. Jahrhunderts

Zu Beginn des 19. Jahrhunderts zeigen sich im Konzertleben als Folge des erstarkenden Bürgertums **charakteristische Veränderungen gegenüber dem 18. Jahrhundert:** Konzerte werden nun von professionellen Gesellschaften veranstaltet und sind jedermann zugänglich, sie ziehen immer größere Zuhörermassen an, die ihrerseits größere Räume mit entsprechend größeren Orchestern erfordern. Erstmals entsteht ein größerer Bedarf an Räumen speziell für Musikaufführungen. Ein kleines Standardrepertoire von Orchester- und Chorwerken trägt viel zur Popularisierung des Konzertbesuchs bei. Die Komponisten können ihre Werke nun nicht mehr für bestimmte Anlässe und Räume konzipieren. Damit geht die in früheren Jahrhunderten weitgehend übliche stilistische Einheit von Musik und Aufführungsraum vielfach verloren. Musik soll jetzt beeindrucken, auch in moralischem Sinne wirksam werden, geeignete Mittel hierfür sind auch Masse und Lautstärke. Dies architektonisch zu unterstützen, führte oft dazu, Konzertsälen einen weihevollen Ausdruck zu verleihen, sie Kirchen oder Tempeln nachzuempfinden; daher stammt auch der heute noch in Konzertsälen übliche Einbau einer großen Orgel.

Der Konzertsaalbau des 19. Jahrhunderts geht in den deutschsprachigen Ländern zunächst keine grundsätzlich neuen Wege. Aus dem Ballsaal, der sog. Redoute, dem häufigsten Aufführungsraum barocker höfischer Musik, wird die Rechteckform übernommen, es entsteht der Konzertsaaltyp der sog. **Schuhschachtel.** Vor allem im späteren 19. Jahrhundert wird dies der am häufigsten gebaute Typ, um die Wende zum 20. Jahrhundert wird er zum Standard. Der Schuhschachtelsaal ist relativ schmal – Breite zu Länge verhalten sich vielfach wie 1:2 – und hat eine hohe Decke, wodurch ein relativ großes Raumvolumen pro Zuhörer entsteht. Der Fußboden ist eben, an einem Saalende befindet sich die erhöhte Bühne, um den Saal läuft eine Galerie, mit nützlichen Schallreflexionen an deren Unterseite. Der Saal hat relativ viel Nachhall; er fördert einen üppigen, vollen Klang, der genau zur Musik der Zeit passt. Die für alle Plätze nahen Seitenwände reflektieren den Schall wirksam und führen zu wenig verzögerten, seitlichen ersten Reflexionen, die die Schallquelle scheinbar vergrößern, ihr Räumlichkeit, aber auch Klarheit geben. Die Zuhörer sitzen relativ gedrängt und damit vergleichsweise nah beim Orchester, was der Musik auch Intimität und Präsenz verleiht. Solche Säle wurden in erster Linie für Orchester- und Chorkonzerte mit einem Publikum von 1500 bis 2000 Personen gebaut. Die Säle wurden in allen damals üblichen historisierenden Stilen gestaltet. Dass die Grundform Schuhschachtel allein noch keine Garantie für gute Raumakustik ist, beweisen die schlechten Säle dieses Typs.

Abgelöst wurde der Schuhschachteltyp am Ende des 19. Jahrhunderts durch Säle mit großen umlaufenden Balkonen, die aufgrund der konstruktiven Möglichkeiten mit Eisenträgern nun möglich wurden, die Carnegie Hall in New York von 1891 ist ein Beispiel hierfür. Die wegen ihrer Akustik noch heute als die besten Konzertsäle der Welt geltenden Säle gehören aber dem Schuhschachteltyp an, sie galten als Vorbilder und wurden vielfach nachgeahmt: der Große Musikvereinssaal in Wien von 1870 und das Neue Gewandhaus in Leipzig von 1884, das Vorbild war u. a. für das Concertgebouw in Amsterdam von 1888 (Abb. C) und beide zusammen für die Symphony Hall in Boston von 1900 (Abb. B). Weitere Säle mit Rechteckform sind z. B. das Stadt-Casino in Basel von 1876 und die Tonhalle in Zürich von 1895.

Der **Große Musikvereinssaal** in **Wien,** 1867 bis 1869 von Theophil Hansen erbaut und 1870 eröffnet, ist Teil der Gesamtanlage des Rings, wo sich die verschiedensten öffentlichen Kulturbauwerke zu einem einmaligen architektonischen Ensemble vereinen. Bei knapp 9 m^3 Volumen pro Sitzplatz liegt die Nachhallzeit etwas über 2 s. Der Saal ist nach den Kriterien des Schuhschachtelsaals für 1680 Zuhörer erbaut. Die Wände sind verputzt, durch raumhohe Fenster unterbrochen und stark gegliedert. Durch die schallharten Wände ergibt sich ein voller Bassklang. Die umlaufende Galerie wird von vergoldeten Karyatiden getragen, die Stuckdecke ist reich verziert und vergoldet; dies hat zu der Bezeichnung „Goldener Saal" geführt.

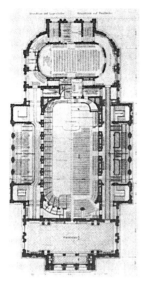

A. Neues Gewandhaus in Leipzig,
   1884 (zerstört)

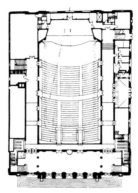

B. Symphony Hall in Boston, 1900

C. Concertgebouw in Amsterdam, 1888.

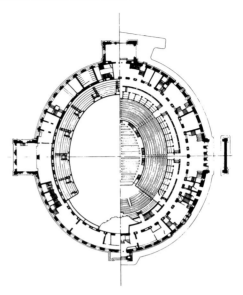

D. Monumentale Stadthallen
in Nordengland, hier:
Leeds Town Hall, 1858,
49 x 22 m, 23 m hoch

E. Royal Albert Hall in London, 1871,
der größte erhaltene Konzertsaal des
19. Jahrhunderts, für 6000 Personen,
ursprüngliche Planung 30000 Personen,
wird noch heute benutzt

anerkannt als die besten Konzertsäle der Welt	RT in s	EDT in s	BR	NS	V in m△
Wien: Großer Musikvereinssaal (1870)	2,0	3,0	1,11	1 680	15 000
Amsterdam: Concertgebouw (1888)	2,0	2,6	1,08	2 037	18 780
Boston: Symphony Hall (1900)	1,85	2,4	1,03	2 625	18 750
anerkannt als sehr gute Konzertsäle					
Berlin: Konzerthaus (1823)	2,05	2,4	1,23	1 575	15 000
Basel: Stadt-Casino (1876)	1,8	2,2	1,17	1 448	10 500
Zürich: Großer Tonhallesaal (1895)	2,05	3,1	1,23	1 546	11 400
New York: Carnegie Hall (1891)	1,8	-	1,14	2 804	24 270
Durchschnittswerte	**1,9**	**2,5**	**1,15**	**1962**	**16 243**

RT = Nachhallzeit des besetzten Saals in s
EDT = Anfangsnachhallzeit des unbesetzten Saals in s
BR = Verhältnis der Nachhallzeiten für tiefe (125 - 250 Hz)
        und mittlere (500 - 1000 Hz) Frequenzen
NS = Anzahl der Sitzplätze
V = Raumvolumen in m△

F. Akustische Eigenschaften einer Auswahl der besten Konzertsäle nach Beranek (1996)

Der **Alte Gewandhaussaal** (Abb. F, S. 36), Vorgänger des berühmten **Neuen Gewandhauses** in **Leipzig** (Abb. A), war schon 1781 für nur 400 Zuhörer erbaut worden, durch Umbauten konnten später 570 Zuhörer Platz finden. Trotz seiner kurzen Nachhallzeit von ca. 1,3 s und seiner großen Direktheit und Intimität war er bis 1884, bis zur Eröffnung des Neuen Gewandhauses, ein als gut anerkannter Konzertsaal, auch für die voluminöse Musik der Romantik. Das Neue Gewandhaus, von Martin Gropius und Heinrich Schmieden erbaut, wurde 1884 eröffnet. Sein kleiner Saal war eine exakte Kopie mit nun 640 Plätzen, sein großer Saal in etwa eine vergrößerte Kopie des Alten Gewandhaussaals für 1560 Zuhörer. Die Grundfläche bildeten zwei nebeneinandergelegte Quadrate mit 18,9 m Kantenlänge, die Höhe betrug 14,9 m. Wie im Musikvereinssaal zog sich ringsherum die Galerie, auf der über der Bühne eine Konzertorgel Platz fand. Die Nachhallzeit war mit geschätzt 1,5 s deutlich kürzer als im Wiener Saal. So bot dieser Saal nicht ganz das Klangvolumen des Musikvereinssaals, eignete sich aber besonders auch für die Musik der Klassik. Die Konzertprogramme des Gewandhauses waren auch deutlich mehr als in Wien an der Vergangenheit ausgerichtet.

Der dritte berühmte „Schuhschachtelsaal" auf europäischem Boden ist das **Concertgebouw** in **Amsterdam** mit 2200 Plätzen, von van Gendt erbaut und 1888 eröffnet (Abb. C). Die Nachhallzeit ist mit 2,2 s etwas länger als im Musikvereinssaal. Sein Volumen ist fast doppelt so groß wie das des Neuen Gewandhauses. Wegen der größeren Saalbreite kommen die ersten Reflexionen relativ spät, der Klang ist durchmischter und weniger klar als im Wiener und Leipziger Saal; er eignet sich eher für die monumentalen Werke des späten 19. Jahrhunderts als für die der Klassik.

In **Großbritannien** ist die „Schuhschachtel" kaum anzutreffen, weil die wichtigsten Konzertsäle entstanden sind, noch bevor man die raumakustischen Vorzüge der Schuhschachtelräume erkannt hatte. Hier baute man in vielen Städten nach der Jahrhundertmitte **monumentale** **Stadthallen** für bis zu 3000 Zuhörer. Stilistisch und akustisch sind sie nicht einheitlich. Ohne akustische Kenntnisse geplant, hatten sie in der Regel mit über 2 s relativ lange Nachhallzeiten (Abb. D). Die Londoner Royal Albert Hall von 1871 (Abb. E), noch heute als populärer Konzertsaal genutzt, übertrifft mit über 6000 Plätzen alle diese Hallen; die Grundidee eines ovalen amphitheatralischen Raums mit einer zentralen Bühne bildet allerdings zu dieser Zeit eine Ausnahme, sie wird erst 80 Jahre später wieder aufgegriffen; die äußerst problematische Akustik des Saals konnte erst in jüngster Zeit korrigiert werden. Neben Stadthallen entstanden nach 1850 mit ähnlicher Funktion wie die Konzertgärten im 18. Jahrhundert Konzertpaläste vor allem in und um London. In großen Vergnügungsparks wurden sie für noch größere Publikumsmassen bevorzugt in der damals neuen Glas- und Eisenarchitektur errichtet. Das herausragende Bauwerk dieser Art war der sog. Kristallpalast für Zehntausende von Zuhörern, 1854 eröffnet. Er hatte gigantische Dimensionen: ein Orchesterpodium für 4000 Musiker, eine Orgel mit dampfgetriebenen Blasebälgen mit 32 m Breite und 42 m Höhe; die Akustik dieser Glaspaläste glich eher einer Freiluftakustik, da die gläsernen Raumbegrenzungen leicht mitschwingen und viel Schallenergie entziehen.

In **Italien** und **Frankreich** haben sich keine eigenen Konzertsaaltraditionen gebildet, weil hier das Konzertleben weniger als in den deutschsprachigen Ländern entwickelt wurde. Konzerte fanden meist in Opernhäusern und Theatern statt.

Die akustischen Daten der Konzertsäle, die heute allgemein als die besten der Welt angesehen werden, zeigt die Tabelle (Abb. F). Eine Wissenschaft von der Akustik, die als Grundlage der vielen akustisch guten Säle anzusehen wäre, gab es nicht. Allenfalls herrschte die Vermutung, dass ein optisch schöner Saal auch akustisch gut sein müsse; dazu gehört z. B. die Beachtung ganzzahliger Raumproportionen. Zudem stützte man sich auf bereits bewährte Raumdimensionen und Gestaltungsmittel.

Konzertsäle des 20. Jahrhunderts

Der Konzertsaalbau ist im 20. Jahrhundert zunächst durch die **Entwicklung der Wissenschaft von der Akustik** und ihrer Anwendung auf die raumakustische Planung geprägt. Die Bestimmung von akustischen Kriterien für die gewünschte raumakustische Qualität wird zunehmend präziser und erreicht nach der Jahrhundertmitte einen Wissensstand, der eine relativ zuverlässige Planung ermöglicht, solange nicht unerfüllbare Anforderungen gestellt werden z. B. nach zu großen Sälen, nach unvereinbarer Mehrfachnutzung u. a. Athanasius Kircher hat 1650 die Gesetzmäßigkeiten der Ausbreitung von Schall analog zu Lichtstrahlen beschrieben, z. B. auch die Konstruktion eines Flüstergewölbes (Abb. A). Die wichtige Erkenntnis, dass der Publikumsbereich so ansteigen soll, dass jede Person dieselbe Sicht auf die Bühne hat und damit auch optimale Hörbedingungen für Direktschall bestehen – heute als Überhöhungskurve bezeichnet – wurde von John Russell bereits 1838 formuliert (Abb. B). Vom Prinzip her schon bei den antiken Theatern verwirklicht, ist diese Erkenntnis erst wieder im 20. Jahrhundert in die Planungen eingegangen; solange hatte der Abschied vom Typ des barocken Tanzsaals als Vorbild gedauert. Die erste Zusammenfassung akustischen Wissens hat Lord Rayleigh 1878 in „The Theory of Sound" vorgelegt. Wohl der erste, akustisch für den Direktschall mit Überhöhungskurve durchgeplante Saal war das „Auditorium" in Chicago (1889), durch grobe Fehler entstand dabei allerdings eine schlechte Akustik. Den nächsten wichtigen Schritt in der Forschung machte Wallace Clement Sabine, als er 1898 die Formel für die Nachhallzeit durch Experimente entdeckte und damit dieses in der Folgezeit auch oft überschätzte Kriterium in die Planungen einbezogen werden konnte. Sabine wendete erstmals für die Planung der Boston Symphony Hall die Nachhallformel für den Zusammenhang zwischen Nachhallzeit, Raumgröße und den verwendeten Materialien an; dieser Saal von 1900, der mit seinen vom Leipziger Neuen Gewandhaus abgeleiteten Proportionen ein typischer Schuhschachtelsaal ist, gilt noch heute als einer der weltbesten Konzertsäle

(→ S. 39, Abb. B, und S. 40, Abb. F). Das Spannungsfeld zwischen der raumakustischen Planbarkeit und der Schwierigkeit, subjektive Qualitätsmerkmale in objektive Planungsvorgaben zu übersetzen, beherrscht den Konzertsaalbau des 20. Jahrhunderts. Dazu kommt das Bestreben, die Wirtschaftlichkeit durch Multifunktionalität zu erhöhen.

Ein weiteres, wesentliches Merkmal der Konzertsäle des 20. Jahrhunderts ist die **Anpassung an größere Zuhörerzahlen,** teils um die steigende Nachfrage zu befriedigen, teils aus wirtschaftlichen Gründen. Die Vergrößerung wird erreicht durch eine Verbreiterung der Säle. Die Seitenwandreflexionen können dabei raumakustisch nicht mehr ausreichend genutzt werden, sie werden durch Deckenreflexionen ersetzt, die Decke muss dafür – um Echos zu vermeiden – relativ niedrig bleiben. Gleichzeitig wird aus Gründen des Komforts der Platzbedarf pro Person vergrößert. Dies alles führt zu kürzeren Nachhallzeiten und einem Überwiegen des Direktschalls; es entstehen im Gegensatz zu den Sälen des 19. Jahrhunderts Säle mit einem **direkten, klaren Klang mit geringerem Raumeindruck.** Gleichzeitig verändert die Musik im 20. Jahrhundert durch rhythmische und harmonische Differenzierung, allgemein durch eine größere zeitliche Dichte des musikalischen Geschehens ihre Strukturen so, dass gerade Konzertsäle mit den beschriebenen Eigenschaften erforderlich werden.

Die **europäischen Konzertsäle** der 20er und 30er Jahre des 20. Jahrhunderts sind durch die Anwendung des Schallstrahlmodells der Raumakustik auf die gesamte Raumoberfläche gekennzeichnet. Diese Verwissenschaftlichung der Raumakustik stellt eine Abwendung von der Planungsweise des vorangehenden Jahrhunderts dar, in dem die Erfahrungen akustisch oft nur zufällig gelungener Säle wirksam wurden. Zunächst blieben Berechnungen der Nachhallzeit – obwohl um 1900 von Sabine schon entwickelt – außer Acht. Ziel der Planungen war, den gesamten Direktschall durch Spiegelung an Wand- und Deckenoberflächen auf den Publikumsbereich hinzuleiten. Dadurch entstehen die sog. **Direkt-**

A. Darstellung
   eines Flüstergewölbes
   bei Athanasius Kircher, 1650

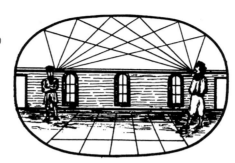

B. Erste Darstellung der
   Überhöhungskurve
   bei John Russell, 1838,
   für einen optimalen "Hörblick"
   von jedem Platz aus

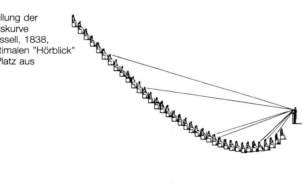

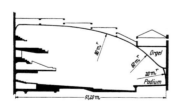

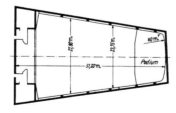

C. Salle Pleyel in Paris, 1927, der erste, streng nach den
   Prinzipien des Schallstrahlenmodells geplante Konzertsaal

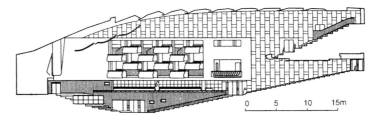

D. Royal Festival Hall London, Längsschnitt, 1951,
der erste bedeutende Konzertsaalbau nach dem Krieg

E. Berliner Philharmonie, der erste Zentralbau mit Weinbergtreppen, 1963

schall-Auditorien des frühen 20. Jahrhunderts. Diese Räume hatten die Grundform halbierter Trichter, gestaltet nach denselben Prinzipien wie die Grammophontrichter jener Zeit, die in einem bedämpften Wohnraum ebenfalls hauptsächlich ein Direktschallfeld erzeugen. Die Salle Pleyel in Paris, 1927 eröffnet, ist der erste Saal dieser Art (Abb. C); charakteristisch für ihn ist die große Deutlichkeit des Klangs, durch die starken Deckenreflexionen ein „monofoner", wenig räumlicher Klang. Ein weiterer, fast nachhallfreier Konzertsaal dieses Direktschalltyps ist die Philharmonic Hall in Liverpool von 1939.

Bei den zahlreichen Neubauten nach 1950 werden die inzwischen vertieften wissenschaftlichen Erkenntnisse über Raumakustik umfassend bei Planungen angewendet, sowohl in bezug auf die Lenkung schallverstärkender Reflexionen als auch auf die Gestaltung von Nachhallzeit und -farbe sowie die Verteilung des Diffusschalls. Kennzeichnend für diese Säle ist eine paraboloide, relativ niedrige Decke, ein ansteigender Publikumsbereich und große freitragende Balkone für die Aufnahme großer Publikumsmassen. Der erste Neubau nach dem Krieg ist 1951 die Royal Festival Hall in London für 3000 Personen (Abb. D); mit 1,5 s Nachhallzeit liefert sie ein kristallklares Klangbild, nicht nur zufällig die Klangästhetik von Tonaufnahmen. Zunehmend wurden Konzertsäle als nur eine der möglichen Nutzungen von Vielzweckhallen gebaut, mit der beschriebenen „Grundakustik" und nach 1960 auch mit variablem elektroakustisch erzeugtem Nachhall oder veränderbaren Absorptionsflächen.

Nach 1960 setzte sich ein neuer Typ von Konzertsaal durch, der **Zentralbau**, vorgeprägt in den antiken Amphitheatern, realisiert aber auch z. B. in der Royal Albert Hall in London (1871) und Freiluftbauwerken wie der Hollywood Bowl von 1922 für 17000 Personen. Der Zentralsaal mit ansteigenden Publikumsbereichen um die Bühne bietet jedem Zuhörer größere Nähe zu den Künstlern, einen besseren „Hörblick" entsprechend den Hörgewohnheiten beim Musikkonsum durch Medien. Wie bei allen großen Sälen fehlen auch hier zunächst seitliche Reflexionen, die

der Musik Räumlichkeit geben und den Hörer in Klang „einhüllen". Bei den Zentralsälen werden diese Reflexionen durch sog. Weinbergtreppen erzeugt; durch in der Höhe gestaffelte Publikumsteilbereiche entstehen an vielen Stellen im Saal relativ nahe seitliche Reflexionsflächen. Der erste große Saal dieses Typs ist 1963 die Philharmonie in Berlin von Hans Scharoun mit 2218 Sitzplätzen und 1,95 s Nachhallzeit (Abb. E). Konsequenter noch ist das Prinzip im Kammermusiksaal der Berliner Philharmonie verwirklicht, ebenfalls von Hans Scharoun. Neu ist die Beachtung einer sozialen Komponente: Die Zuhörer bilden unter sich und mit den Musikern durch engen visuellen Kontakt eine Gemeinschaft, die Trennung von Bühne und Publikum scheint aufgehoben. Nachteilig ist die unausgeglichene Klangbalance seitlich und hinter der Bühne. Abwandlungen des Amphitheatertyps mit seiner zentralen Bühne ergeben fächerförmige Räume, auch mit Weinbergtreppen, verwirklicht etwa bei der Philharmonie im Gasteig in München (1985) oder einen tulpenförmigen Grundriss wie bei der Kölner Philharmonie (1986).

Amerikanische Konzertsäle folgen bis 1940 im Wesentlichen den von Watson in seinen „Acoustics of Buildings", 1923, aufgestellten Forderungen: der Bühnenbereich soll so gestaltet werden, dass die Lautstärke durch Reflexionen erhöht wird, während der Publikumsbereich so weit wie möglich akustisch bedämpft wird, dass quasi Freiluftakustik entsteht; damit können zugleich gravierende Akustikfehler wie Echos und Schallkonzentrationen vermieden werden, allerdings ist im hinteren Saalbereich der im Allgemeinen sehr großen Säle mit bis zu 6000 Plätzen die Lautstärke zu gering. Wie in Europa wurde nach 1950 die Planung der Akustik weiter verwissenschaftlicht und mündet in den oben beschriebenen Typ, der sich international etabliert.

International lässt sich zum Ende des 20. Jahrhunderts auch ein Trend zur Rückkehr zu den „Schuhschachtelsälen" des 19. Jahrhunderts beobachten, jetzt geleitet von einem umfangreichen Wissen über Raumakustik, nicht aus nostalgischen Gründen. Noch nie wurden so viele neue Konzertsäle gebaut wie in unserer Zeit.

Historische und moderne Opernhäuser

Während der Konzertsaal als Bautyp erst im 19. Jahrhundert auf breiter Basis entwickelt wurde, sind Opernhäuser seit dem 17. Jahrhundert eigens für Opernaufführungen nach gesellschaftlichen und musikalischen Bedürfnissen errichtete Bauwerke, die meist mit großem Aufwand erstellt und betrieben wurden. Der Opernbesuch war – im Gegensatz zum Theaterbesuch – bis ins 19. Jahrhundert ein gesellschaftliches Ereignis ersten Ranges, vor allem für die höheren sozialen Schichten. Bereits im 17. Jahrhundert wurde – vor allem in Venedig – aber auch ein marktwirtschaftlich orientierter Opernbetrieb eingerichtet, der allen Schichten offenstand. Soziale Veränderungen haben deshalb in der Geschichte der Opernhäuser direkt auf ihre Architektur und Akustik eingewirkt.

Die Oper entstand in Italien um 1600. Da sie sich als eine mit zeitgenössischen musikalischen Mitteln nachgestaltete Wiederbelebung der antiken Tragödie verstand, lag es nahe, auch ihre Aufführungsstätten an dem antiken halbrunden Amphitheater als Vorbild zu orientieren. Der erste bedeutende Bau dieses Typs war ein Theater, das noch existierende Teatro Olimpico in Vicenza, das als Halbrundamphitheater den antiken Vorbildern folgt und Ausgangspunkt für die Grundrisse der ersten Opernhäuser war.

Aus dieser halbrunden Grundform des Amphitheaters wurden die Grundrisse aller historischen Opernhäuser abgeleitet (Abb. A), bis Wagner seine Idee eines Opernhauses Ende des 19. Jahrhunderts verwirklichte. Die halbrunde Form wurde 1628 beim Teatro Farnese in Parma zu einem U verlängert, beim Teatro SS. Giovanni e Paolo, dem ersten eigentlichen Opernhaus, 1654 zur Hufeisenform abgewandelt; die dritte, vor allem im 18. Jahrhundert viel verwendete Grundform war die angeschnittene Ellipse, die aber schon vor 1670 entwickelt worden war. Während im Teatro Farnese die Sitzreihen wie in einem Amphitheater ansteigen und in der Mitte eine große Aktionsfläche freilassen, werden bereits bei den venezianischen Opernhäusern des 17. Jahrhunderts vor die Wände mehrstöckig Logen gesetzt und das ebene Parkett bestuhlt, um ein möglichst zahlreiches zahlendes Publikum

unterbringen zu können. Mehrere Architekten der italienischen Familie Galli-Bibiena, die zwischen 1700 und 1780 in ganz Europa Opernhäuser bauten, fügten der Opernhaustypologie den glockenförmigen Grundriss hinzu; ein erhaltenes Opernhaus dieses Typs ist das Markgräfliche Opernhaus in Bayreuth (Abb. B). Noch heute ist die Mailänder Oper, das berühmte Teatro alla Scala von 1778, das größte und großartigste Opernhaus überhaupt; mit ursprünglich 2800 Plätzen bei 260 Logen in 7 Stockwerken über dem Grundriss einer abgeschnittenen Ellipse hat es ungewöhnliche Ausmaße, auch für heute, ganz besonders aber zur Entstehungszeit. Akustisch allerdings wird es nicht gelobt. Die Hoftheater jener Zeit fassten im Allgemeinen nur 400 bis 500 Personen. Der Klassizismus um 1800 fügte den traditionellen Grundrissen einen weiteren hinzu, den des angeschnittenen Kreises.

Obwohl diese Grundformen und manche Details und spezielle Einrichtungen zu ihrer Zeit auch unter dem Gesichtspunkt der Akustik – meist mit zweifelhaften Argumenten – diskutiert wurden, sind für die **Raumakustik der Barocktheater** die sehr wirksame Absorption durch das Publikum und die mit Stoffen ausgekleideten Logen bestimmend; bei einer Nachhallzeit um 1 s ist ein klares, direktes und intimes Klangbild typisch, die bevorzugte Holzauskleidung absorbiert besonders den tiefen Frequenzbereich, während sie hohe Komponenten reflektiert. Diese Raumakustik erfüllt die Forderungen dieser Musikzeit, sie bietet gute Wortverständlichkeit und macht auch Nuancen der Artikulation hörbar; ein solches Klangbild galt auch als wünschenswert. Dieser Opernhaustyp und mit ihm seine typische Akustik bleibt im Wesentlichen bis ins späte 19. Jahrhundert erhalten, bei traditionellen Opernhausbauten sogar bis ins 20. Jahrhundert.

Im **19. Jahrhundert** wurden Opernhäuser im traditionellen Stil des italienischen Typs gebaut, wie sie im 17. und 18. Jahrhundert entwickelt worden waren, auch weiterhin mit barocker Innendekoration. Herausragende europäische Opernhausneubauten waren u. a. Covent Garden in London (1858), die Staatsoper in Wien (1868) und die Grand Opéra von Garnier in Paris

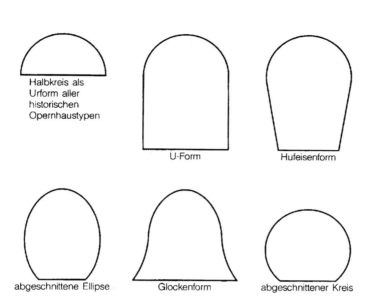

Halbkreis als
Urform aller
historischen
Opernhaustypen

U-Form

Hufeisenform

abgeschnittene Ellipse

Glockenform

abgeschnittener Kreis

A. Typische Grundrisse von barocken Opernhäusern

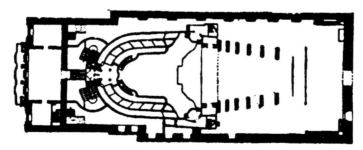

B. Beispiel eines erhaltenen barocken Opernhauses:
Markgräfliches Opernhaus in Bayreuth von Carlo Galli-Bibiena, 1748

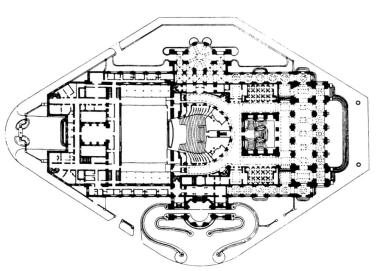

C. Beispiel eines erhaltenen Opernhauses aus dem 19. Jahrhundert:
Grand Opéra in Paris von Charles Garnier, 1875

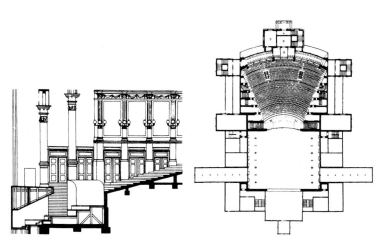

D. Festspielhaus in Bayreuth, entworfen von Richard Wagner, 1876

(1875). Daneben entstanden Opernhäuser unterschiedlicher Größe in großer Zahl auch in kleinen Städten. Die Wiener Architekten Fellner und Helmer bauten als spezialisiertes Architekturbüro zwischen 1870 und 1900 rund 50 Opernhäuser, in Deutschland auch der Architekt Seling. Oper blieb ein gesellschaftliches Ereignis, die Bauwerke waren vor allem dieser Funktion angepasst, nicht den Anforderungen des musikalischen Kunstwerks Oper. Gerade die Pariser Oper zeigt in ihrem Grundriss das krasse Missverhältnis von „gesellschaftlichen" Bereichen wie Foyers, Treppenaufgängen usf. und Zuschauerraum (Abb. C). Raumakustische Fragen spielten bei der Planung immer noch keine Rolle, man verfügte über ausreichend Erfahrungen mit immer wieder demselben Bautyp. Raumakustisch problematisch kann allerdings der Unterschied der Nachhallzeiten von Zuschauerraum mit meist um 1,5 s und dem viel größeren Bühnenraum mit – je nach Dekoration – deutlich längerer Nachhallzeit werden.

Ein neuartiger Typ eines Opernhauses entstand erst 1876, als **Richard Wagner** nach seinen Ideen in Bayreuth das Festspielhaus entwarf und bauen ließ. Die neue Konzeption (Abb. D) ist charakterisiert durch

1. fächerförmige und ansteigende „gleichbegünstigte" Anordnung der Sitzplätze mit guter Sicht von allen Plätzen aus auf die Bühne, beim traditionellen italienischen Opernhaus blickt ein Großteil des Publikums eben auf das Publikum,
2. einen versenkten und verdeckten Orchestergraben mit Durchmischung der einzelnen Instrumentalklänge zu einem homogenen, im hohen Frequenzbereich gedämpften Gesamtklang (Wagners „mystischer Abgrund" zwischen Publikum und Bühne),
3. verglichen mit dem traditionellen Opernhaus mehr Diffusschall und etwas längerer Nachhall (1,6 s),
4. Verdunkelung des Zuschauerraums zur Erhöhung der Konzentration auf das musikalische und szenische Geschehen,
5. Reduktion der gesellschaftlich bedingten Flächen um das Auditorium auf ein Mindestmaß, verglichen mit dem traditionellen Opernbetrieb sollte der Opernbesuch zu einem vorrangig musikalischen, nicht gesellschaftlichen Ereignis werden,
6. Schmucklosigkeit des Bauwerks, kein Prestigebau, ein vollständiger Gegensatz z. B. zu Garniers Opernhaus in Paris,
7. Errichtung des Opernhauses außerhalb eines gesellschaftlichen und städtischen Zentrums.

Wagners Idee ist also sowohl musikalisch als auch gesellschaftlich ein Gegenentwurf zum traditionellen Opernhaus des italienischen Barocktyps. Seine Ideen wurden von dem Architekten Max Littmann aufgenommen; das Auditorium des Prinzregententheaters in München (1901) ist mit einigen Änderungen eine Kopie des Bayreuther Festspielhauses.

Im **20. Jahrhundert** wurden im Wesentlichen die aus dem 19. Jahrhundert erhaltenen Opernhäuser des italienischen Barocktyps weiter bespielt, soweit zerstört, auch wieder in diesem Stil aufgebaut. Die wenigen Opernhäuser, die neu geplant sind, z. B. die Deutsche Oper in Berlin, die Hamburger Staatsoper oder die Bastille-Oper in Paris – das berühmte Opernhaus in Sidney wird als Konzertsaal genutzt –, unterscheiden sich, abgesehen vom Einbau des Orchestergrabens, nicht in grundsätzlichen Gesichtspunkten vom Konzertsaal- und allgemeinen Auditoriumsbau des 20. Jahrhunderts.

Schallquellen

Orchester und Kammermusikensembles
Akustik der Musikinstrumente
Dynamik und Lautstärke der Musikinstrumente
Streichinstrumente
Holzblasinstrumente
Blechblasinstrumente
Schlaginstrumente und Klavier
Sprech- und Singstimme
Wahrnehmung von Tönen und Klängen

Eine Grundvoraussetzung für die Realisierung eines Klangkonzepts bei der Aufnahme ist die Kenntnis der akustischen Eigenschaften der Schallquellen, besonders also der menschlichen Stimme, der Musikinstrumente und der Instrumentalensembles. Diese Eigenschaften können zunächst ohne Berücksichtigung der Klangabstrahlung betrachtet werden. Die spezifischen Abstrahlcharakteristiken der Schallquellen ergeben aber gerade für die Aufnahmepraxis wichtige Modifikationen der Klangeigenschaften. Die Bedeutung der Abstrahlcharakteristik ist bei Blasinstrumenten größer als bei Streichinstrumenten, die Abstrahlung durch Schalltrichter bzw. Grifflöcher ergibt ausgeprägtere Abstrahlcharakteristiken. Im Nahbereich der Instrumente sind die Abstrahleigenschaften so ausgeprägt, dass sie auf das Klangbild einen größeren Einfluss nehmen als die Auswahl eines geeigneten Mikrofons. Am einfachsten lässt sich der optimale Mikrofonort dann finden, wenn z. B. zwei Mikrofone an verschiedenen Orten durch Umschalten einen direkten und schnellen Vergleich der Klangergebnisse erlauben. Der Vorrang des Mikrofonorts vor dem Mikrofontyp gilt also in erster Linie für das Einzelmikrofonverfahren und die Arbeit mit Stützmikrofonen. Bei größerem Abstand, wie er z. B. bei E-Musik-Aufnahmen üblich ist, verringern die Einflüsse des Aufnahmeraums die Wirksamkeit der Abstrahlcharakteristiken, so dass nun der Wahl eines geeigneten Mikrofons und Aufnahmeverfahrens eine wesentlich größere Bedeutung zukommt. Es muss hier darauf verzichtet werden, bestimmte Mikrofontypen für bestimmte Anwendungsbereiche zu empfehlen, allgemeine Hinweise sollen aber eine Hilfestellung dafür geben.

Orchester und Kammermusikensembles

Besetzungen

Von einem **Orchester** spricht man im Allgemeinen dann, wenn mehr als etwa 10 Instrumente ein Ensemble bilden; die Stimmen der Streichinstrumente sind dabei in der Regel mehrfach besetzt. Die jeweilige Besetzung des **Sinfonieorchesters** als größer besetztes und des **Kammerorchesters** als kleiner besetztes Kulturorchester ergibt sich aus den Anforderungen der jeweils aufgeführten Partitur. Die Besetzung bleibt im Allgemeinen in einem Rahmen, der durch Stil und Entstehungszeit der Partitur gegeben ist, Details aber offenlässt. Den Kern des Orchesters bilden die Streichinstrumente mit den Stimmgruppen Violine I, Violine II, Viola, Violoncello und Kontrabass. Violoncello und Kontrabass spielen bei Musik aus der Zeit vor 1800 dieselbe Stimme, danach haben sie ihre eigenen Stimmen. Diese Zusammensetzung der Streicher ist bis heute unverändert geblieben. Geändert hat sich die Besetzungsstärke: in demselben Maß wie im 19. Jahrhundert die Bläserbesetzung vergrößert wurde, hat sich auch die Streicherbesetzung vergrößert, damit das klangliche Gleichgewicht gewahrt wurde (Abb. A). In der Barockzeit wird das Streichorchester je nach stilistischer Herkunft der Komposition oft um 2 Oboen und/oder Flöten und 1 Fagott, gelegentlich noch um 2 bis 3 Trompeten mit einem Paar Pauken erweitert. Immer ist in der Barockzeit der sog. Generalbass dabei, er besteht aus 1 oder 2 Bassinstrumenten (Violoncello, Kontrabass, Fagott) und einem akkordfähigen Instrument (Cembalo, Orgel, Laute). Nach 1750 wird die Bläsergruppe des Sinfonieorchesters kontinuierlich erweitert, bis das Orchester gegen 1900 eine nicht mehr zu steigernde Größe erreicht hat (Abb. A). Die doppelte Holzbläserbesetzung der Klassik ist dabei neben späteren Erweiterungen weiterhin Standard geblieben. Im 20. Jahrhundert wird hauptsächlich nur noch die Gruppe der Rhythmusinstrumente vergrößert.

Kammermusikensembles werden alle Ensembles der E-Musik genannt, die nicht mehr als etwa 10 solistisch besetzte Einzelstimmen haben. Die Instrumentalmusik vor 1600 ist in diesem Sinne Kammermusik; hier gibt es weder Besetzungsstandards noch verbindliche Vorschriften für die einzelnen Kompositionen. Vor 1600 überwiegen Blasinstrumente, die in weit größerer Vielfalt als später, aber auch mit vergleichsweise erheblichen spieltechnischen Beschränkungen zur Verfügung standen. Die Kammermusikbesetzungen haben sich erst in Barock, Klassik und Romantik zu gewissen Besetzungstypen entwickelt:

Solosonate: Komposition für ein Instrument allein.

Duo, Duosonate: Komposition für 2 Instrumente. Bei Kompositionen für Klavier und ein anderes Instrument wird das Klavier meist nicht ausdrücklich genannt: Eine Violinsonate kann deshalb sowohl eine Solosonate als auch eine Sonate für Violine und Klavier sein. Ein Duett ist eine Komposition für 2 Singstimmen.

Trio: Komposition für 3 Instrumente. Häufigste Triobesetzung ist das Klaviertrio (Klavier, Violine, Violoncello); ein Horntrio kann eine Komposition für 3 Hörner oder für ein Horn und zwei andere Instrumente sein. Die Triosonate der Barockmusik ist für 4 Musiker komponiert (2 Melodie-, 1 Bass- und 1 Akkordinstrument). Ein Terzett ist eine Komposition für 3 Singstimmen.

Quartett: Komposition für 4 Instrumente oder Singstimmen. Eine der wichtigsten Quartettbesetzungen ist das Streichquartett (Violine I, Violine II, Viola, Violoncello).

Quintett, Sextett, Septett, Oktett, Nonett, Dezett: Komposition für 5, 6, 7, 8, 9 bzw. 10 Instrumente.

Im Bereich von **Rockmusik, Jazz und Schlagermusik** ist der Begriff Besetzung bei Studioproduktionen schwer anwendbar, weil die Anzahl der Stimmen bzw. Instrumente mit der Anzahl der Musiker wegen der Aufnahmeverfahren (Playback, elektronische Stimmerzeugung) oft nicht übereinstimmt. Je nach Stil der Musik und Zeit der Komposition, des Arrangements bzw. der Produktion gibt es die verschiedensten Besetzungen. Standardisierungen haben sich nur bei einigen Stilrichtungen entwickelt. Grundsätzlich gehört ein mehr oder weniger

A. Entwicklung der Standardbesetzungen des Sinfonieorchesters (Anzahl der Streicher nur orientierende Angaben)

Instrumente	Holzbläser								Blech-bläser				Streicher				
Zeit	Flöten	Oboen	Klarinetten	Fagotte	Piccoloflöte	Englisch Horn	Baßklarinette	Kontrafagott	Hörner	Trompeten	Posaunen	Tuba	Violine I	Violine II	Viola	Violoncello	Kontrabaß
1750-1770		2							2				4	4	2	2	2
1770-1790	1	2		2					2				6	6	3	2	2
ab 1790	2	2	2	2					2	2	3		8	8	6	4	2
ab 1840	2	2	2	2	1	1	1	1	4	3	3	1	12	10	8	7	6
ab 1870	3	3	3	3	1	1	1	1	4	3	3	1	16	14	12	10	8

B. Sitzordnung eines großen Sinfonieorchesters mit Chor

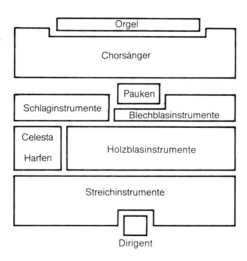

C. Orchestergraben des Opernhauses

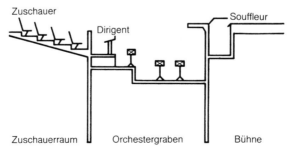

D. Sitzordnungen der Streichinstrumente im Orchester

Violine II

Viola

Kontrabass

amerikanisch

Violine I

Violoncello

Kontrabass

Violoncello

Viola

europäisch oder deutsch

Violine I

Violine II

Violine II

Violoncello

Kontrabass

nach Furtwängler

Violine I

Viola

3. 2. 1.   3. 2. 1.   1. 2. 3.   1.   2.   3.

Flöten   Oboen   Klarin.   Fagotte

Klarin.   Fagotte

3. 2. 1.   1. 2. 3.

Flöten   Oboen

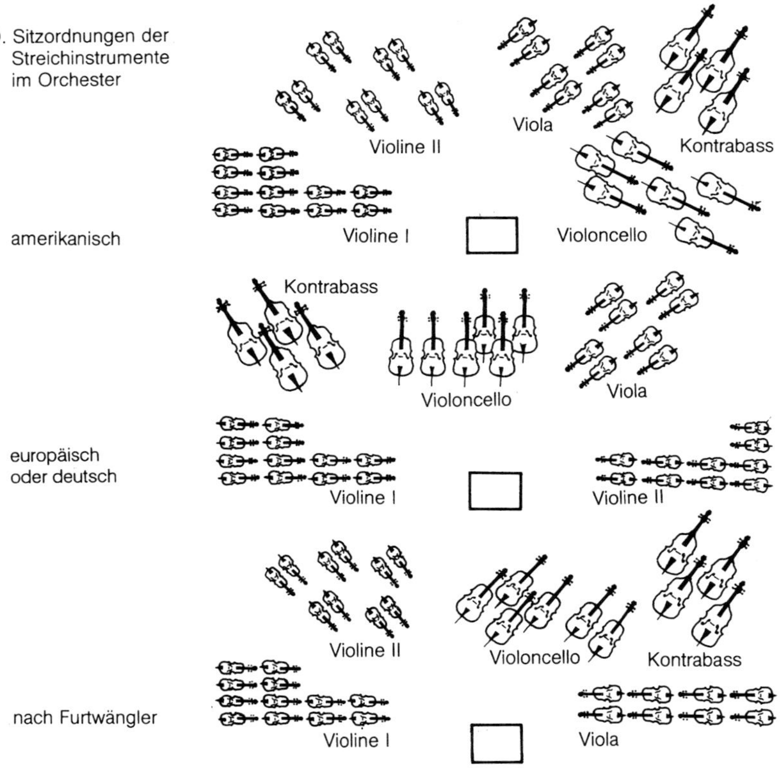

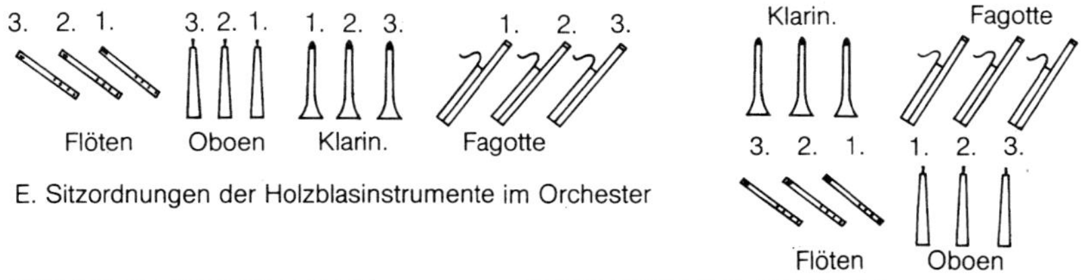

E. Sitzordnungen der Holzblasinstrumente im Orchester

| Violine II | Viola |
| Violine I | Violoncello |

| Violine II | Violoncello |
| Violine I | Viola |

F. Sitzordnungen für Streichquartett

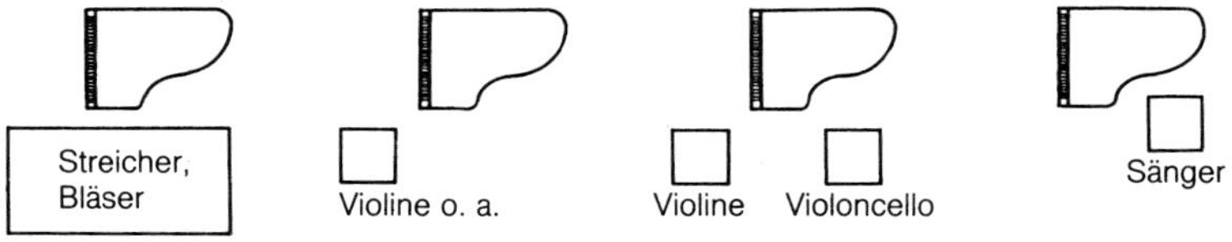

| Streicher, Bläser | Violine o. a. | Violine | Violoncello | Sänger |

G. Sitzordnungen bei Kammermusik mit Klavier

umfangreiches Schlagzeug, ein Bassinstrument (E-Bass, Kontrabass) und ein akkordfähiges Instrument (Gitarre, Klavier, Keyboard) dazu. In den letzten Jahrzehnten haben besonders E-Gitarren zunehmend den Sound bestimmt, vielfach wurden 3 E-Gitarren verwendet. Eine wichtige Rolle spielen Blasinstrumente (Trompeten, Posaunen, Saxophone, Klarinetten), meist werden auch akustische oder elektronische Tasteninstrumente (Keyboards) gespielt, Streichinstrumente bilden eher Ausnahmen. Heute dominiert elektronische Klangerzeugung. Die **Big Band** des Jazz kennt ebenfalls keine Besetzungsnorm, als Orientierung kann gelten: 4 Trompeten, 4 Posaunen, 5 Saxophone, 1 Klarinette, 1 Gitarre, Klavier (Piano), Kontrabass, Schlagzeug. **Blasmusikkapellen** haben ebenfalls unterschiedliche Besetzungen; an erster Stelle stehen Blechblasinstrumente (Trompeten, Hörner, Posaunen, Tuben, Flügelhörner, Althörner, Tenorhörner, Baritonhorn), vielfach durch Holzblasinstrumente ergänzt (Piccolo, Flöten, Klarinetten, Fagotte); dazu kommen kleine und große Trommeln, Becken u. a.

Sitzordnungen

Abb. B zeigt die Aufteilung der Bühne für die verschiedenen Instrumentengruppen des **Sinfonieorchesters,** Abb. D und E die Sitzordnung innerhalb der Instrumentengruppen. In Deutschland war seit dem 18. Jahrhundert und bis 1945 die deutsche oder klassische Sitzordnung üblich, nach 1945 hat sich die amerikanische Sitzordnung nach Leopold Stokowski, gelegentlich auch in der von Wilhelm Furtwängler vorgeschlagenen Variante durchgesetzt. Die amerikanische Sitzordnung ist besonders der Präzision des Zusammenspiels dienlich, die deutsche Sitzordnung zeichnet sich durch räumliche Symmetrie – vorteilhaft für Stereoaufnahmen – und durch die originale Wiedergabe komponierter räumlicher Effekte innerhalb der Streicher aus. Im **Opernorchester** bestimmt die Enge des Orchestergrabens die

Sitzordnung (Abb. C), die nicht so einheitlich ist wie auf der Bühne. Beispiele für Sitzordnungen von **Kammermusik** zeigen die Abb. F und G. Bei **Rockmusik** u. ä. bestimmen im Studio akustische Gesichtspunkte der Aufnahmetechnik die Sitzordnung, auf der Bühne optische Faktoren des Showgeschäfts.

Dynamik und Pegel

Die Dynamik eines großen **Sinfonieorchesters** hängt einerseits von der Dynamik der einzelnen Instrumente, andererseits von der Komposition und von den akustischen Eigenschaften des Wiedergaberaums ab. In Konzerten mit Publikum wirkt sich der Schalldruckpegel des Saalgeräuschs unmittelbar auf den geringsten möglichen Schalldruckpegel der Musik im Saal aus, dieser liegt etwa bei 35 bis 45 dB und im Allgemeinen geringfügig über dem Saalgeräusch. Die größten Pegel werden durch die Blechbläser und das Schlagzeug erzeugt, sie liegen im größeren Abstand selten über 100 bis 110 dB. Damit kann die Dynamik eines großen Orchesters 50 bis 75 dB erreichen. Bei den Werken des 18. Jahrhunderts und dem entsprechend kleineren Orchester ist die Dynamik geringer, etwa 35–50 dB. Studioaufnahmen ermöglichen eine größere Dynamik als Konzerte mit Publikum, weil bei völlig geräuschlosem Studio kleinere Pegel möglich werden. Damit wird hier eine Dynamik der Musik von über 80 dB möglich.

Der Gesamtpegel eines Orchesters ist für den Konzerthörer außer von der Besetzungsstärke von dem jeweiligen Raum abhängig, weil der Diffusschallpegel mit der Nachhallzeit zunimmt, aber auch mit zunehmendem Raumvolumen sinkt; für die Aufnahme hängt der Gesamtpegel hingegen im Wesentlichen nur von der Besetzungsstärke ab, weil hierbei der Direktschall überwiegt. Der Pegel kurzer Töne ist im Vergleich zum Pegel längerer Töne für den Konzerthörer erheblich raumabhängig, für die Mikrofonaufnahme aber praktisch nicht.

Akustik der Musikinstrumente

Zeitverlauf eines Tons

Ein musikalischer Ton wirkt in der Wahrnehmung als organisches Ganzes; akustisch aber ist er aus **drei Zeitabschnitten** zusammengesetzt, die – unterschiedlich strukturiert – aufeinanderfolgen: Einschwingen, quasistationärer Schwingungszustand und Ausklingen (Abb. A). Während alle Instrumententöne natürlich mit dem Einschwingen beginnen, haben aber nur Streich- und Blasinstrumente einen darauf folgenden quasistationären Schwingungszustand; innerhalb dieses Zeitabschnitts ändern sich die akustischen Merkmale relativ unwesentlich. Alle Schlaginstrumente einschließlich dem Klavier und alle Zupfinstrumente, zu denen auch das Cembalo gehört, gehen nach dem Einschwingen unmittelbar in das Ausklingen über. Eine Ausnahme macht hier die E-Gitarre; sie kann so langsam ausklingen, dass das Ausklingen als quasistationär zu bezeichnen ist. Blas- und Streichinstrumente haben nur einen relativ kurzen Ausklingvorgang. Der dreiteilige zeitliche Verlauf eines Tons entspricht also der Antwort eines Raums auf ein Schallereignis mit Anhall (Einschwingen), Mithall und Nachhall (Ausklingen).

Das **Einschwingen** ist ein wesentlicher Teil eines Tons, es trägt zum Erkennen von Instrumenten bei und dauert je nach Art der Schallerregung und des schwingenden Systems zwischen etwa 1 und 250 ms (Abb. B). Unter 10 ms Dauer hat es den Charakter eines Knacks, der vom eigentlichen Ton abgesetzt wirkt, mit relativ hohem Pegel. Zwischen 10 und etwa 40 ms ist der Einsatz unauffällig, darüber weich bis verschleppt, der Aufbau der Schwingung wird deutlich hörbar. Je kürzer das Einschwingen dauert, umso geräuschhafter ist es. Der z. B. bei einem analogen Tonbandschnitt unter 45° bei ¼′-Band entstehende künstliche Einschwingvorgang liegt bei 17 ms und damit im „unauffälligen" Bereich. Da der Schnitt im Allgemeinen vor einen lauteren Schalleinsatz gesetzt wird, kann ihn der Vorverdeckungseffekt des Gehörs zusätzlich kaschieren.

Beim **Ausklingvorgang** nimmt der Pegel wie Hall exponentiell mit instrumentenspezifischen Unregelmäßig-

keiten ab, zugleich verändert sich aber die Zusammensetzung des Klangspektrums. Dabei werden zunächst die höheren Klangkomponenten abgebaut, der Ton wird also im Ausklingen dumpfer (Abb. C), was ja auch für den Nachhall eines Raums gilt (→ S. 22). Es liegt nahe, wegen der akustischen Verwandtschaft von Ausklingvorgängen und Nachhall auch das Ausklingen durch die Definition der Nachhallzeit zu beschreiben. Bei den bezüglich ihres Ausklingverhaltens besonders interessanten besaiteten Tasteninstrumenten zeigen sich Abklingzeiten bis 40 s im tiefen Frequenzbereich, im hohen Frequenzbereich gehen sie bis auf wenige Sekunden zurück. Die instrumenteneigene Nachklingzeit ist also lang gegenüber der Nachhallzeit des Raums; dadurch kann der Raumhall bei diesen Instrumenten nicht so deutlich gehört werden wie bei Streich- und Blasinstrumenten.

Merkmale der quasistationären Schwingung

Der quasistationäre Abschnitt verläuft bei Musikinstrumenten – ausgenommen elektronischen Instrumenten – niemals gleichförmig, sondern weist typische regelmäßige und besonders auch unregelmäßige Schwankungen der meisten Merkmale des Klangs auf: Das **Tremolo** stellt eine starke Amplitudenschwankung dar, bei Streichinstrumenten wird es durch rasch wechselnde Strichrichtung des Bogens erzeugt, bei Blasinstrumenten mit der sog. Flatterzunge; das **Vibrato** bilden in reiner Form eigentlich ausschließlich Frequenzschwankungen, bei Musikinstrumenten aber stets mit Amplitudenschwankungen verbunden; es wird mit wenigen Ausnahmen (Klarinette, Horn) zur Tonveredelung bei Streich- und Blasinstrumenten angewendet.

Alle Blasinstrumente einschließlich der Orgel und alle Saiteninstrumente erzeugen als eindimensionale Schwinger musikalische Töne (Klänge), die aus einzelnen sinusförmigen Komponenten, sog. **Teiltönen** (Partialtönen, Harmonischen) zusammengesetzt sind. Der Teiltonaufbau ist harmonisch, d. h., dass die Frequenzen der Teiltöne ganzzahlige Vielfache der Frequenz des 1. Teiltons oder Grundtons bilden. Abweichungen von dieser

A. Zeitabschnitte eines
musikalischen Tons

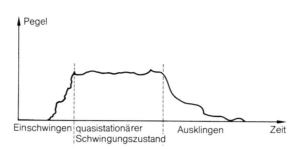

Pegel

Einschwingen ¦ quasistationärer   Ausklingen   Zeit
¦ Schwingungszustand

B. Minimale bis maximale
Einschwingdauer bei
Musikinstrumenten

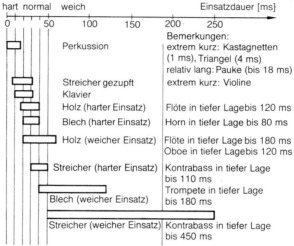

Klangeinsatz

hart normal   weich   Einsatzdauer [ms]

0   50   100   150   200   250

Perkussion

Bemerkungen:
extrem kurz: Kastagnetten
(1 ms), Triangel (4 ms)
relativ lang: Pauke (bis 18 ms)

Streicher gezupft
Klavier

extrem kurz: Violine

Holz (harter Einsatz)   Flöte in tiefer Lage bis 120 ms

Blech (harter Einsatz)   Horn in tiefer Lage bis 80 ms

Holz (weicher Einsatz)   Flöte in tiefer Lage bis 180 ms
                               Oboe in tiefer Lage bis 120 ms

Streicher (harter Einsatz)   Kontrabass in tiefer Lage
                               bis 110 ms

                               Trompete in tiefer Lage
Blech (weicher Einsatz)   bis 180 ms

Streicher (weicher Einsatz)   Kontrabass in tiefer Lage
                               bis 450 ms

C. Ausklingen von
Musikinstrumenten
(hier am Beispiel
Klavier)

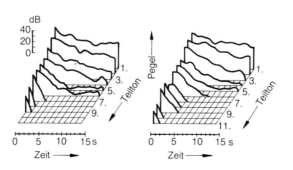

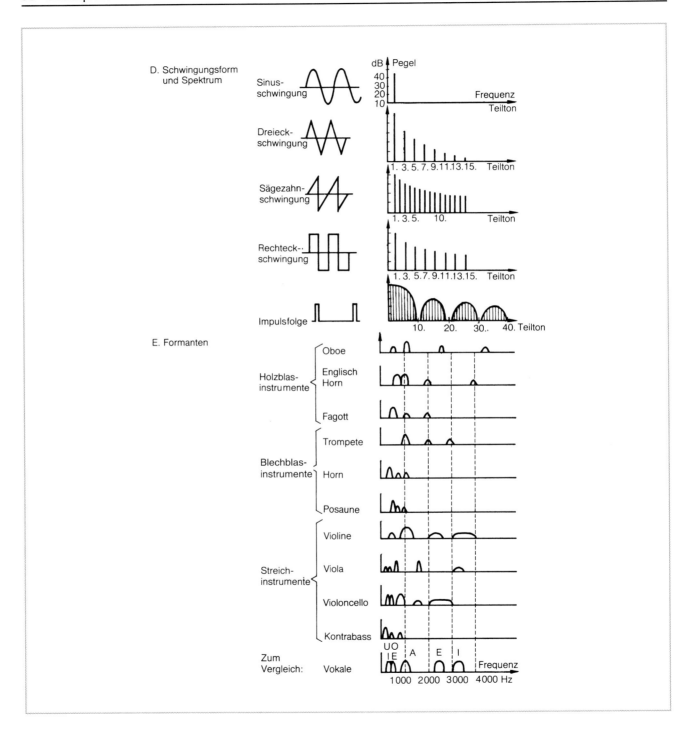

D. Schwingungsform und Spektrum

Sinusschwingung

Dreieckschwingung

Sägezahnschwingung

Rechteckschwingung

Impulsfolge

E. Formanten

Holzblasinstrumente
- Oboe
- Englisch Horn
- Fagott

Blechblasinstrumente
- Trompete
- Horn
- Posaune

Streichinstrumente
- Violine
- Viola
- Violoncello
- Kontrabass

Zum Vergleich: Vokale

regelmäßigen Spektralstruktur, sog. Inharmonizitäten, kennzeichnen vor allem den Klavierklang; Ursache hierfür ist die Dicke und Steifigkeit der Saiten. Schwingende Platten oder Röhren – wie z. B. Becken, Tamtam, Gong und Glocken – und schwingende Membranen – wie z. B. Pauken und alle Arten von Trommeln –, aber auch Stäbe – wie z. B. Triangel – haben als mehrdimensionale Schwinger grundsätzlich mehr oder weniger unharmonische Spektren; sie verschleiern die Tonhöhenempfindung wie bei Glocken, Gong, Triangel oder Pauke oder lassen den Klang völlig geräuschhaft werden wie bei Becken, Tamtam und bei Trommeln. Der **Frequenzumfang** des Spektrums hängt nicht nur von der Art des Instruments und vom Ort des Mikrofons oder Hörers ab, sondern besonders von der Dynamikstufe ($\rightarrow$ S. 60); der Frequenzbereich des Spektrums kann sich beim Übergang vom pianissimo zum fortissimo auf das drei- bis zehnfache vergrößern. Die tiefsten Instrumente mit Grundfrequenzen ab etwa 25 Hz sind Kontrabass, Kontrafagott, Basstuba, Orgel, Große Trommel u. a.; bei rund 60 Hz beginnt der Frequenzbereich der üblichen Bassinstrumente. Die obere Grenze des Spektrums im fortissimo bei Kontrabass, Kontrafagott, Basstuba und Pauke liegt um 5000 Hz, bei den meisten übrigen Instrumenten zwischen 10000 und 15000 Hz, einige Schlaginstrumente gehen darüber hinaus ($\rightarrow$ S. 65, 69, 73, 77).

Die **Schwingungsform** – Abb. D zeigt einige idealisierte Grundformen – bestimmt die Stärke der Teiltöne und den Frequenzbereich, d. h., die Einhüllende des Spektrums; sie bestimmt auch, ob alle Teiltöne oder nur die ungeradzahligen Teiltöne vorhanden sind. Die idealisierten Schwingungsformen nach Abb. D kann es nur bei elektronischen Instrumenten geben; reale Schwingungsformen zeigen aber ausreichende Ähnlichkeiten, so dass grundsätzliche Feststellungen für die realen Schwingungsformen abgeleitet werden können. Der sinusförmigen Schwingungsform nähern sich besonders die Flöten,

vor allem im piano, dem sägezahnförmigen Verlauf nähern sich die Streichinstrumente, dem Rechteckverlauf die Klarinetten und dem impulsförmigen Schwingungsverlauf die Doppelrohrblattinstrumente und – etwas weniger – auch die Blechblasinstrumente.

Formanten sind resonanzartig verstärkte Teiltonbereiche, die unabhängig von der Tonhöhe des gespielten Tons eine feste Lage im Spektrum haben. Formanten kennzeichnen besonders den Klang der Streichinstrumente, Doppelrohrblattinstrumente und Blechblasinstrumente (Abb. E). Sie sind auch für die Unterschiede der Sprachvokale verantwortlich (Abb. E); deshalb geben Formanten den Instrumentenklängen eine „Vokalfarbe". Die helle, offene Vokalfarbe des A haben vor allem Violine, Trompete und Oboe. Der Fagottklang ist durch den O-Formanten gekennzeichnet. Der sog. Näselformant bei 1800 bis 2000 Hz ist beim Saxophon stark ausgeprägt.

Der **Geräuschhintergrund** gehört ebenso zu den Merkmalen eines Klangs wie die Teiltöne. Er ist bei Streichinstrumenten am stärksten und spiegelt das Resonanzverhalten des jeweiligen Instruments. Geringer, aber ebenfalls durch individuelle Merkmale gekennzeichnet, ist die Geräuschkomponente bei den Holzblasinstrumenten ausgeprägt, zur Flöte gehört geradezu ein typisches Anblasgeräusch. Am geringsten sind die Geräuschanteile bei den Blechblasinstrumenten. Die Geräuschpegel liegen in der Größenordnung von etwa 30 bis 50 dB unter den Pegeln der stärksten Teiltöne. Die Geräuschanteile modulieren den Amplitudenverlauf des Klangs, der so im mikrozeitlichen Bereich dauernden Schwankungen bis um einige dB unterworfen ist. Der Geräuschanteil eines Klangs spielt bei der Aufnahme eine wichtigere Rolle als beim direkten Hören, weil die Mikrofone meist näher beim Instrument sind als der Hörer. Sie verstärken die Präsenz und intensivieren den Klang. Hörbare Atemluft lässt bei Blasinstrumenten den Menschen als Spieler des Instruments bewusst werden.

Dynamik und Lautstärke der Musikinstrumente

Technische Dynamik

Dynamik ist in der Tonübertragungstechnik allgemein ein Pegelbereich, der durch die Differenz eines oberen und unteren Grenzwerts definiert ist. Entsprechend gibt es die **Dynamik der Musikinstrumente** als Differenz von höchstem und geringstem Schallpegel; bei Einbeziehung des Raumklangs – in der Praxis vom Instrumentenklang nicht trennbar – ist die untere Pegelmarke kaum zu definieren, weil der Schallpegel mit dem Nachhall gleitend in das unvermeidliche Raumgeräusch übergeht. Die technische Dynamik beinhaltet zunächst die **Mikrofondynamik,** die zwischen der Verzerrungsgrenze und dem Mikrofonrauschen gemessen wird. Die **Systemdynamik** beschreibt die Dynamikwerte der gesamten technischen Übertragung; zu unterscheiden ist dabei die maximale Systemdynamik von der effektiven Systemdynamik, die den tatsächlich nutzbaren Pegelbereich unter Berücksichtigung einer Aussteuerungsreserve und eines Schutzabstands zum Störgeräusch beschreibt. Ein Problem bei der Angabe der technischen Dynamik liegt in den nach unterschiedlichen Normen verwendeten Messverfahren für das jeweilige Störgeräusch; dabei kann es Unterschiede bis etwa 10 dB geben. Bei der Messung des größten Nutzpegels ist bei konventioneller analoger Übertragung und Speicherung der Aussteuerungsmesser das geeignete Messinstrument, bei digitaler Übertragung oder Speicherung hingegen muss eine echte Spitzenbewertung des Pegels erfolgen, was zu Spitzenpegeln führt, die bis etw 10 dB höher liegen können; hierfür wird bei der Messung mit üblichen Aussteuerungsmessern die Aussteuerungsreserve benötigt. Die **Programmdynamik** ist die unter Berücksichtigung der erwünschten oder möglichen **Wiedergabedynamik** eingestellte Dynamik (Abb. A).

Pegel, Lautstärke und Lautheit

Die Pegelwerte, die die Dynamik definieren, sind physikalische Größen; sie sind für die Tontechnik wichtig. Beim Erleben von Musik und Sprache werden die physikalischen Größen jedoch subjektiv bewertet, auch durch Einbeziehung von Hörerfahrungen. Dynamikwerte können deshalb nur eine erste, grobe Information über die möglichen Unterschiede der empfundenen Lautstärken sein. Die Lautstärke als Maß für **subjektiv empfundene Schallstärken** ist zunächst für Sinustöne definiert. Dabei wird mit Hilfe der Kurven gleicher Lautstärke der Schalldruckpegel des gleichlauten Sinustons von 1000 Hz ermittelt; dessen Schallpegel ist zugleich der **Lautstärkepegel** in **phon** (Abb. B). Mit der Lautheitskurve wird dieser Wert dann in die **Lautheit** in **sone** umgewandelt (Abb. C). Nicht sinusförmige Signale können durch subjektiven Lautstärkevergleich mit Sinustönen oder durch bestimmte, genormte Rechenverfahren in Lautstärkewerte umgesetzt werden. Die Lautheit macht eine Aussage über das Verhältnis unterschiedlicher Lautstärken zueinander. Im Allgemeinen entspricht eine Pegelerhöhung um rund 10 dB einer **Verdopplung der Lautheit;** eine Verdopplung des Schalldrucks oder der Spannung führt demgegenüber nur zu einer Pegelerhöhung um 6 dB. Erst eine Verdreifachung des Schalldrucks bzw. eine Verzehnfachung der Schallleistung verdoppelt die Lautheit. Eine **Vermehrung gleichlaut spielender Instrumente,** z. B. Geigen, führt zu folgenden Pegelanstiegen: Doppelte Anzahl ergibt 3 dB mehr, vierfache Anzahl 6 dB, achtfache Anzahl 9 dB, zehnfache Anzahl 10 dB, sechzehnfache Anzahl ergibt schließlich 12 dB mehr Pegel; für eine nennenswerte Lautheitssteigerung müssen also unverhältnismäßig mehr Musiker aufgeboten werden. Die Pegelverhältnisse gelten sinngemäß umgekehrt, wenn mehrere Mikrofone mit etwa gleichem Pegel zusammenzumischen sind: Werden zwei Mikrofone zusammengemischt, so muss ihr jeweiliger Pegel 3 dB unter dem gewünschten Gesamtpegel liegen, bei vier Mikrofonen sind es 6 dB usw.

Zwei Faktoren beeinflussen die Beziehung von Pegel und Lautheit zusätzlich: 1. Für Klangkomponenten unter 500 Hz und über 5000 Hz ist das Gehör unempfindlicher. 2. Schallpegelverläufe mit vielen Pegelspitzen wirken leiser als Schallpegelverläufe ohne Pegelspitzen bei gleicher Aussteuerung.

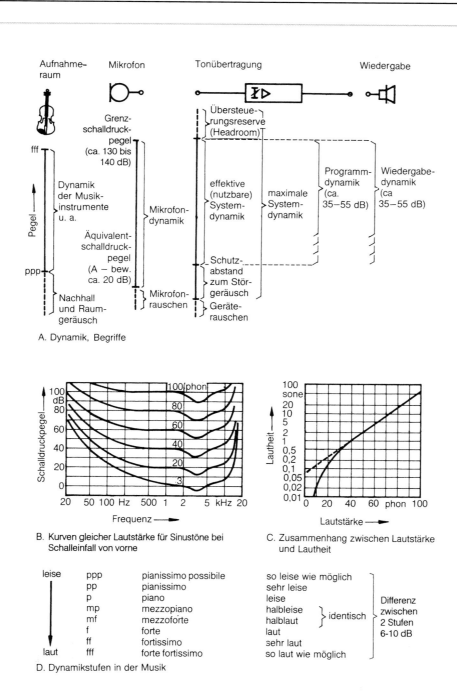

Aufnahme-raum   Mikrofon   Tonübertragung   Wiedergabe

Grenz-schalldruck-pegel (ca. 130 bis 140 dB)

Übersteue-rungsreserve (Headroom)

Pegel

fff

Dynamik der Musik-instrumente u. a.

Mikrofon-dynamik

Äquivalent-schalldruck-pegel (A – bew. ca. 20 dB)

effektive (nutzbare) System-dynamik

maximale System-dynamik

Programm-dynamik (ca. 35–55 dB)

Wiedergabe-dynamik (ca 35–55 dB)

ppp

Nachhall und Raum-geräusch

Mikrofon-rauschen

Schutz-abstand zum Stör-geräusch

Geräte-rauschen

A. Dynamik, Begriffe

B. Kurven gleicher Lautstärke für Sinustöne bei Schalleinfall von vorne

Schalldruckpegel — 100 dB 80 60 40 20 0

100 phon · 80 · 60 · 40 · 20 · 3

20   50   100 Hz   500   1   2   5   kHz   20

Frequenz —

C. Zusammenhang zwischen Lautstärke und Lautheit

Lautheit — 100 sone 20 10 5 2 1 0,5 0,2 0,1 0,05 0,02 0,01

0   20   40   60   phon   100

Lautstärke —

leise	ppp	pianissimo possibile	so leise wie möglich		
	pp	pianissimo	sehr leise		
	p	piano	leise		Differenz
	mp	mezzopiano	halbleise	identisch	zwischen
	mf	mezzoforte	halblaut		2 Stufen
	f	forte	laut		6-10 dB
	ff	fortissimo	sehr laut		
laut	fff	forte fortissimo	so laut wie möglich		

D. Dynamikstufen in der Musik

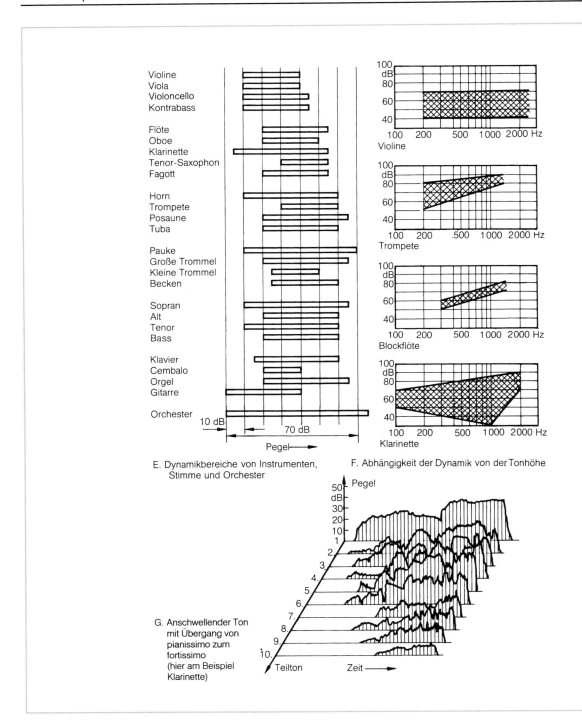

Violine
Viola
Violoncello
Kontrabass

Flöte
Oboe
Klarinette
Tenor-Saxophon
Fagott

Horn
Trompete
Posaune
Tuba

Pauke
Große Trommel
Kleine Trommel
Becken

Sopran
Alt
Tenor
Bass

Klavier
Cembalo
Orgel
Gitarre

Orchester

10 dB

70 dB

Pegel

E. Dynamikbereiche von Instrumenten, Stimme und Orchester

Violine

Trompete

Blockflöte

Klarinette

F. Abhängigkeit der Dynamik von der Tonhöhe

G. Anschwellender Ton mit Übergang von pianissimo zum fortissimo (hier am Beispiel Klarinette)

Pegel
50 dB
30
20
10
1

Teilton

Zeit

Pegeldynamik und Klangfarbendynamik

Der Dynamikbereich eines Musikinstruments oder Ensembles wird in **Stufen der musikalischen Dynamik** eingeteilt; sie reichen von der kleinsten spielbaren bis zur größten spielbaren Lautstärke (Abb. D). Die einzelnen Dynamikstufen unterscheiden sich in der Lautstärke bzw. akustisch im Pegel (Pegeldynamik) und in der Klangfarbe bzw. im Spektrum (Spektraldynamik). Die **Pegeldynamik** beschreibt nur die Pegelunterschiede. Zwischen zwei Stufen der Dynamik besteht ein Pegelunterschied von im Allgemeinen 6–10 dB. Die absoluten Schallpegelwerte hängen bei originaler Darbietung von mehreren Faktoren ab: von dem Schallpegel der Schallquelle – abhängig vom jeweiligen Instrument und von der Spieltechnik –, von der Entfernung, von der Nachhallzeit und von der Raumgröße. Damit können die Schallpegelwerte in weiten Grenzen schwanken. Klanglich kritisch, besonders für den Zuhörer, weniger für die Tonaufnahme, sind die zu geringen Schallpegel von schwachen Instrumenten in großen Räumen, da deren tiefe Klanganteile wegen der hierfür geringen Empfindlichkeit des Gehörs zu leise sind. Abb. E zeigt die Pegeldynamik der Musikinstrumente, die Dynamik der menschlichen Stimme und diejenige eines großen Sinfonieorchesters unter praktischen Bedingungen. Im Durchschnitt liegen die Streichinstrumente mit ihrem Pegel rund 10 dB unter den Holzblasinstrumenten, diese rund 10 dB unter dem Pegel der Blechblasinstrumente. Im Orchester wird dies durch entsprechend mehrfache Besetzung der Stimmen so ausbalanciert, dass ein Klanggleichgewicht erreichbar ist. Die Dynamik ist bei vielen Instrumenten von der Tonhöhe abhängig; Abb. F zeigt typische Abhängigkeiten: Bei den Streichinstrumenten, aber auch beim Klavier, bei Gitarre und Harfe u. a., sind Dynamik und absolute Pegel im gesamten Tonbereich gut ausgeglichen. Bei Blechblasinstrumenten wird die Dynamik im oberen Tonbereich geringer, der absolute Pegel höher. Bei Flöten, besonders deutlich bei Blockflöten, ist die Dynamik gleichbleibend relativ klein, der Pegel steigt mit der Tonhöhe an. Die Klarinette hat dagegen im mittleren Tonbereich eine sehr große Dynamik. Diese akustischen Eigenheiten der Instrumente berücksichtigt der erfahrene Komponist oder Arrangeur.

In der Musik und in der Tonaufnahmetechnik kommt der **Klangfarben-** oder **Spektraldynamik** eine ebenso große Bedeutung zu wie der Pegeldynamik. Weil jede Dynamikstufe durch ein spezifisches Spektrum charakterisiert ist, kann sie unabhängig von dem jeweiligen Hörpegel erkannt werden, tatsächlich eine Grundvoraussetzung für die Aufführung von Musik überhaupt; denn ein forte in geringer Hörentfernung darf bei großer Hörentfernung nicht zu einem piano werden. Mit zunehmender Lautstärke nimmt die Anzahl und Stärke der Teiltöne zu; dabei werden auch die Formanten nacheinander aufgebaut. Diese durch das Spektrum definierte Lautstärke ist also vor allem eine Information darüber, wie laut das Instrument gespielt wird. Diese spektrale Information macht es überhaupt erst möglich, aus technischen Gründen in den Pegelverlauf einer Aufnahme einzugreifen, also z. B. die Dynamik einzuengen. Ein zu weitgehender Eingriff ergibt Widersprüche zwischen Spektral- und Pegeldynamik, die der Erfahrung widersprechen. Abb. G zeigt an einem Beispiel die Veränderungen des Spektrums bei einem anschwellenden Ton, also beim Übergang von piano nach forte.

Das Gehör beurteilt die Lautheit normalerweise unter Einbeziehung der Entfernung der Schallquellen; es stellt also nicht fest, ob zwei verschiedene Schallquellen am Ort des Hörers für den Hörer gleich laut sind, sondern ob sie tatsächlich gleich laut sind. Diese Beurteilung von Lautheiten ist für die Orientierung in der Umwelt sinnvoll. Sie führt aber auch dazu, dass die Schalldrücke am Ohr bei Kopfhörerwiedergabe wesentlich höher sind als bei gleich laut empfundener Lautsprecherwiedergabe.

Streichinstrumente

Instrumente

Vier verschiedene Streichinstrumente sind in Gebrauch: Violine oder Geige, Viola oder Bratsche, Violoncello, auch kurz Cello und Kontrabass, auch Bass oder Violone. Violine, Viola und Violoncello unterscheiden sich im Wesentlichen durch ihre Größe, kaum durch ihre Form; der Kontrabass hat in einigen Details eine abweichende Bauweise. Weiterhin werden heute historische Streichinstrumente wiederverwendet: die Gamben oder Violen in vier Größen, die je nach Größe auf oder zwischen den Knien gehalten werden, aus dieser Instrumentenfamilie ist hervorzuheben die Tenorgambe in der Tonlage und Größe des Violoncellos.

Verwendung

Im **Sinfonie-** und **Kammerorchester** sind die Streichinstrumente chorisch, d. h. mehrfach in jeder Stimme besetzt; üblich ist die Besetzung Violine I und II, Viola, Violoncello und Kontrabass. Die Besetzungen pro Stimme verhalten sich vielfach wie $6:5:4:3:2$ (Violine I : Violine II : Viola : Violoncello : Kontrabass) mit 12–24 Violinen I in großen Orchestern, mit 6–10 Violinen I in kleinen Orchestern. Die Gruppe der Streichinstrumente bildet den Kern des Orchesters. In der **Kammermusik** sind sie zusammen mit dem Klavier die am häufigsten verwendeten Instrumente, hier ist jede Stimme grundsätzlich nur mit einem Instrument besetzt. Kompositionen für ein Streichinstrument allein gibt es relativ wenige. Im **Jazz** kommt dem hier im Allgemeinen gezupften Kontrabass große Bedeutung zu, verschiedene folkloristische Einflüsse haben auch der Violine Eingang verschafft. Im Bereich traditioneller **Unterhaltungsorchester** nehmen die Streicher praktisch dieselbe Stellung ein wie im klassischen Orchester. Bei **Popmusik** werden Streichinstrumente (strings) für klangliche Backgroundeffekte, aber auch solistisch eingesetzt; insgesamt spielen sie hier jedoch eine untergeordnete Rolle und werden vielfach durch elektronische strings ersetzt. Oft spielen Streichinstrumente in der **Filmmusik** eine wichtige Rolle, ausgehend von den an der großen Oper orientierten Filmmusiken Hollywoods.

Klangakustik

Klangerzeugung: Durch die Haftung der Saite an den geharzten Haaren des Streichbogens und ihr periodisches Zurückspringen bei zu großer Saitenauslenkung entstehen sägezahnförmige Saitenschwingungen. Sie enthalten sozusagen als akustisches Rohmaterial die vollständige Reihe der harmonischen Teiltöne mit hohen, aber mit zunehmender Frequenz geringer werdenden Amplituden ($\rightarrow$ S. 56f.). Über den Steg werden die Schwingungen auf den Resonanzkörper übertragen und von diesem an die Umgebung abgestrahlt. Der Resonanzkörper ist ein sehr komplexes Resonanzsystem, das die ursprüngliche Schwingungsform erheblich modifiziert. Zur **Gestaltung von Klangfarbe und Lautstärke** kann der Spieler die Bogengeschwindigkeit, den Bogendruck und die Anstrichstelle auf der Saite variieren. Die Lautstärke wird praktisch nur von der Bogengeschwindigkeit beeinflusst, Bogendruck und Anstrichstelle bestimmen dagegen die Klangfarbe (Abb. A).

Einschwingen: Die Dauer des Klangeinsatzes ist von allen Instrumentengruppen bei den Streichinstrumenten am längsten. Bei weichem Einsatz ist der Ton nach 100 bis 300 ms, beim Kontrabass erst nach 400 ms aufgebaut; bei hartem Einsatz dauert dies etwa 30 bis 60 ms, beim Kontrabass bis 150 ms. Dies kann die Beobachtung erklären, dass die Bassstimme oft leicht verzögert erscheint. Pizzikato-Töne haben eine kurze Einschwingdauer von unter 20 ms und wirken damit präziser im Einsatz als gestrichene Töne.

Tonumfang (Abb. B): Der Tonbereich ist nur an seiner unteren Grenze durch die Stimmung der Saiten begrenzt, die obere Grenze hängt in einem gewissen Rahmen von der Fertigkeit des Musikers ab.

Frequenzbereich (Abb. B): Klanganteile über 10 000 Hz sind bei Streichinstrumenten relativ schwach. Der jeweilige Frequenzumfang hängt sehr stark von der Spielweise ab: Mit steigendem Bogendruck und mehr noch

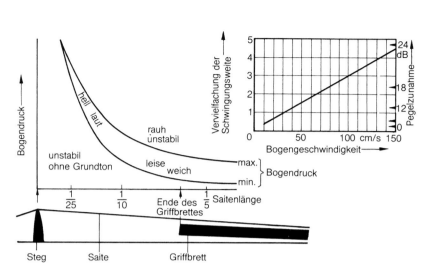

A. Einfluss der Spielweise auf den Klang der Streichinstrumente

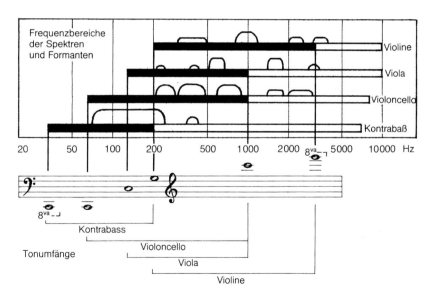

B. Frequenzbereiche der Spektren mit Formantlagen und Tonumfängen

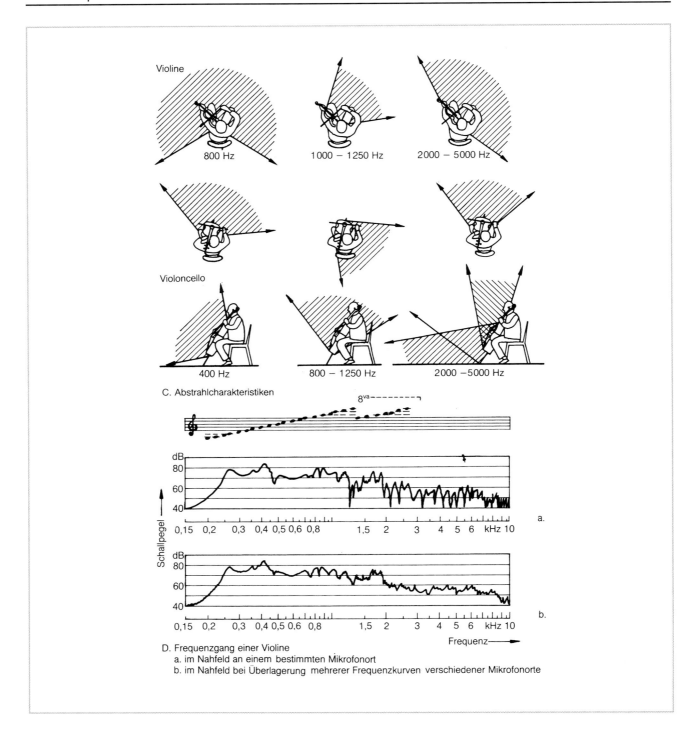

Violine

800 Hz   1000 − 1250 Hz   2000 − 5000 Hz

Violoncello

400 Hz   800 − 1250 Hz   2000 − 5000 Hz

C. Abstrahlcharakteristiken

8va

a.

b.

D. Frequenzgang einer Violine
a. im Nahfeld an einem bestimmten Mikrofonort
b. im Nahfeld bei Überlagerung mehrerer Frequenzkurven verschiedener Mikrofonorte

mit zunehmender Nähe der Anstrichstelle zum Steg weitet sich der Frequenzbereich nach oben aus (Abb. A).

Formanten (Abb. B): Die Resonanzeigenschaften des Resonanzkörpers, seine Form, Maße, Materialien und ihre Verarbeitung bestimmen die Frequenzlagen der Formanten, also die Gebiete hervortretender Klangkomponenten. Die Resonanzgebiete liegen fest, die Frequenzlagen der gespielten Töne ändern sich hingegen ständig, so dass immer andere Teiltöne in die Resonanzbereiche fallen; dadurch kann sich die Klangfarbe von Ton zu Ton deutlich unterscheiden. Klanglich gute Instrumente haben keine scharfen Resonanzstellen und damit einen einheitlichen Klangcharakter aller Töne. In besonderem Maße kennzeichnend für den Violinklang ist der Formant um 1000 Hz, er verleiht den hellen, offenen Klangcharakter, der auch dem Vokal A eigen ist und diesen zum bevorzugten Singvokal macht („la-la-la"). Der Viola gibt der Näselformant zwischen 1500 und 2000 Hz ihre typische Klangnuance. Das Violoncello ist neben einem gewissen Näselcharakter vor allem durch ein breites Formantgebiet zwischen 2000 und 3000 Hz charakterisiert, was dem Instrument eine gewisse Klangschärfe gibt, die es trotz seiner Größe in seinem höheren Tonbereich klangheller als die Violine erscheinen lässt.

Geräuschanteile: Typisch ist das relativ starke Anstrichgeräusch, das z. B. 20 bis 30 dB höher als das Blasgeräusch der Blasinstrumente mit Ausnahme der Flöte liegt. Dieses Geräusch hat ein kontinuierliches Spektrum, das die Resonanzeigenschaften des Instruments bei jedem Ton in gleicher Weise widerspiegelt. Besonders auffällig ist das „Sirren" des Kontrabasses, das seinen Klangcharakter im Orchester prägt; es entsteht durch Schwingungen der Bogenhaare. Die Geräuschanteile der Streichinstrumente sind weitgehend unabhängig von der gespielten Lautstärke, bei leise gespielten Tönen sind sie also relativ am stärksten.

Dynamik und Pegel: Die Dynamik ist im ganzen Tonbereich relativ ausgeglichen (→ S. 60); nur im oberen Tonbereich verengt sie sich etwas. Die Schallpegel sind verglichen mit den Blasinstrumenten relativ gering, im Durchschnitt 10 dB kleiner als bei Holzblasinstrumenten und 20 dB kleiner als bei Blechblasinstrumenten. Im Orchester wird dies durch die chorische Besetzung ausgeglichen (→ S. 60).

Abstrahlcharakteristik

Die Abstrahlcharakteristik kommt im Wesentlichen dadurch zustande, dass die schwingenden Holzteile des Resonanzkörpers in Zonen mit verschiedenen Amplituden und Phasenlagen schwingen. Daraus ergeben sich relativ komplexe Eigenschaften, die auch von Instrument zu Instrument in einem gewissen Rahmen schwanken (Abb. C). Während im tiefen Frequenzbereich eine allseitige Abstrahlung kennzeichnend ist, konzentriert sich die Abstrahlung im Frequenzbereich der Formanten auf einen relativ schmalen Winkelbereich. Im höheren Frequenzbereich ist die Abstrahlung im Gegensatz zu den Blasinstrumenten nicht eng. In ihrer Feinstruktur zeigt die Frequenzkurve für einen Mikrofonort im Nahbereich eine der Kammfilterkurve ähnliche Struktur, die zu einer unnatürlichen metallischen Klangschärfe führen kann. Erst die Überlagerung der Frequenzkurven aller Richtungen – wie sie durch Raumhall erreicht wird – glättet die Frequenzkurve (Abb. D); damit empfiehlt sich für die Streichinstrumente vor allem im Bereich der E-Musik eher ein etwas größerer Mikrofonabstand. Der Klangunterschied zwischen natürlichem und künstlichem Hall wirkt sich gerade bei Streichinstrumenten deutlich aus; während natürlicher Hall die klangliche Integration aller Abstrahlrichtungen des Instruments darstellt, ist dem künstlichen Hall der spezielle Frequenzgang am Mikrofonort eingeprägt (→ S. 34).

Holzblasinstrumente

Instrumente

Zu den Holzblasinstrumenten gehört eine relativ große Zahl nach Art der Klangerzeugung unterschiedlicher Instrumente. Nicht alle sind aus Holz, die Flöte ist heute meist aus Metall, die Saxophone waren von Anfang an aus Metall. Die heute wichtigsten Holzblasinstrumente sind: die Große Flöte (Querflöte), die Oboe, die Klarinette, das Fagott und die Saxophone. Dazu kommen die sog. Nebeninstrumente, also seltener gespielte Holzblasinstrumente. Dies sind u. a. aus der Familie der Flöten die Piccoloflöte und die Altflöte, aus der Oboenfamilie das Englisch Horn und die Oboe d'amore, aus der Klarinettenfamilie die Kleinen Klarinetten, das Bassetthorn, die Alt- und die Bassklarinette, aus der Familie der Fagotte das Kontrafagott; von der Saxophonfamilie wird neben dem Alt- und Tenorsaxophon auch Sopran-, Bariton- und Basssaxophon gespielt. Historische Holzblasinstrumente für Barockmusik sind vor allem die Traversflöten, die Vorgänger der modernen Flöten, weiter die verschiedenen Blockflöten, Barock-Oboen und -Fagotte. Das Instrumentarium der Renaissance verfügte über eine große Vielfalt von Block- und Querflöten, besonders aber von Doppelrohrblattinstrumenten unterschiedlichster Bauart und Klangfarbe (Pommern, Schalmeien, Kortholte, Rauschpfeifen, Sordune, Krummhörner, Rackette u. a.).

Die meisten Holzblasinstrumente werden in einer anderen als der erklingenden Tonart notiert, sie transponieren (Abb. A).

Verwendung

Im **klassischen Sinfonieorchester** sind im Normalfall je zwei Große Flöten, Oboen, Klarinetten und Fagotte besetzt, bei Musik vor 1800 ist die Besetzung meist kleiner, im 19. Jahrhundert erweitert sie sich zunehmend, zunächst um Piccoloflöte und Kontrafagott, dann um Englisch Horn und Bassklarinette (→ S. 52). **Kammermusik** mit reiner Bläserbesetzung gibt es im Wesentlichen nur aus dem 18. Jahrhundert, mit Streichern gemischte Besetzungen auch danach, insgesamt spielen die Holzblasinstrumente bei Kammermusik nicht die Rolle wie die Streichinstrumente. In **Pop** und **Jazz** haben besonders die Saxophone und die Klarinette Eingang gefunden, bisweilen auch die Altflöte und die Große Flöte. Die anderen Instrumente werden nur gelegentlich in der Popmusik verlangt. **Blasmusikkapellen** sind teilweise auch mit Holzblasinstrumenten besetzt, besonders mit Klarinetten, daneben aber auch Flöten, Piccolos, Fagotte und Saxophone; sie werden dann Harmonieorchester genannt.

Klangakustik

Klangerzeugung: Es gibt bei den Holzblasinstrumenten drei verschiedene Anblasmechanismen: Das sog. pendelnde Luftblatt bei den Flöten trifft auf eine scharfe Schneide und schwingt zwischen der resonierenden Luftsäule des Instruments und der umgebenden Luft hin und her; dadurch ist stets auch ein gewisses Anblasgeräusch zu hören, das typisch für den Flötenklang ist. Klarinetten und Saxophone haben ein einfaches Rohrblatt, das unter dem Anblas- und Lippendruck des Spielers das Instrument periodisch öffnet und verschließt und dadurch die Luftsäule im Resonanzrohr zum Schwingen bringt. Bei Oboen und Fagotten übernimmt dieselbe Funktion ein doppeltes Rohrblatt. Güte und Eignung des Doppelrohrblatts sind für den Spieler eine stets präsente Problematik, weit mehr als beim einfachen Rohrblatt. Oboisten und Fagottisten bauen ihre Rohrblätter deshalb im Allgemeinen selbst, wobei sie auch auf Art und Tonlage der zu spielenden Stimme Rücksicht nehmen, indem sie ein Rohr leichter oder schwerer in der Ansprache und Tongebung gestalten können. Klarinettisten und Saxophonisten können auf handwerklich gefertigte Blätter zurückgreifen.

Einschwingen: Die Einsatzdauer ist mit Ausnahme der Flöte mit 10 bis 40 ms wesentlich kürzer als bei Streichinstrumenten, der Klangeinsatz damit präzise; abweichend davon kann die Einschwingdauer bei der Großen Flöte im tiefen Tonbereich bis über 150 ms steigen, der Einsatz ist entsprechend weich.

Instrument		Schlüssel	erklingende Tonhöhe bezogen auf die Notation
Flöten	Große Flöte	Violinschlüssel	wie notiert
	Piccolo, Kleine Flöte	Violinschlüssel	eine Oktave höher
	Altflöte in G (in F)	Violinschlüssel	eine Quarte (Quinte) tiefer
	Sopranblockflöte	Violinschlüssel	eine Oktave höher
	Altblockflöte	Violinschlüssel	wie notiert
Oboen	Oboe	Violinschlüssel	wie notiert
	Englisch Horn	Violinschlüssel	eine Quinte tiefer
	Oboe d´amore	Violinschlüssel	eine kleine Terz tiefer
Klarinetten	Klarinette in B	Violinschlüssel	eine große Sekunde tiefer (wie notiert, eine kleine Terz tiefer)
	(in C, in A)		
	Kleine Klarinette	Violinschlüssel	eine kleine Terz
	in Es (in D)		(große Sekunde) höher
	Bassetthorn in F (in Es)	Violinschlüssel	eine Quinte (große Sexte) tiefer
	Bassklarinette in B	Violinschlüssel	eine große None tiefer
		Baßschlüssel	eine große Sekunde tiefer
Fagotte	Fagott	Baßschlüssel	wie notiert
	Kontrafagott	Baßschlüssel	eine Oktave tiefer
Saxophone	Sopransaxophon in B	Violinschlüssel	eine große Sekunde tiefer
	Altsaxophon in Es	Violinschlüssel	eine große Sexte tiefer
	Tenorsaxophon in B	Violinschlüssel	eine große None tiefer
	Baritonsaxophon in Es	Violinschlüssel	eine Oktave und eine große Sexte tiefer
	Basssaxophon in B	Violinschlüssel	zwei Oktaven und eine große Sekunde tiefer

A. Notation der Holzblasinstrumente

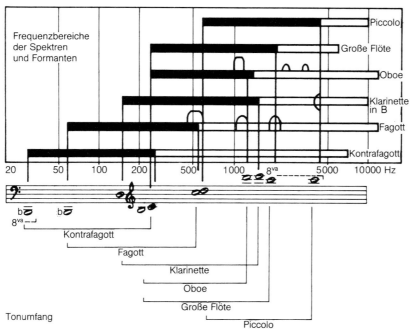

B. Frequenzbereiche der Spektren mit Formantlagen und Tonumfängen

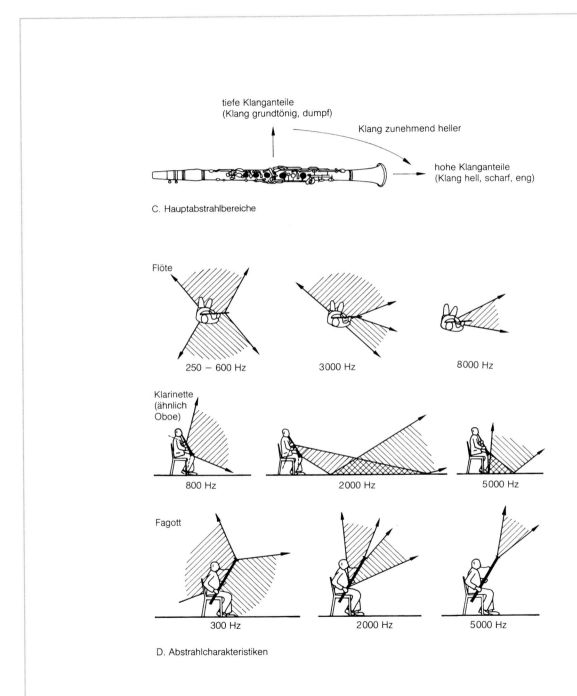

tiefe Klanganteile
(Klang grundtönig, dumpf)

Klang zunehmend heller

hohe Klanganteile
(Klang hell, scharf, eng)

C. Hauptabstrahlbereiche

Flöte

250 − 600 Hz

3000 Hz

8000 Hz

Klarinette
(ähnlich
Oboe)

800 Hz

2000 Hz

5000 Hz

Fagott

300 Hz

2000 Hz

5000 Hz

D. Abstrahlcharakteristiken

Tonumfang (Abb. B): Der Tonumfang beträgt zwei bis drei Oktaven, abhängig auch vom Können des Spielers. Das Kontrafagott ist das tiefste Instrument des Orchesters überhaupt, die Piccoloflöte das höchste.

Frequenzbereich (Abb. B): Das Spektrum der Holzblasinstrumente reicht im Allgemeinen bis etwa 10000 Hz. Die Große Flöte hat allerdings einen deutlich geringeren Umfang von nur rund 6000 Hz. Von allen Orchesterinstrumenten ist bei der Flöte der Grundton am stärksten, sie klingt „grundtönig"; bei den anderen Instrumenten hat vielfach der 2. Teilton, also die Oktave des Grundtons, den höchsten Pegel.

Formanten (Abb. B): Unter den Orchesterinstrumenten sind die Doppelrohrblattinstrumente am stärksten durch Formanten charakterisiert. Sie entstehen bereits im Anblasmechanismus durch die besondere Schwingungsform des Doppelrohrblatts. Die Oboe hat denselben Formanten wie der Vokal A, der Klang ist deshalb klar und hell; für das Fagott ist der O-Formant charakteristisch. Bei den Flöten kennzeichnen nur schwache Formanten individuelle Unterschiede zwischen einzelnen Instrumenten, auch bei der Klarinette haben sie wenig Bedeutung. Die Flöte wird hauptsächlich wiedererkannt am Anblasgeräusch und an der relativen Obertonarmut, die Klarinette an der sehr geringen Amplitude der geradzahligen Teiltöne.

Geräuschanteile: Verglichen mit den Streichinstrumenten ist der Geräuschhintergrund relativ schwach. Eine Ausnahme macht die Flöte mit ihrem relativ starken, als typisch zum Flötenton gehörenden Anblasgeräusch.

Dynamik und Pegel: Typisch ist eine sehr starke Abhängigkeit der Dynamik von der Tonhöhe, schon nebeneinanderliegende Töne können deshalb ein unterschiedliches Dynamikverhalten aufweisen. Die Flöte zeigt im oberen Tonbereich eine geringe Dynamik, die Oboe im tiefen Tonbereich. Die Klarinette hat im mittleren Tonbereich eine sehr große Dynamik. Die Pegel der Holzblasinstrumente sind um durchschnittlich 10 dB höher als die der Streichinstrumente, d. h. die Instrumente klingen etwa doppelt so laut. Die Pegel nehmen mit der Tonhöhe etwas zu, bei der Flöte relativ stark (→ S. 60).

Abstrahlcharakteristik

Vereinfacht zusammengefasst kommen tiefere und mittlere Klangkomponenten bis etwa 2000 Hz seitlich aus den Grifflöchern der Instrumente, hohe Klangkomponenten ab etwa 3000 bis 4000 Hz aus der Stürze (Abb. C und D). Die Klangfarbe ändert sich erheblich mit der Abstrahlrichtung, mehr als bei Streichinstrumenten.

Die **Wahl des richtigen Mikrofonorts** ist deshalb bei Holzblasinstrumenten vorrangig vor der Wahl des geeignetsten Mikrofons. Sie ist umso entscheidender, je näher das Mikrofon aufgestellt wird; mit zunehmender Entfernung integriert der zunehmende Diffusschall alle Abstrahlrichtungen zu einem Gesamtklang, der mit zunehmender Entfernung immer unabhängiger vom Mikrofonstandort wird. Nahe Standorte verlangen aber unbedingt, dass das Instrument zuverlässig in der einmal festgelegten Position gehalten wird, eine Forderung, die im Allgemeinen nur von versierten Studiomusikern erfüllt werden kann.

Die Flöte wirkt als akustischer Dipol, weil sie auch aus dem Mundstück Schall abstrahlt; dadurch entstehen in engen Winkelbereichen Auslöschungen, sodass das Mikrofon möglichst dieselbe Entfernung zu Mundstück und Stürze haben sollte. Im Gegensatz zu den anderen Holzblasinstrumenten entweicht bei der Flöte am Mundstück hörbar Atemluft.

Beim Saxophon fällt die Abstrahlung der Grifflöcher mit derjenigen der Stürze zusammen, da die Stürze – mit Ausnahme des Sopransaxophons – nach oben gerichtet ist. Das gilt u. a. auch für die Bassklarinette.

Blechblasinstrumente

Instrumente und ihre Verwendung

Im **Sinfonieorchester** sind – abhängig von Entstehungszeit und Stil – die folgenden Blechblasinstrumente besetzt: Trompete (2 oder 3), Horn (2 bis 4), Posaune (3) und Tuba (1), selten Kornett, Bügelhörner und Waldhorntuben (Wagnertuben) (→ S. 52). In der klassischen **Kammermusik** findet in gemischten Besetzungen mit Streich- und Holzblasinstrumenten praktisch nur das Horn Verwendung. Reine Blechbläserensembles gibt es hingegen in verschiedenen Besetzungen. Bei **Blasmusikkapellen** werden neben Trompeten, Hörnern und Posaunen Kornette und besonders auch Bügelhörner (Flügelhorn, Althorn, Tenorhorn, Baryton oder Euphonium) und Tuben, auch in der Bauweise von Helikon und Sousaphon, verwendet. **Harmoniemusikkapellen** sind aus Holz- und Blechbläsern gemischte Besetzungen. In **Jazz** und **Pop** haben vor allem Trompeten und Posaunen Eingang gefunden, im traditionellen Jazz auch Kornett, Helikon und Sousaphon; die im Jazz gespielte Trompete ist besonders schlank und eng mensuriert. Als **historische Blechblasinstrumente** sind besonders die ventillosen Trompeten und Hörner (Naturtrompeten und Naturhörner), die Posaunen und die hölzernen Zinken zu nennen. Die meisten Instrumente werden in verschiedenen Bauformen und Größen gebaut.

Trompeten, Hörner und Bügelhörner sind sog. transponierende Instrumente, d. h. die beim Spielen erklingende Tonhöhe weicht von der notierten Tonhöhe ab. Nicht transponierend sind die Posaunen und die Tuba, außerdem die Trompete in C und das Horn in hoch C.

Klangakustik

Klangerzeugung: Das Mundstück der Blechbläser dient als Stütze für die Lippen, die – ähnlich wie etwa das Doppelrohrblatt – periodisch den Luftstrom unterbrechen. Die Frequenz der Unterbrechungen hängt zunächst von der Resonanzfrequenz der Luftsäule im Innern des Instruments ab. Die Tonhöhe wird nicht durch seitliche Grifflöcher wie bei den Holzblasinstrumenten verändert, sondern einerseits durch die Lippenspannung und den Blasdruck, andererseits durch die Verlängerung des Instruments über einschaltbare Rohrstücke mit Ventilen oder – wie bei der Posaune – über einen teleskopartigen, u-förmigen Zug. Dadurch wird im Gegensatz zu den Holzblasinstrumenten der gesamte Schall aller Töne stets von der Stürze abgestrahlt. Diese Tatsache erlaubt es, der Stürze eine akustische Funktion zu geben, die sie bei Holzblasinstrumenten nicht haben kann, weil sie dort nur die hohen Komponenten jedes Tons abstrahlt. Da die Stürze bei den Blechblasinstrumenten aber alle Komponenten abstrahlt, kann sie für eine günstigere Schallenergieabgabe an den Raum optimiert werden; damit wird die Lautstärke der Instrumente gesteigert, was ihre ursprüngliche Verwendung als Signal- und Repräsentationsinstrumente im Freien unterstützt. Die Stürze passt als akustischer Transformator den niedrigeren akustischen Innenwiderstand des Instruments an den höheren akustischen Lastwiderstand des Raums an; der Wirkungsgrad wird so entscheidend verbessert. Eine weitere Verbesserung ergibt sich aus der ausgeprägten Schallbündelung bzw. Richtwirkung dieses Schalltrichters.

Einschwingen: Bei weichem Klangeinsatz dauert das Einschwingen zwischen 40 und 120 ms, bei der Trompete bis 180 ms, bei hartem Klangeinsatz 20 ms bis 40 ms, beim Horn bis 80 ms. Typisch für das Einschwingen der Blechblasinstrumente ist der sog. Vorläuferimpuls, der in der Größenordnung von 20 ms dauert und vorwiegend harmonische Komponenten unter 1000 Hz enthält; ein zu starker Vorläuferimpuls bei ansonsten weichem Klangeinsatz ergibt den berüchtigten „Kiekser".

Tonumfang (Abb. B): Die oberen Grenzen der Tonumfänge sind wie bei den Streichinstrumenten auch bei den Blasinstrumenten vom Können des Spielers abhängig. Im Orchester sind die einzelnen Spieler durch die Zuordnung zu einer Stimme (z. B. 1., 2., 3. und 4. Horn) auf den höheren (1. und 3. Horn) oder tieferen (2. und 4. Horn) Tonbereich spezialisiert.

Frequenzbereich (Abb. B): Der im fortissimo stets größte Frequenzbereich hängt direkt von der Tonlage des

Instrument		Schlüssel	erklingende Tonhöhe bezogen auf die Notation
Trompeten	Trompete in B (in C)	Violinschlüssel	eine große Sekunde tiefer (wie notiert)
	(Heute gespielte Instrumente, die Wahl liegt beim Spieler.)		
	Trompete in G (in F, in E, in Es, in D u.a.)	Violinschlüssel	eine Quinte (Quarte, große Terz, kleine Terz, große Sekunde) höher
	(Früher gespielte Instrumente, aber noch heute so notiert.)		
	Basstrompete in Es (in C, in B)	Violinschlüssel	eine große Sexte (Oktave, große None) tiefer
Hörner	Horn in F	Violinschlüssel Bassschlüssel (tiefe Partien)	eine Quinte tiefer
	(Das heute gespielte Instrument, auch kombiniert mit dem Horn in B alto.)		
	Horn in C alto (in H, in B, in A usw.)	Violinschlüssel Bassschlüssel (tiefe Partien)	wie notiert (eine kleine Sekunde, große Sekunde, kleine Terz usw. tiefer)
	Horn in C		eine Oktave tiefer
	(Früher gespielte Instrumente, aber noch heute so notiert.)		
Posaunen	Tenorposaune, Tenor-Bassposaune	Tenorschlüssel Altschlüssel	wie notiert
	Bassposaune	Bassschlüssel	wie notiert
Tuba	Basstuba	Bassschlüssel	wie notiert
Kornett	Kornett in B (in C)	Violinschlüssel	wie notiert
Bügelhörner	Flügelhorn	Violinschlüssel	eine große Sekunde tiefer
	Althorn in F (in Es)	Violinschlüssel	eine Quinte (große Sexte) tiefer
	Tenorhorn	Violinschlüssel	eine große None tiefer
	Baryton (Euphonium)	Bassschlüssel Tenorschlüssel	wie notiert
		Violinschlüssel (Blechblasmusik)	eine große None tiefer

A. Notation der Blechblasinstrumente

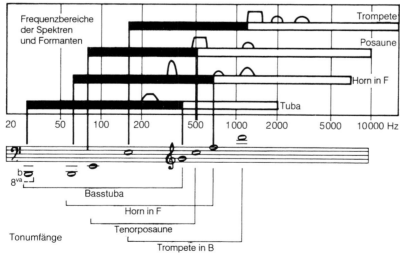

B. Frequenzbereiche der Spektren mit Formantlagen und Tonumfängen

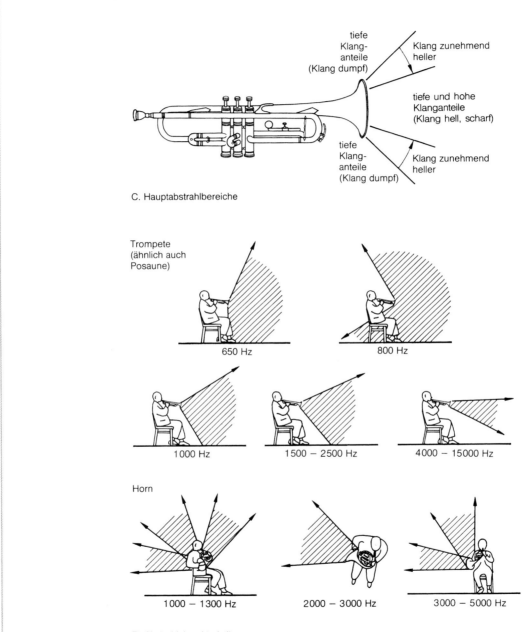

tiefe
Klang-
anteile
(Klang dumpf)

Klang zunehmend
heller

tiefe und hohe
Klanganteile
(Klang hell, scharf)

tiefe
Klang-
anteile
(Klang dumpf)

Klang zunehmend
heller

C. Hauptabstrahlbereiche

Trompete
(ähnlich auch
Posaune)

650 Hz

800 Hz

1000 Hz

1500 − 2500 Hz

4000 − 15000 Hz

Horn

1000 − 1300 Hz

2000 − 3000 Hz

3000 − 5000 Hz

D. Abstrahlcharakteristiken

Instruments ab: Die Trompete als höchstes Instrument hat Frequenzkomponenten bis 15000 Hz, das Horn bis 10000 Hz, die Posaune bis 7000 Hz, während das tiefste, die Tuba, nur bis etwa 2000 Hz reicht.

Formanten (Abb. B): Die Pegelanhebungen in den Formantbereichen sind nicht so deutlich und in ihrer Frequenzlage nicht so gleichbleibend wie bei den Doppelrohrblattinstrumenten, entsprechend ist ihr Einfluss auf den Klangcharakter geringer. Durch „Stopfen" mit einem Dämpfer oder beim Horn mit der Hand werden Formanten ausgebildet, die den Klang verändern.

Geräuschanteile: Bei den Blechblasinstrumenten spielen Geräuschanteile wegen ihres geringen Pegels praktisch keine Rolle.

Dynamik und Pegel: Die Dynamik zeigt eine Abhängigkeit von der Tonhöhe (→ S. 60): Bei der Trompete nimmt sie vom tiefen bis zum hohen Tonbereich von rund 30 dB auf etwa 10 dB bei den höchsten Tönen ab. Das Horn verfügt im mittleren Tonbereich über eine sehr große Dynamik von etwa 40 dB, die im hohen Tonbereich auf rund 20 dB zurückgeht. Die Posaune hat die größte Dynamik unter den Blechblasinstrumenten mit Werten bis 45 dB für einzelne Töne. Die Dynamik ist bei den Blechblasinstrumenten also relativ unausgeglichen. Wie die Dynamik ist auch der Pegel von leisesten und lautesten Tönen tonhöhenabhängig. Für leise gespielte Töne nimmt er mit zunehmender Tonhöhe um rund 30 dB zu; tiefe Töne können demnach sehr leise, hohe Töne praktisch nur laut gespielt werden. Die Blechblasinstrumente sind die lautesten Instrumente des Orchesters, wenn man von einigen Schlaginstrumenten absieht. Sie sind im Durchschnitt um 5 bis 10 dB lauter als die Holzblasinstrumente und um 15 bis 20 dB lauter als die Streichinstrumente. Entsprechend geringer ist auch ihre Besetzung im Orchester. So stehen in einem großen Orchester etwa 60 Streichinstrumenten rund 10 Blechblasinstrumente gegenüber, die die Streichinstrumente dennoch weit übertönen können. Die größten Pegel erreicht die Posaune.

Abstrahlcharakteristik

Anders als bei den Holzblasinstrumenten strahlen die Blechblasinstrumente ihren Klang weitgehend rotationssymmetrisch um die Schallstürze und vergleichsweise übersichtlich ab. Mit zunehmender Frequenz der Klangkomponenten wird der Abstrahlbereich immer enger. Damit wird der Klang eines Instruments mit zunehmendem seitlichem Abstand von seiner Hauptachse immer dumpfer (Abb. C). Die Einengung des Abstrahlbereichs ist allerdings nicht ganz regelmäßig; bei der Posaune erweitert er sich z. B. bei 600 Hz nochmals, bei der Trompete bei 800 Hz. Während bei Trompete und Posaune die Abstrahlkeule nach vorne zeigt, ist sie beim Horn aufgrund der Spielhaltung nach hinten gerichtet, bei der Tuba nach oben. Die Abstrahlcharakteristik des Horns ist komplizierter als bei den anderen Instrumenten, sie teilt sich in mehrere Keulen auf (Abb. D).

Die starke Richtwirkung der Blechblasinstrumente, besonders aber der Trompete und Posaune, hat zur Folge, dass der Schallpegel in Abstrahlrichtung deutlich langsamer abnimmt als bei mehr oder weniger ungerichteter Abstrahlung. Dies vergrößert den Hallabstand für diese Instrumente ganz erheblich (→ S. 26). In größerem Abstand trägt also ihr Klang nicht in dem Maß wie andere Instrumente Merkmale der Raumakustik. Weiterhin verschiebt sich als Folge des vergrößerten Hallabstands mit wachsender Entfernung z. B. von einem Orchester die Klangbalance zugunsten der Blechblasinstrumente, dies betrifft den Schallpegel und die Präsenz.

Schlaginstrumente und Klavier

Instrumente und Verwendung

Im **Sinfonieorchester** ist die Zahl der verwendeten Schlaginstrumente (Percussionsinstrumente) verglichen mit Streichern und Bläsern im Allgemeinen relativ gering. Bei Werken aus der Zeit vor 1800 sind es meist nur 2, im 19. Jahrhundert oft 4 oder mehr Pauken, dazu können im 19. Jahrhundert Große und Kleine Trommel, ein Beckenpaar, Triangel, Tamtam u. a. kommen. Im 20. Jahrhundert hat sich die Vielfalt und Bedeutung der Schlaginstrumente erheblich vergrößert; hinzugekommen sind Schlaginstrumente, die vor allem aus der Volks- bzw. Kunstmusik afrikanischer, süd- und mittelamerikanischer und asiatischer Länder stammen. Teilweise sind sie über den Jazz, teilweise direkt ins Orchester gelangt.

In **Pop** und **Jazz** hat das Schlagzeug eine grundlegende Funktion, im Gegensatz zur klassischen Musik ist es hier kontinuierlich eingesetzt (Beat). Die Standardbesetzung besteht aus je mindestens einer Großen Trommel (Bass drum) und Kleinen Trommel (Snare drum), mindestens zwei Einzelbecken (Cymbals) verschiedener Größe, einem fußbedienbaren Beckenpaar (Hi-hat) sowie zwei kleinen und einem oder mehr großen Tom-Toms. Dazu können je nach Stilrichtung weitere Instrumente kommen: aus der lateinamerikanischen Folklore die Handtrommeln Bongo und Conga, Maracas und Guiro, weiterhin Kuhglocken, Holzblöcke, Gongs und vieles mehr.

Das **Klavier** ist heute ein Universalinstrument, das in Musik jeder Stilrichtung verwendet wird, sowohl solistisch als auch im Zusammenspiel.

Klangakustik

Im Gegensatz zu den anderen Musikinstrumenten ist der Klang der Schlaginstrumente geräuschhaft, besonders bei den Trommeln; oder er ist durch eine gewisse Tonhöhenunschärfe gekennzeichnet, verursacht durch unharmonische Spektren, z.B. beim Triangel, bei Gongs und Glocken. Durch die Art der Schallerregung, das Schlagen, ist der Einschwingvorgang im Allgemeinen kurz und damit besonders markant. Abgesehen von Pauken und den großen Trommelinstrumenten reicht das Spektrum bis zu sehr hohen Klanganteilen, vielfach über den hörbaren und elektroakustisch übertragenen Frequenzbereich (15 000 bzw. 20 000 Hz) hinaus (Abb. A und B).

Die **Pauken** haben als einzige Trommelinstrumente eine gut wahrnehmbare und deshalb auch in der Partitur vorgeschriebene Tonhöhe. Sie werden meist mit einem Pedalmechanismus (Pedalpauke) auf den jeweils geforderten Ton eingestellt, nachdem das Fell vorher gestimmt wurde. Verschieden große Pauken sind für die verschiedenen Tonbereiche zuständig. Der Frequenzbereich reicht nur bis rund 2000 Hz; die Pauken sind damit obertonarm, die Spielweise und die Art der Schlägel (Filz, Schwamm, Holz) haben auf das Spektrum Einfluss. Dynamik und Pegel der Pauke sind sehr groß.

Die **Große Trommel** – bei Pop und Jazz **Bass drum** genannt – hat mit 5000 bis 6000 Hz als höchste Frequenzkomponente ein stark tiefenbetontes Spektrum. Wegen der geringeren Empfindlichkeit des Gehörs für tiefe Frequenzen erscheint das Instrument trotz sehr hoher Pegel, die den Gesamtpegel eines großen Orchesters erheblich übertreffen können, nicht besonders laut. Bei geringem Mikrofonabstand liegt der Schalldruckpegel weit über 100 dB. Bei Pop und Jazz wird das dem Schlagfell gegenüberliegende Resonanzfell meist abgenommen; außerdem wird das Nachklingen der Membran durch Tücher u. ä. weitgehend abgedämpft. Die hier verwendeten Instrumente sind kleiner; somit klingt die Große Trommel anders als die Bass drum.

Die **Kleine Trommel** – im Pop und Jazz **Snare** oder **Snare drum,** auch Small drum genannt – hat eine vergleichsweise geringe Dynamik bei nur mäßig hohen Pegeln. Sie kann mit am Resonanzfell angelegten oder arretierten Schnarrsaiten gespielt werden. Der Frequenzumfang hängt wie bei allen Instrumenten stark von der Spielweise ab und kann mit der gespielten Lautstärke bis 15000 Hz zunehmen.

Die **Becken** bzw. **Cymbals** haben sehr ausgeprägte Komponenten bis etwa 5000 Hz, abhängig auch von der Beckengröße; aber auch darüber sind die Frequenzkomponenten noch relativ stark. Bei geriebenem Becken ver-

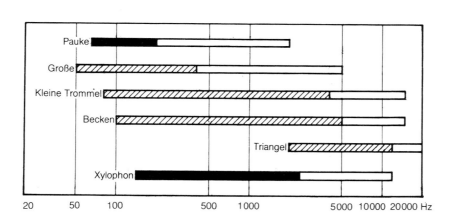

A. Frequenzbereiche der Tonumfänge (■■■■), der Geräuschanteile mit starkem
   Pegel (▨▨▨▨) und der Geräuschanteile mit geringerem Pegel (▭▭▭)

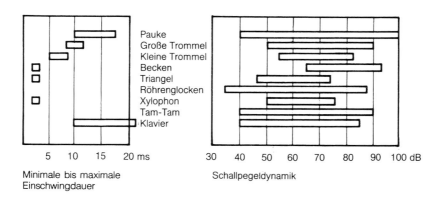

Minimale bis maximale
Einschwingdauer

Schallpegeldynamik

B. Einschwingdauer und Dynamik

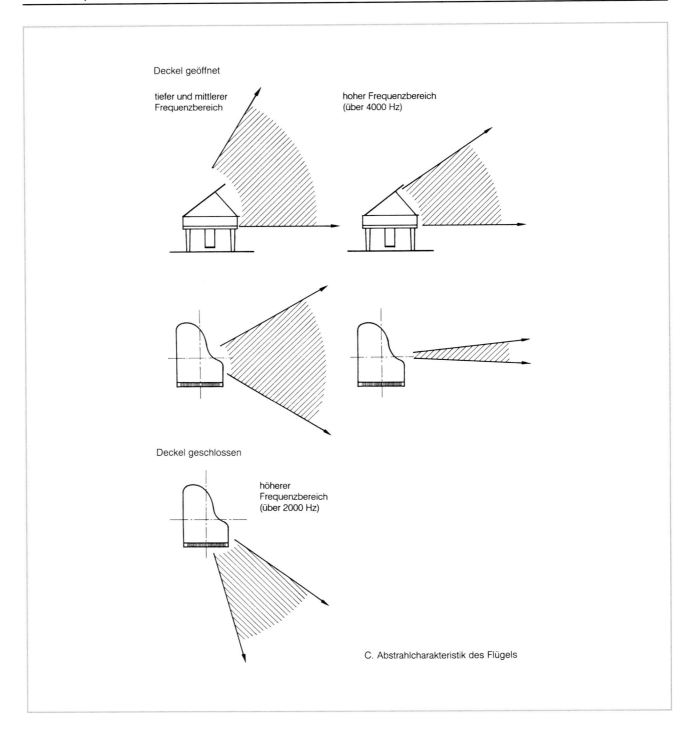

Deckel geöffnet

tiefer und mittlerer
Frequenzbereich

hoher Frequenzbereich
(über 4000 Hz)

Deckel geschlossen

höherer
Frequenzbereich
(über 2000 Hz)

C. Abstrahlcharakteristik des Flügels

lagern sie sich schwerpunktartig auf den Bereich etwas unterhalb 15000 Hz.

Die **Tom-Toms** haben eine abgestimmte Tonhöhe, die allerdings nicht so deutlich erkennbar ist wie bei den Pauken. Es gibt größere Instrumente als Stand-Tom-Toms und kleinere, meist über der Bass drum aufgehängte Hänge-Tom-Toms. Ähnlich wie die Tom-Toms sind die **Congas** abgestimmt, sie werden mit der Hand direkt geschlagen, ebenso die kleineren **Bongos,** die ebenfalls auf bestimmte Tonhöhen abgestimmt sind.

Das **Xylophon** zeichnet sich durch einen mit wenigen ms extrem kurzen und geräuschhaften Einschwingvorgang aus. Die Ausklingzeit ist im Gegensatz zum Klavier im tieferen Frequenzbereich in der Größenordnung von Raumhall, im höheren Bereich noch kürzer. Dies kann die Wahrnehmung erklären, dass gerade beim Xylophon Raumschall besonders deutlich hörbar ist.

Glocken gehören wie die Xylophone zur Gruppe der sog. Idiophone, meist Schlaginstrumente mit schwingenden Platten oder Schalen (Glocken, Gong, Tam-Tam, Becken u. a.), Stäben (Xylophon, Vibraphon, Celesta, Triangel u. a.), Röhren (Röhrenglocken) oder anders geformten Körpern (Holzblöcke, Kastagnetten, Steinspiele u. a.); diese Instrumente sind als dreidimensionale Schwinger grundsätzlich durch unharmonische Spektren gekennzeichnet. Ein besonderes Phänomen der Glocke ist der sog. Schlagton; im Augenblick des Anschlagens ist ein Ton anderer Tonhöhe wahrzunehmen als beim anschließenden Ausklingen.

Beim **Klavier** werden die Saiten ebenfalls angeschlagen; der Einschwingvorgang dauert deshalb relativ kurz (10-25 ms). Das Spektrum reicht bei tiefen Tönen bis etwa 3000 Hz, bei hohen über 10000 Hz hinaus. Formanten sind nicht ausgeprägt. Kennzeichnend für den Klavierton sind die Geräuschanteile, die durch den Anschlag verursacht werden, aber danach rasch abklingen. Sie liegen mit ihrem Schwerpunkt zwischen 200 und 1000 Hz; bei tiefen Tönen werden sie weitgehend verdeckt durch die harmonischen Klangkomponenten, bei hohen Tönen heben sie sich aber deutlich ab. Durch den Tastenanschlag wird der Einschwingvorgang kaum beeinflusst, mehr die Klangfarbe des ausklingenden Tons. Eine Eigenart des Klangspektrums ist die Spreizung der harmonischen Teiltonreihe, die bei Streich- und Blasinstrumenten nicht zu finden ist. Diese Inharmonizität wird umso deutlicher, je dicker und steifer die Saite verglichen mit ihrer Länge ist, ist also besonders bei den hohen Tönen oberhalb c' festzustellen. Da sich ein Klavierton nur aus dem Einschwing- und Ausklingvorgang zusammensetzt, kommt dem zeitlichen Vorgang des Ausklingens besondere Wichtigkeit zu. Es ist vergleichbar mit dem Nachhall eines Raums (→ S. 56). Die Abklingzeit, analog zur Nachhallzeit definiert, nimmt ab, je höher der Klavierton ist, aber auch innerhalb eines Klangs, je höher die Frequenz der Harmonischen liegt; bei Modellen mit durchsichtigem, hellem Klang ist die Nachklingzeit im Bereich tiefer Töne bzw. Klangkomponenten auffallend kurz mit 20 s gegenüber Werten von üblicherweise 30–40 s. Die Unterschiede bezüglich Klang und Dynamik sind zwischen Flügel und Pianino relativ gering.

Die Richtcharakteristik des Konzertflügels ist durch eine seitlich und in der Höhe relativ breite Abstrahlkeule gekennzeichnet (Abb. C). Überraschend schmal ist allerdings der Abstrahlbereich für hohe Frequenzkomponenten. Bei geschlossenem Flügeldeckel werden die höheren Klangkomponenten, die dem Klang Prägnanz verleihen, in Richtung der Tastatur abgestrahlt. Insgesamt wird der Klang durch das Schließen des Deckels mulmiger und unpräsenter, aber nicht merklich leiser. Die Klangeigenschaften und die Klangabstrahlung beim Pianino (Klavier) verbessern sich, wenn der Deckel geöffnet und die obere und untere Abdeckung entfernt wird.

Sprech- und Singstimme

Sprechstimme

Pegel und Dynamik: Verglichen mit den Schallpegeln von Musikinstrumenten ist die Sprechstimme relativ leise. Als Anhaltspunkt können bei einem Mikrofonabstand von 60 cm die folgenden gemittelten Maximalpegel gelten; bei 120 cm Abstand liegen sie um rund 4 dB niedriger, bei 30 cm Abstand um 4 dB höher:

gemittelte Maximalpegel	normales Sprechen		lautes Sprechen	durchschnittl. Dynamik
	leiser	lauter		
Männer	60 dB	65 dB	76 dB	16 dB
Frauen	58 dB	63 dB	68 dB	10 dB

Erscheint das Sprechen halb so laut, so ist ein Pegelrückgang von 6-7 dB damit verbunden. Gemurmeltes Sprechen liegt nochmals rund 5 dB unter leisem Sprechen, sehr lautes Sprechen rund 5 dB über lautem Sprechen. Die Dynamik liegt mit den extremen Formen des Sprechens bei etwa 25 dB (Männer) bzw. 20 dB (Frauen). Diese Werte gelten für die **„Mikrofonstimme"**, also für eine Sprechweise, die auf die expressive Heraushebung einzelner Worte verzichtet und Satzenden nicht „ausblendet", Sprechmerkmale, die einer ausdrucksvollen **„Bühnenstimme"** angemessen sind. Bei der Tonaufnahme führen sie aber letztlich zu einem niedrigeren Durchschnittspegel und damit in der Praxis zu geringerer Sprachverständlichkeit und einer zusätzlichen Problematisierung des Lautstärkeverhältnisses von Sprache zu Musik bei der Aussteuerung.

Pegelstruktur: Der Pegelverlauf ist ausgeprägt impulsartig: Zeitlich sehr kurze Pegelspitzen von Explosivlauten bestimmen die höchsten Pegelwerte, Kurzpausen zwischen Sätzen, Satzteilen, Wörtern, Silben und Phonemen unterbrechen den Pegelverlauf (Abb. A). Dadurch ergibt sich ein Durchschnittspegel, der weit unterhalb des Spitzenpegels liegt, im Durchschnitt um 12 dB darunter bzw. bei 25%. Der Durchschnittspegel von U-Musik wird im Allgemeinen bei rund 6 dB unter dem Spitzenpegel angesetzt, das sind 50%, bei E-Musik liegen diese Werte bei 18 dB entsprechend 12%. Da die Lautstärke annähernd dem Durchschnittspegel folgt, wirkt Sprache erheblich leiser als Musik bei denselben Spitzenpegeln. Eine Lautstärkebalance zwischen Sprache und Musik ist deshalb durch Vergleich der abgelesenen Pegelwerte nicht möglich; vielmehr müssen die genannten Durchschnittswerte, die aus den Spitzenwerten ableitbar sind, annähernd gleich sein (Abb. B). Eine ungefähre Lautstärkegleichheit z. B. zwischen E-Musik und Ansage ist also dann voraussichtlich gegeben, wenn die Musik voll, die Ansage aber auf -6 dB ausgesteuert wird. Selbstverständlich können solche Angaben nur als Anhaltspunkte gewertet werden, Sprechweise und Stil der Musik haben dabei großen Einfluss.

Frequenzumfang: Die durchschnittlichen Spektren von männlicher und weiblicher Sprache zeigt für verschiedene Sprechweisen Abb. C. Die einzelnen Spektren sind relativ ähnlich, allerdings bleiben mit abnehmender Sprechstärke zunehmend mehr hohe Komponenten unter der Hörschwelle. Die Abstrahlung von Frequenzen unter 100 Hz (Männer) bzw. 200 Hz (Frauen) sind bei den normalen Sprechweisen weitgehend unabhängig von der Sprechlautstärke; sie hängen hauptsächlich vom Abstand ab. Bei Wiedergabelautstärken, die von der Lautstärke am Mikrofon bei der Aufnahme abweichen, stört deshalb besonders die damit verbundene Änderung der tiefen Komponenten der Stimme, bei zu großer Lautstärke vor allem als Dröhnen. Mit Frequenzkomponenten auch über 15000 Hz haben die Zischlaute – besonders S – den größten Frequenzumfang (Abb. D).

Klangstrukturen: Die Vokale sind die „musikalischen" Bestandteile der Sprache, sie haben ein harmonisches Linienspektrum; verschiedene resonanzartige Überhöhungen des Spektrums, sog. Formanten, unterscheiden die einzelnen Vokale (Abb. D). Zu ihrer unverfälschten Übertragung ist ein Frequenzband bis 3600 Hz erforderlich (Übertragungsbereich von Fernsprechkanälen). Stimmhafte Laute (L, M, N, NG, R) setzen sich aus einem Linien- und einem kontinuierlichen Geräuschspektrum zusammen. Explosivlaute (B, P, G, K, D, T, QU) und Zischlaute (S, SCH, CH, F, X,

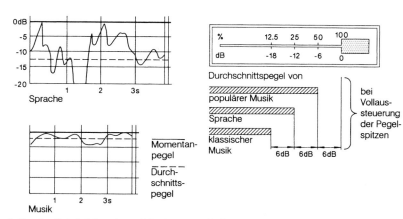

A. Pegelverläufe bei Sprache und Musik

B. Verhältnisse von Durchschnitts-
zu Spitzenpegeln

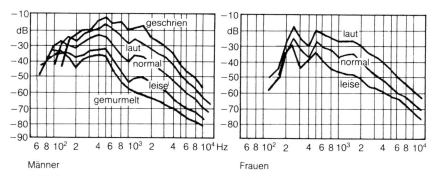

C. Durchschnittsspektren der Sprechstimme

Männer

Frauen

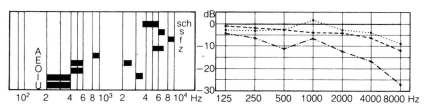

D. Formanten der Sprachlaute

E. Klangfärbung bei verschiedenen
Abstrahlrichtungen

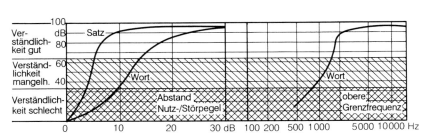

F. Wort- und Satzverständlichkeit bei Hintergrundgeräuschen und eingeengtem Frequenzband

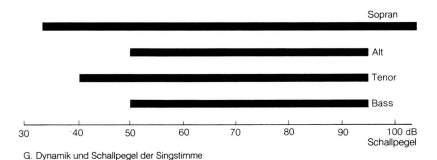

G. Dynamik und Schallpegel der Singstimme

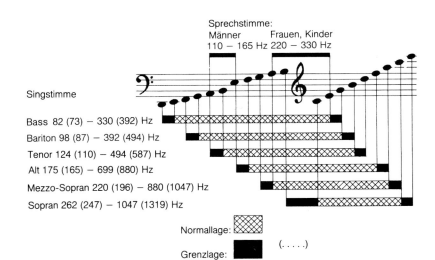

H. Tonlagen der menschlichen Stimme (Stimmlagen)

Z) sind durch reine Geräuschspektren, teilweise mit Formantstrukturen, charakterisiert. Die relativ hohen Pegel von S und SCH im Frequenzbereich über 10000 Hz können bei Schallspeichern und -übertragungsstrecken mit Preemphase (Anhebung hoher Frequenzkomponenten) bei Tonaufnahmen auch bei korrekter Aussteuerung zu Übersteuerungen führen. Emotionen wie Freude, Wut usw. drücken sich im Spektrum unterhalb 3700 Hz messbar aus.

Abstrahlcharakteristik: Wegen der gerichteten Schallabstrahlung der Stimme ist der Pegel um rund 5 dB niedriger in seitlicher Richtung und um 10 dB niedriger in rückwärtiger Richtung; bei gleichem Mikrofonpegel wie bei Aufnahme von vorne ergibt dies einen um 5 bzw. 10 dB höheren Diffusschallpegel bei seitlicher bzw. bei Aufnahme von hinten. Dabei wird der Klangcharakter erheblich geändert: Frequenzen über 1000 Hz werden zur Seite und nach hinten mit geringerem Pegel abgestrahlt (Abb. E). Der größere Hallanteil und die Verringerung höherer Klanganteile wirken ähnlich wie ein wesentlich größerer Abstand bei Aufnahme von vorne. In Räumen mit wenig Diffusschall und besonders bei geringem Mikrofonabstand kann seitliche Aufnahme die Übersteuerung der Zischlaute vermeiden helfen.

Verständlichkeit: Abb. F zeigt die Wort- bzw. Satzverständlichkeit in Abhängigkeit vom Geräuschpegelabstand und von der oberen Grenzfrequenz des Übertragungssystems. Praktisch 100%ige (Wort-)Verständlichkeit ergibt sich schon bei einer oberen Grenzfrequenz von 5000 Hz und einem Geräuschabstand von 30 dB.

Singstimme

In akustischer Hinsicht sind die Unterschiede zwischen Sprech- und Singstimme nicht so erheblich, wie dies vom Höreindruck her erscheint. Da nur Laute mit harmonischen Spektren eine Tonhöhe besitzen, werden diese im musikalischen Ablauf der Stimmführung besonders hervorgehoben und gedehnt. Während sich die Sprechtonhöhe gleitend und häufig ändert, ist die Singtonhöhe an bestimmte Tonstufen gebunden. Die **Formantlagen** werden der jeweiligen Grundtonhöhe in einem gewissen Rahmen angepasst; im Allgemeinen entsteht daraus eine gewisse Verdunklung des Vokalcharakters. Von erheblicher Bedeutung für die Klangfarbe der männlichen Singstimme ist der sog. **Singformant** zwischen 2800 und 3000 Hz, verbunden mit einer generellen Verstärkung höherer Klangkomponenten, der der Stimme ein Durchsetzungsvermögen auch gegen ein lautes Orchester gibt. Er tritt bei der Sprache nicht auf. Kennzeichnend für die ausgebildete Stimme ist weiterhin das Vibrato bzw. Tremolo der Stimme. Besondere Betonung und Dehnung der Vokale, Singformant, Vibrato und größere Lautstärke und Dynamik kennzeichnen rein akustisch also im Wesentlichen die Stimme mit besonderer Gesangsausbildung.

Dynamik und **Pegel:** Dynamik und Höchstpegel der Singstimme hängen selbstverständlich von der Musik und dem jeweiligen Sänger ab. Hohe Frauen- (Sopran) und Männerstimmen (Tenor) erreichen die größte Dynamik, die Spitzenpegel der Soprane liegen bei üblichem Mikrofonabstand über 100 dB (Abb. G).

Stimmlagen und **Stimmfächer:** Der Tonhöhenbereich einer Singstimme ist ihre Stimmlage (Abb. H). Sopran, Alt, Tenor und Bass sind die Hauptstimmlagen. Die Eignung einer Stimme bzw. eines Gesangssolisten für bestimmte Rollentypen kennzeichnet das Stimmfach (z. B. dramatischer Sopran, Koloratursopran, lyrischer Alt, Heldentenor, jugendlicher Liebhaber, Bassbuffo).

Wahrnehmung von Tönen und Klängen

Eine Schallwelle wird durch das Ohr in Körperschall, schließlich in elektrische Nervenimpulse gewandelt und zum Gehirn weitergeleitet, aus dem **Schallereignis** wird nach umfangreicher Aus- und Bewertung sowie Verknüpfungen mit gespeicherten Hörerlebnissen das **Hörereignis**. Das Schallereignis und seine akustischen Strukturen und Merkmale kann man messtechnisch genau erfassen; das Hörereignis kann nicht direkt gemessen werden, es kann nur durch Worte beschrieben werden, Aussagen mehrerer Personen ergeben, statistisch ausgewertet, allgemeine Erkenntnisse über das Gehör. Die Psychoakustik beschreibt Verknüpfungen von Schall- und Hörereignis, von physikalischer und psychologischer Betrachtung, von Quantität und Qualität des Schalls.

Lautstärke und Klangfarbe

Der Begriff Lautstärke wird an anderer Stelle besprochen (→ S. 60). Wichtig für die Praxis der Tonaufnahme ist die Abhängigkeit der wahrgenommenen Klangfarbe von der Lautstärke. Bereits die Hörschwelle, also die Wahrnehmung gerade noch hörbaren Schalls, ist erheblich von der Frequenz abhängig: Tiefe Frequenzen unter etwa 500 Hz müssen mit fallender Frequenz zunehmend lauter sein, um wahrgenommen werden zu können. Auch bei größeren Lautstärken werden die Tiefen weniger laut wahrgenommen als die Höhen, wenn auch in mit zunehmender Lautstärke abnehmendem Maße (Abb. A). Für die Wahrnehmung bedeutet dies, dass sich die Klangfarbe mit der Lautstärke ändert, ohne dass der Klang eine andere Struktur erhält: Mit abnehmender Lautstärke bzw. Pegel verliert der Klang an Tiefe, Wärme und Volumen, umgekehrt wird ein ausgeglichenes Klangbild mit zunehmender Lautstärke zunehmend basslastig. Einsteller für die Abhörlautstärke im Studio berücksichtigen dies nicht, wohl aber Lautstärkesteller in Abhöranlagen beim Verbraucher, man sagt, sie sind „gehörrichtig" und machen die Klangfarbe unabhängig von der Lautstärke. Der gesamte wahrnehmbare Schall kann durch die **Hörfläche** dargestellt werden, in

die die Hörflächen für Musik und Sprache eingebettet sind (Abb. B)

Tonhöhe und Vibrato

Tonhöhe ist die Eigenschaft von Tönen, die mit „hoch" und „tief" beschrieben wird und hauptsächlich von der Frequenz des Schallereignisses abhängt. Die **geringste hörbare Frequenzänderung** beträgt bis 500 Hz etwa 3,5 Hz, bei 500 Hz sind das 0,7 % der Frequenz, über 500 Hz bleibt die Wahrnehmbarkeit bei 0,7 %. Bei den meisten Musikinstrumenten wird die Tonhöhe mehr oder weniger ständig durch das Vibrato verändert, um die Wahrnehmung zu intensivieren; das Gehör nimmt solche Frequenzänderungen am empfindlichsten wahr, wenn sie etwa 4 mal pro Sekunde auftreten. Aus den etwa 600 unterscheidbaren Tonhöhenstufen benutzt die abendländische Musik nur eine Auswahl an Tonstufen, die als Tonbestand in einem **Tonsystem** zueinander in Beziehung gesetzt werden. Alle Tonsysteme beruhen auf der Unterteilung des gesamten Tonraums in Oktavtonräume, die jeweils durch das Frequenzverhältnis 2:1 begrenzt sind und deren Struktur sich gleicht. Zwei Töne bilden zusammen ein **Intervall**, das durch das Verhältnis der Frequenzen der beiden Töne definiert ist (Abb. C). Bei teiltonarmen Klängen gibt es einen **Einfluss der Lautstärke** auf die Tonhöhe: Unter 1 kHz nimmt die Tonhöhe mit zunehmender Lautstärke ab, über 1 kHz nimmt sie zu, bei teiltonreichen Klängen, wie bei den meisten Instrumenten, hat die Lautstärke keinen Einfluss.

Tondauer

In der Aufnahmepraxis ist die Tondauer deshalb wichtig, weil kurze, also nicht ausklingende Töne ihren eigenen Nachhall, im weiteren Sinn die Raumbeschaffenheit, besonders deutlich machen, während die ausklingenden Töne eines Klaviers z. B. ihren eigenen Nachhall verdecken. Im Zusammenspiel unterschiedlich nachklingender Töne entstehen so unterschiedliche Räume.

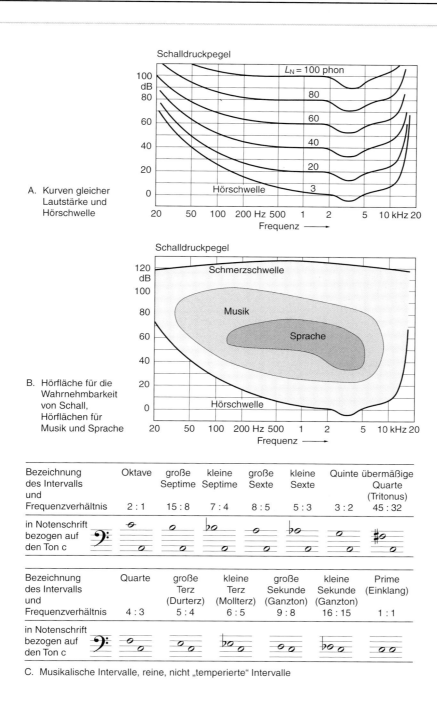

Schalldruckpegel

$L_N = 100$ phon

A. Kurven gleicher Lautstärke und Hörschwelle

Hörschwelle

Schalldruckpegel

Schmerzschwelle

Musik

Sprache

B. Hörfläche für die Wahrnehmbarkeit von Schall, Hörflächen für Musik und Sprache

Hörschwelle

Bezeichnung des Intervalls und	Oktave	große Septime	kleine Septime	große Sexte	kleine Sexte	Quinte	übermäßige Quarte (Tritonus)
Frequenzverhältnis	2 : 1	15 : 8	7 : 4	8 : 5	5 : 3	3 : 2	45 : 32

in Notenschrift bezogen auf den Ton c

Bezeichnung des Intervalls und	Quarte	große Terz (Durterz)	kleine Terz (Mollterz)	große Sekunde (Ganzton)	kleine Sekunde (Ganzton)	Prime (Einklang)
Frequenzverhältnis	4 : 3	5 : 4	6 : 5	9 : 8	16 : 15	1 : 1

in Notenschrift bezogen auf den Ton c

C. Musikalische Intervalle, reine, nicht „temperierte" Intervalle

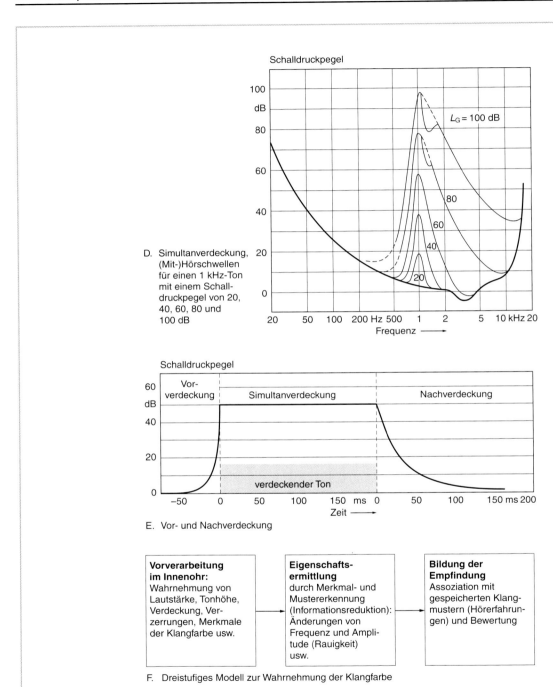

Schalldruckpegel

$L_G = 100$ dB

D. Simultanverdeckung, (Mit-)Hörschwellen für einen 1 kHz-Ton mit einem Schalldruckpegel von 20, 40, 60, 80 und 100 dB

Frequenz ⟶

Schalldruckpegel

Vorverdeckung | Simultanverdeckung | Nachverdeckung

verdeckender Ton

Zeit ⟶

E. Vor- und Nachverdeckung

Vorverarbeitung im Innenohr:
Wahrnehmung von Lautstärke, Tonhöhe, Verdeckung, Verzerrungen, Merkmale der Klangfarbe usw.

Eigenschaftsermittlung
durch Merkmal- und Mustererkennung (Informationsreduktion): Änderungen von Frequenz und Amplitude (Rauigkeit) usw.

Bildung der Empfindung
Assoziation mit gespeicherten Klangmustern (Hörerfahrungen) und Bewertung

F. Dreistufiges Modell zur Wahrnehmung der Klangfarbe

Verdeckungseffekte

Im Gehör können bestimmte Klanganteile andere Klanganteile verdecken, also unhörbar machen, ähnlich den Blendwirkungen beim Sehen. Die „akustischen Blenderscheinungen" erfassen die gleichzeitige oder **simultane** und die aufeinanderfolgende oder **nicht simultane Verdeckung**.

Simultane Verdeckung findet immer nach höheren Frequenzen hin statt, tiefe Töne verdecken hohe Töne, hohe Töne können tiefe Töne nicht verdecken. Die Verdeckungswirkung verschiebt die Hörschwelle zu größeren Schallpegeln hin (Abb. D). Die Bedeutung für die praktische Arbeit:

– **Abhörlautstärke:** Der verdeckte Frequenzbereich dehnt sich mit zunehmender Lautstärke aus. Bei großer Abhörlautstärke nimmt also die Durchhörbarkeit und Deutlichkeit des Klangbilds ab.

– **Abmischung und Klangbalance:** Die Abmischung hängt von der Abhörlautstärke ab; deshalb sollte mit derjenigen Lautstärke abgemischt werden, mit der die Aufnahme normalerweise auch gehört werden wird.

– **Datenreduzierende Verfahren:** Datenreduktion, z. B. mit mp3, ist Voraussetzung für wirtschaftliche digitale Übertragungssysteme (z. B. ISDN, ADR, DAB, DVB-S, DVB-T, Internet)) und Speicherung (MiniDisc, Mehrkanalton auf DVD). Sie machen sich den Verdeckungseffekt zunutze, nicht hörbare Signalanteile werden ermittelt und nicht übertragen.

Nicht simultane Verdeckung ist die sog. Vor- und Nachverdeckung (Abb. F). Bei der **Vorverdeckung** kann lauter Schall einen zeitlich vorhergehenden leisen Schall „überholen", er verdeckt ihn dabei in einem Zeitbereich von etwa 20 ms vorher.

Bei der **Nachverdeckung** bleibt das Gehör in einem Zeitbereich von etwa 200 ms nach dem Ende eines lauten Schallereignisses unempfindlich (Abb. E).

Wahrnehmung der Klangfarbe

Klangfarbe ist die Eigenschaft eines Klangs, die bei gleicher Tonhöhe, Lautstärke und Dauer Klänge hörbar unterscheidet. Folgende Eigenschaften bestimmen demnach die Klangfarbe: die Zusammensetzung des Spektrums aus einzelnen Komponenten, ihre Veränderungen, ihr Ein- und Ausschwingen sowie die Übergänge zwischen aufeinanderfolgenden Tönen. Als Hörereignis ist Klangfarbe eine mehrdimensionale Empfindungsgröße, die nur verbal beschrieben werden kann. Solche **verbalen Attribute** können in mehrere Gruppen eingeteilt werden:

– Attribute, deren Erlebniswerte in der **frühkindlichen Entwicklungsphase** ausgebildet oder vererbt sind wie Klangdichte, -fülle, -schärfe, Rauigkeit, Wärme, Helligkeit usw.

– Attribute, die als Klangfarbenähnlichkeiten auf **Erlernen** beruhen wie Vokalähnlichkeiten, Instrumentenähnlichkeiten,

– Attribute, die eine **emotionale Wertung** enthalten wie Wohlklang, Klangschönheit, -hässlichkeit.

Ein Modell zur Wahrnehmung der Klangfarbe sieht drei Stufen der Formung des Hörereignisses vor (Abb. F).

Mikrofone

Richtcharakteristik und Empfängerprinzip
Elektroakustische Wandlung und deren Kennwerte
Frequenzgang
Spezialmikrofone für Gesang- und Sprachaufnahmen
Spezielle Richtmikrofone und Mikrofonpärchen
Grenzflächenmikrofone
Digitalmikrofone
Großmembran- und Röhrenmikrofone
Maßnahmen gegen Wind, Popp und Körperschall

Mikrofone haben die Aufgabe, Schall in elektrische Schwingungen umzuwandeln, dies soll natürlich ein neutraler Vorgang sein. Da aber ein Mikrofon bei der Umwandlung von Schall in Elektrizität nur auf eine bestimmte physikalische Eigenschaft der Schallwelle reagieren kann, ergibt sich zwangsläufig, dass es das ideale, objektive Mikrofon nicht geben kann. Vielmehr gibt es eine Reihe von Mikrofontypen mit jeweils besonderen Eigenschaften, mit bestimmten Vor- und Nachteilen, aus denen der Aufgabe entsprechend der optimale Typ für eine Aufnahme ausgewählt werden muss. Die technischen Spezifikationen eines Mikrofons erfassen zwar nicht vollständig die hörbare Qualität, repräsentieren sie aber auch für die Praxis des Mikrofoneinsatzes relativ gut.

In den letzten Jahren konnte durch die Einführung der Digitaltechnik die technische Qualität besonders der Tonaufzeichnung und -bearbeitung, aber auch der Regieanlagen, so gesteigert werden, dass weitere Verbesserungen der technischen Messwerte kaum mehr zu hörbaren Verbesserungen führen können. Das Mikrofon, das aus der analogen Welt der Akustik in die digitale Welt der Tonverarbeitung führt, muss – wie der Lautsprecher in umgekehrter Richtung – zumindest beim Schallempfang analog arbeiten. Hier gelten die Gesetze der klassischen Physik, die wünschenswerte Verbesserungen teilweise grundsätzlich unmöglich machen. Meist kann eine bestimmte Messgröße nur auf Kosten einer anderen Größe verbessert werden. Dennoch ist es in den letzten Jahren gelungen, mit neuen Bauelementen und intensiver Entwicklungsarbeit die Mikrofone messtechnisch auf einen sehr hohen Qualitätsstandard zu bringen, der aus physikalischen Gründen kaum noch zu verbessern ist und auch subjektiv ein Höchstmaß an Qualität gewährleistet.

Für die Umwandlung von Schall in elektrische Schwingungen gibt es eine ganze Reihe von Verfahren mit jeweils verschiedenen technischen Realisierungen. Das führt zu einer relativ großen Vielfalt an Mikrofontypen, von denen jedes bestimmte Vor- und Nachteile hat, sich also für konkrete Situationen mehr oder weniger eignet.

Richtcharakteristik und Empfängerprinzip

Empfänger- und Wandlerprinzip

Für die Eigenschaften eines Mikrofons sind grundsätzlich zwei Merkmale seiner Bauart maßgeblich, das Empfängerprinzip und das Wandlerprinzip:

Das **Empfängerprinzip** gibt an, auf welche Schallfeldgröße das Mikrofon reagiert. Schalldruckempfänger sind stets ungerichtete Mikrofone, Schalldruckgradientenempfänger (Schalldruckdifferenzempfänger) und Schallschnelleempfänger sind stets Richtmikrofone; nur durch Kombination zweier gerichteter Mikrofone können auch Gradienten- oder Schnelleempfänger als ungerichtete Mikrofone arbeiten. Nach einem Vorschlag von E. Thienhaus ergänzen sich Druck- und Gradientenempfänger dicht nebeneinander zu einer Mikrofoneinheit, auch als „Straus-Paket" bekannt.

Das **Wandlerprinzip** gibt an, auf welche Weise akustische in elektrische Schwingungen umgewandelt werden. Bei Kondensatormikrofonen schwingt – angeregt durch die Luftschwingungen – eine Membran als Elektrode eines Kondensators. Beim dynamischen Mikrofon schwingt eine mit einer Membran verbundene Spule in einem Dauermagnetfeld, oder es folgt ein aufgehängtes Metallbändchen (Bändchenmikrofon) den Luftbewegungen. Kondensatormikrofone reagieren auf die Amplitude, dynamische Mikrofone auf die Teilchenschnelle der Schallschwingung. Das Wandlerprinzip hat auf den Frequenzgang, die Impulstreue, die Höhe der abgegebenen Spannung u. a. Einfluss (→ S. 94).

Definition der Richtcharakteristik

Die **Richtcharakteristik** eines Mikrofons gibt in einem Polarkoordinatendiagramm für verschiedene Frequenzen das **Richtungsmaß** an, also wie groß die Dämpfung in der jeweiligen Richtung gegenüber der 0°-Richtung ist. Daraus kann auf Frequenzgänge in den verschiedenen Richtungen bezogen auf die 0-Richtung („Hauptansprechrichtung") geschlossen werden, aber nicht auf den Frequenzgang in 0-Richtung (→ S. 98); er muss zusätzlich angegeben werden. Die Richtcharakteristik und das Richtungsmaß gelten für Direktschall, also im sog.

freien Schallfeld. Die Richtwirkung im diffusen Schallfeld, also im Nachhall, beschreibt das **Bündelungsmaß:** Es ist das Pegelmaß des Verhältnisses von Direktschall-Leistung aus der 0-Richtung zur gesamten Diffusschall-Leistung; für Niere und Acht beträgt es 4,8 dB, für Hypernieren 6 dB. Die Richtcharakteristiken gelten nur innerhalb des Hallradius', außerhalb wird die Richtwirkung mit zunehmendem Abstand immer geringer.

Richtmikrofone können als Druckgradientenempfänger, Schnelleempfänger oder Interferenzempfänger (→ S. 105) arbeiten, in der Praxis benutzt man meist Druckgradientenempfänger.

Kugelrichtcharakteristik bei Druckempfängern

Die Mikrofonmembran bildet eine Seite einer akustisch dichten Mikrofonkapsel und wird durch die Schalldruckschwankungen bewegt. Sie ist für alle Schalleinfallsrichtungen in gleicher Weise empfindlich, solange das Mikrofon wesentlich kleiner als die Wellenlänge der Schallwelle ist; das Mikrofon hat deshalb Kugelrichtcharakteristik. Oberhalb von rund 5 kHz wird der Schall – wegen der geringen Wellenlänge – nicht mehr vollständig um die Mikrofonkapsel herumgebeugt, so dass sich die Kugelrichtcharakteristik mit steigender Frequenz mehr und mehr über eine Art Nieren- bis hin zur Keulenrichtcharakteristik einengt (Abb. A). Die **Richtwirkung im hohen Frequenzbereich** wird durch den Druckstau für frontal einfallenden Schall und Auslöschungen auf der Membran bei seitlichem Schalleinfall (Interferenzprinzip) noch verstärkt. Das macht es notwendig, auch das Kugelmikrofon bei der Aufnahme wie ein Richtmikrofon auszurichten. Grenzflächenmikrofone (→ S. 106) haben einen halbkugelförmigen Schallempfang für den gesamten Frequenzbereich (Abb. B).

Achterrichtcharakteristik

Beim Richtmikrofon mit nur Achterrichtcharakteristik kommt die Richtwirkung dadurch zustande, dass Schall, der von der Seite auf eine Membran auftrifft, diese nicht

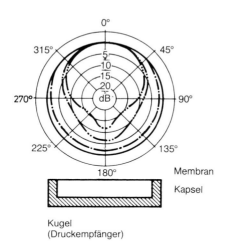

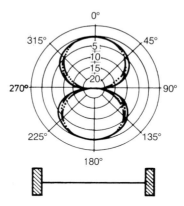

Membran

Kapsel

Kugel
(Druckempfänger)

Acht
(Druckgradientenempfänger)

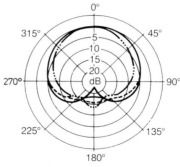

------------ 125 Hz
———————— 1 kHz
—·—·—·— 4 kHz
—··—··— 8 kHz
—···—···· 12,5 kHz

A. Empfängerprinzipien und ihre Richtcharakteristiken (gemessene Werte für
verschiedene Frequenzen, typische Beispiele)

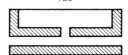

Niere durch Laufzeitglied
(Druckgradientenempfänger)

125 Hz   ———————— 2 kHz
250 Hz   ------------ 4 kHz
500 Hz   —·—·—·— 8 kHz
1 kHz   ············ 16 kHz

B. Richtcharakteristik eines
Grenzflächenmikrofons
(gemessene Werte für
verschiedene Frequenzen)

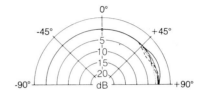

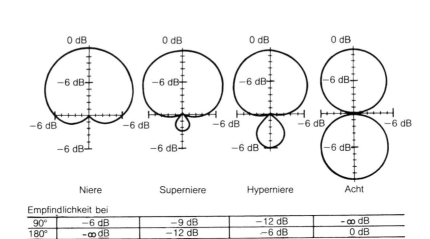

Empfindlichkeit bei				
90°	−6 dB	−9 dB	−12 dB	- ∞ dB
180°	-∞ dB	−12 dB	−6 dB	0 dB

C. Niere, Superniere, Hyperniere, Acht im Vergleich (theoretische Werte)

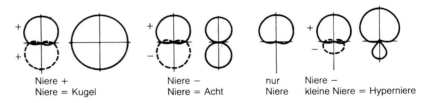

Niere +
Niere = Kugel

Niere −
Niere = Acht

nur
Niere

Niere −
kleine Niere = Hyperniere

D. Gewinnung der Richtcharakteristiken beim Doppelmembran-Mikrofon

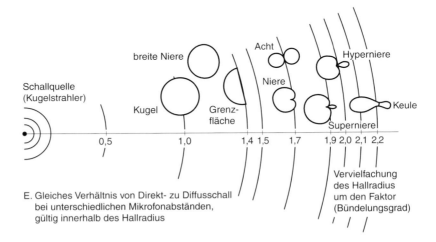

E. Gleiches Verhältnis von Direkt- zu Diffusschall
bei unterschiedlichen Mikrofonabständen,
gültig innerhalb des Hallradius

auslenken kann. Senkrecht von vorn oder hinten auftreffender Schall führt dagegen zu einer Auslenkung (Abb. A). Die Richtcharakteristik ist weitestgehend frequenzunabhängig. Seitlicher Schall wird um 20 bis 25 dB ausgeblendet. Die Acht ist die Richtcharakteristik mit der **besten Trennung** einzelner nebeneinanderliegender Schallquellen, sie übertrifft in ihrer Richtungsselektivität bei tieferen Frequenzen auch Rohrmikrofone (→ S. 105). Verglichen mit der Kugel kann der Mikrofonabstand bei demselben Diffusschallanteil genau wie bei der Niere um das 1,7fache vergrößert werden (Abb. E). Die Acht bietet vor allem beim Einzel- und Stützmikrofonverfahren eine interessante Alternative zu den verschiedenen Nieren.

Nierenrichtcharakteristik

Die Nierenrichtwirkung wird bei modernen Mikrofonen dadurch realisiert, dass von rückwärts eintreffender Schall einen gleich langen Weg zur Vorder- und Rückseite der Membran zurücklegen muss und damit die Membran nicht auslenken kann; das wird heute konstruktiv dadurch erreicht, dass die Schallwellen – bevor sie die Membranrückseite erreichen – einen akustischen Umweg durchlaufen müssen (Abb. A). Die **Ausblendung rückwärtigen Schalls** – aber nur bei genau 180° – ist bei der Niere am besten, frequenzabhängig über 20 dB bei tiefen Frequenzen und zu hohen Frequenzen hin abnehmend. Seitlich eintreffender Schall wird dabei nur um 6 dB bedämpft. In einem Bereich von ±45° um die Hauptrichtung hat das Mikrofon praktisch dieselbe Empfindlichkeit; die Richtungsselektivität nach vorne und zur Seite ist also verhältnismäßig wenig ausgeprägt. Wie bei der Acht darf bei gleichem Direktschall-/Diffusschallverhältnis wie bei einer Kugelrichtcharakteristik der Mikrofonabstand 1,7mal größer sein als bei der Kugel (Abb. E). Die **breite Niere** bietet eine Zwischenform der Richtcharakteristik zwischen Kugel und Niere, sie bedämpft Schall von hinten um rund 10 dB, seitlichen Schall um etwa 4 dB. Ihre Vorteile zeigen sich besonders in ihrem richtungsunabhängigen, linearen Frequenzgang (→ S. 101). In der praktischen Arbeit ist die breite Niere eine sehr gute Alternative zur Kugel, nicht zur Niere.

Hyper- und Supernierenrichtcharakteristik

Die Richtwirkungen dieser Mikrofone können als unsymmetrische Achterrichtcharakteristiken betrachtet werden (Abb. C). Die **Hyperniere** nimmt bei Ausrichtung auf die Schallquelle von allen Richtcharakteristiken den geringsten Diffusschallanteil auf. Der Abstand zur Schallquelle kann um weitere rund 20% gegenüber der Niere oder Acht vergrößert werden, ohne dass der Diffusschallanteil größer wird; gegenüber der Kugel kann er sogar rund verdoppelt werden (Abb. E). Die **Superniere** hat eine geringfügig breitere Richtcharakteristik als die Hyperniere, weist dafür aber eine bessere Rückwärtsdämpfung auf; sie nimmt aus dem Halbraum hinter dem Mikrofon den geringsten Schallanteil auf. Eine noch engere Richtwirkung als die Hyper- und Superniere besitzt die **Keule** eines Richtrohrmikrofons (→ S. 105).

Umschaltbare Richtcharakteristiken

Kondensatormikrofone können nach folgenden Prinzipien umschaltbar sein (Abb. D): Durch rein **mechanisch umschaltbare Elemente** ist die Mikrofonkapsel entweder von hinten verschlossen (Kugel), offen (Acht) oder über ein Laufzeitglied offen (Niere, Hyperniere). Beim **Doppelmembranmikrofon** werden zwei entgegengesetzt ausgerichtete Nierenmikrofone, die eine gemeinsame Gegenelektrode haben, entweder in Phase zusammengeschaltet (Kugel, breite Niere), gegenphasig zusammengeschaltet (Acht, Hyperniere) oder es wird nur eine Membran benutzt (Niere). Die **Kugel von umschaltbaren Mikrofonen** ist also keine Druckkugel mit nierenähnlicher, sondern mit einer eher der Acht ähnlichen Richtcharakteristik der höheren Frequenzen.

Elektroakustische Wandlung und deren Kennwerte

Schall, der auf ein Mikrofon trifft, lässt zunächst dessen Membran mitschwingen, erst deren Schwingungen können in elektrische Signale umgewandelt werden. Das Prinzip dieser elektroakustischen Wandlung bestimmt die Eigenschaften eines Mikrofons – mit Ausnahme seiner Richtcharakteristik – wesentlich mit. Im professionellen und Amateurbereich sind heute vorherrschend das elektrostatische Prinzip bei Kondensator- und Elektretmikrofonen und das elektrodynamische Prinzip bei dynamischen Mikrofonen. Mikrofone höchster Qualität sind Kondensatormikrofone.

Kondensatormikrofone

Die Membran ist der eigentliche Schallempfänger eines Mikrofons. Die Schallschwingungen der Luft wandelt sie in mechanische Schwingungen, die erst dann in elektrische Schwingungen umgesetzt werden können. Die Membran sollte so leicht wie möglich sein, um den Schwingungen folgen zu können. Bei dynamischen Mikrofonen muss die Membran im Gegensatz zu Kondensatormikrofonen zusätzlich eine leichte Spule bewegen; hierin zeigt sich das Kondensatorprinzip dem dynamischen Prinzip mit seiner trägeren Membran überlegen. Die Spannung der Membran und damit ihre Abstimmung oder Eigenresonanz muss dabei unterschiedlich sein: Bei Kondensatormikrofonen als Druckempfänger muss die Resonanz am oberen Ende des Übertragungsbereichs liegen, damit die Auslenkung der Membran bei allen Frequenzen gleich bleibt, denn die Auslenkung oder Amplitude bestimmt hier die Ausgangsspannung; bei gerichteten Kondensatormikrofonen muss die Resonanz in der Mitte des Übertragungsbereichs liegen und stark bedämpft werden. Dynamische Mikrofone hingegen reagieren auf die Bewegungsgeschwindigkeit der Membran, die Resonanz liegt bei ungerichteten Mikrofonen dabei im mittleren Frequenzbereich, bei gerichteten Mikrofonen im tiefen Bereich. Tiefe Abstimmung bedeutet also, dass die Membran locker ist, hohe Abstimmung, dass sie straff eingespannt ist. Die Art der Einspannung bestimmt maßgeblich die Empfindlichkeit

für Störungen durch Wind, Popp oder Atemluftströmungen und Körper- bzw. Trittschall ($\rightarrow$ S. 113)

Die Kapsel eines Kondensatormikrofons kann auf zwei verschiedene Arten konstruiert sein (Abb. A): 1. Die Mikrofonmembran bildet die eine Elektrode eines Kondensators, die andere wird durch eine feste Platte gebildet, 2. die Kapsel wird mit zwei akustisch unwirksamen, festen Gegenelektroden symmetrisch aufgebaut, dadurch können die ohnehin geringen nichtlinearen Verzerrungen weiter reduziert und der Störabstand durch eine verdoppelte Ausgangsspannung verbessert werden. Die Kapazität des Kondensators schwankt analog zur Membranschwingung und wird zur Erzeugung des Tonfrequenzsignals benutzt. Hierfür gibt es 2 Technologien:

1. Beim von den meisten Herstellern angewendeten **NF-Prinzip** (Abb. B) erhält die Kondensatorkapsel eine konstante Vorspannung von meist 48 V. Die Kapazitätsänderungen führen zu einem dazu analogen Ladungsausgleich, der zu Spannungsschwankungen an einem sehr hochohmigen Widerstand führt. Für die Übertragung über Mikrofonleitungen muss ein Verstärker und Impedanzwandler die Quellimpedanz auf einen niedrigen Wert bringen und zugleich den Pegel erhöhen.

2. Beim **HF-Prinzip** verändert die Kondensatorkapsel die Frequenz oder Phase einer HF-Schwingung, daraus wird nach Demodulation das NF-Signal gewonnen. Die Kapsel selbst benötigt zwar keine Vorspannung, eine Spannungsversorgung wird aber für die HF-Schaltung benötigt. Für den Anwender ist nicht erkennbar, in welcher Technik ein Wandler arbeitet.

Die zum Betrieb der Mikrofonschaltungen benötigte Gleichspannung von im Allgemeinen 48 V wird dem Mikrofon über das zweiadrige geschirmte Mikrofonkabel zugeführt, über das auch das Mikrofontonsignal übertragen wird. Bei der **Phantomspeisung** nach IEC 268-15 bzw. DIN 45596 (Abb. C) liegen die beiden Adern auf gleichem Potential und haben gegen den Schirm die Speisespannung von 48 V, abgekürzt P48.

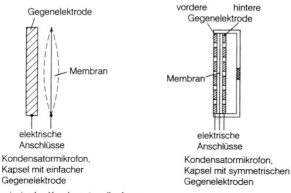

A. Wandlerprinzip des Kondensatormikrofons

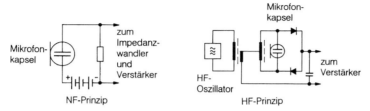

B. Prinzipien der Umsetzung der Kapazitätsschwankungen bei Kondensatormikrofonen

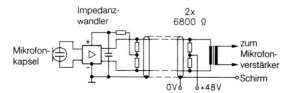

C. Phantomspeisung P 48 bei Kondensatormikrofonen

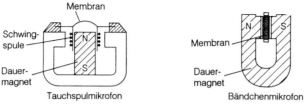

D. Wandlerprinzipien des dynamischen Mikrofons

Größen	Definitionen	typische Werte	Bemerkungen
Ausgangspegel			
Feldleerlaufübertragungsfaktor, Feldbetriebsübertragungsfaktor	Quotient aus Spannung und Schalldruck am Ort des Mikrofons (mV/Pa) unter Leerlaufbedingungen (sehr hochohmiger **Abschluss**) Betriebsbedingungen (mit Nennabschlussimpedanz, s. u.)	Kondensatormikrofone: 5 . . . 60 mv/Pa, meist bei 15 mV/Pa dynamische (Tauchspul-) Mikrofone: 1 . . . 2 mV/Pa	durch zuschaltbare Vordämpfungen veränderbar, 50 . . . 60 mV/Pa ergeben bei lauten Schallquellen Leitungspegel
maximale Ausgangsspannung	Ausgangsspannung bei Grenzschalldruckpegel (s. u.)	0,5 . . . 5 V, bei 15 mV/Pa = 1,5 V	wird nur bei sehr lauter Nahbeschallung erreicht
Frequenzgang			
Übertragungsbereich	Frequenzbereich, innerhalb dessen die für das Mikrofon zugesicherten Eigenschaften eingehalten werden	40 . . . 20 000 Hz	Angabe der zugelassenen Toleranz ist notwendig, meist gibt Frequenzgang darüber Auskunft
Frequenzgang	grafische Darstellung der Abhängigkeit des Übertragungsmaßes von der Frequenz (mit Toleranzschlauch)	Toleranz i. a. ± 2 dB	gilt nur für Direktschall von vorne, keine vollständige Aussage über die „Klangfärbung" eines Mikrofons
Impedanzen			
Nennimpedanz	Quellimpedanz des Mikrofons	50 . . . 200 Ohm	Studio-Mikrofonverstärker haben für alle Mikrofone eine ausreichend hohe Eingangsimpedanz
(minimale) Abschlussimpedanz	Impedanz, mit der ein Mikrofon (mindestens) abgeschlossen werden soll	200 . . . 1000 Ohm	
Störgeräusche			
Ersatzgeräusch-(Äquivalent-)pegel nach DIN 45 405 (CCIR 468)	Pegel der Geräuschspannung bezogen auf 1 V ohne Einwirkung von Schall	20 . . . 28 dB	Begriff ist nicht normgerecht, aber in Datenblättern zu finden, da er den Schallpegel im Studio mit dem Störgeräusch vergleichbar macht
-, A-bewertet nach DIN/IEC 651	dto, jedoch A-bewertet wegen des Bezugs auf 1 V 4 dB höher als Studiopegel	10 . . . 20 dBA	
Geräuschpegelabstand rel. 1 Pa nach DIN 45 405 (CCIR 468), -, A-bewertet nach DIN/IEC 651	Differenz zwischen Mikrofonpegel bei 1 Pa Schalldruck (94 dB Schalldruckpegel) und Geräuschpegel bewertet nach CCIR bzw. A-bewertet	66 . . . 74 dB 74 . . . 84 dBA	Wert ergibt sich aus der Differenz von 94 dB und Ersatzgeräuschpegel
Dynamik	Differenz zwischen Grenzschalldruck (s. u.) und Ersatzgeräuschpegel	110 . . . 120 dB	Angabe sinnvoll nur für extreme Schalldrücke, für die Praxis unrealistisch groß
nichtlineare Verzerrungen			
Grenzschalldruckpegel, maximaler Schalldruckpegel	Schalldruckpegel, bei dem ein angegebener Verzerrungswert, meist 0,5%, aber auch 1%, nicht überschritten wird	130 . . .150 dB	zeigt die Eignung für Nahbeschallung durch laute Schallquellen
Gesamtklirrfaktor	Gesamtklirrfaktor bei Grenzschalldruckpegel	0,5%, 1%	Angabe wird für Definition von Grenzschalldruckpegel benötigt

E Elektroakustische Kennwerte von Mikrofonen

Andere Speisungsarten – wie die Phantomspeisung mit 12 oder 24 V und die Tonaderspeisung – sind nicht mehr üblich; einige Mikrofone akzeptieren jedoch Phantomspannungen zwischen 12 und 48 V.

Bei **Elektretmikrofonen** ist die Kapselvorspannung in eine Folie, die auf der Membran oder auf der Gegenelektrode aufgebracht ist, sozusagen eingefroren, so dass zum Betrieb nur noch eine Batterie für den Impedanzwandler notwendig ist; im Studiobetrieb hat sich das Prinzip nicht durchsetzen können.

Dynamische Mikrofone

Beim dynamischen Mikrofon bewegt die Membran im homogenen Magnetfeld eines Dauermagneten einen elektrischen Leiter, in den analog zur Bewegungsgeschwindigkeit eine Spannung induziert wird. Dynamische Mikrofone erreichen nicht die elektroakustische Qualität von Kondensatormikrofonen; sie sind aber robust und benötigen keine Spannungsversorgung, deshalb werden sie bei „rauem Bühnenbetrieb" oft bevorzugt. Es gibt zwei Ausführungsformen (Abb. D):

1. Beim **Tauchspulmikrofon** taucht eine mit der Membran starr verbundene Spule in das Magnetfeld des Dauermagneten. Die Resonanz dieses schwingenden Systems liegt in der Mitte des Übertragungsbereichs und muss durch weitere akustisch-mechanische Resonanzen zu einem geradlinigen Frequenzgang geglättet werden. Äußere Magnetfelder werden durch eine gegenläufig gewickelte Kompensationsspule unwirksam gemacht. Für einen besseren Empfang tiefer Frequenzen sind beim **Zwei-Wege-Prinzip** zwei Mikrofone ähnlich wie bei einem Zweiwegelautsprecher über eine Weiche zusammengeschaltet, beim **Variable-Distance-Prinzip** gibt es besondere Schalleinlässe für tiefe Frequenzen; beide Konstruktionen bewirken auch eine Verringerung des Nahbesprechungseffekts. Der mechanische Aufbau dynamischer Mikrofone ist sehr komplex, aber ausgereift.

2. Beim **Bändchenmikrofon** besteht die Membran aus einem oder auch zwei nebeneinanderliegenden, hauchdünnen, mit Falten in Zickzackform versehenen Aluminiumbändchen; sie haben zugleich die Funktion der bewegten Spule. Ihr extrem geringer Innenwiderstand wird über einen Transformator auf den üblichen Wert von 200 Ohm transformiert und dabei auch die sehr kleine Spannung entsprechend erhöht. Das Bändchenmikrofon kann nur im Nahbereich eingesetzt werden, wo hohe Schalldrücke herrschen. Es gehört ähnlich wie bestimmte Röhrenmikrofontypen vor allem in Amerika zu den „legendären" Mikrofonen, mit denen in den vierziger und fünfziger Jahren die meisten der berühmten Big Band-Aufnahmen entstanden sind.

Elektroakustische Kennwerte

Über die elektroakustischen Eigenschaften von Mikrofonen geben verschiedene Kennwerte Auskunft, die bei modernen Studiomikrofonen relativ ähnlich sind. Trotzdem kann das Gehör des Menschen Unterschiede feststellen, die nur teilweise aus den Daten erklärt werden können; die üblicherweise angegebenen Kennwerte erfassen die Mikrofoneigenschaften nicht vollständig. Deshalb gehören zur Auswahl geeigneter Mikrofone neben der Bewertung elektroakustischer Kriterien auch persönliche Qualitätskriterien, die nicht verallgemeinert werden können. Die Tabelle S. 96 beinhaltet die Definitionen der Kennwerte und typische Werte moderner Studiomikrofone.

Frequenzgang

Der Frequenzgang oder die Frequenzkurve eines Mikrofons ist die grafische Darstellung der Abhängigkeit des Übertragungsmaßes von der Frequenz; er gehört zu seinen wichtigsten Qualitätsmerkmalen, wenngleich ein guter Frequenzgang zwar Bedingung für ein gutes Mikrofon ist, aber allein noch kein gutes Mikrofon ausmacht. Die Mikrofondaten geben bei Studiomikrofonen den Frequenzgang und den dazugehörigen Toleranzbereich an; er liegt bei ± 2 dB Abweichung von der Sollkurve. Der angegebene Frequenzgang gilt für die 0^0-Achse des Mikrofones, also für die Haupteinsprechrichtung bei Empfang einer ebenen Welle. D. h., er gilt nur für Direktschall von vorne, also nur, wenn das Mikrofon innerhalb des Hallradius' ($\rightarrow$ S. 26 f.) aufgestellt wird, der bei kleineren Räumen gerade den Nahbereich der Schallquellen einschließt. Er gilt nicht für Diffusschall und nicht für Schall aus anderen Richtungen.

Frequenzgänge der Richtcharakteristiken

Die Richtcharakteristiken der Mikrofone zeigen die relativen Pegel des Mikrofons bezogen auf die $0°$-Richtung für mehrere Frequenzen in allen Richtungen um das Mikrofon herum. Dabei zeigt sich bei allen Richtcharakteristiken, dass die Kurven für die verschiedenen Frequenzen unterschiedlich verlaufen. Praktisch bedeutet dies, dass in den von der $0°$-Richtung abweichenden Richtungen das Mikrofon eine andere Klangfarbe besitzt als in der Bezugsrichtung $0°$. **Seitlich ankommender Schall** und **Diffusschall** erhalten dadurch gegenüber dem Direktschall eine **Klangfärbung;** dies ist deutlich z. B. bei einem Sprecher festzustellen, der sich vom Mikrofon abwendet, weil dabei der Diffusschallanteil erhöht wird. Deshalb können Studiomikrofone, obwohl sie fast alle einen weitgehend linearen Frequenzgang haben, durchaus deutlich unterschiedlich klingen.

Abb. A zeigt schematisch für Kondensator-Studiomikrofone die Frequenzgänge für $0°$, $90°$ und $180°$. Bei **Mikrofonen mit Nierenrichtcharakteristik** ergibt sich bei $90°$ eine geringe Unregelmäßigkeit, bei $180°$ eine gewisse Anhebung der Höhen, was insgesamt zu einer leichten Höhenanhebung des Diffusschall-Frequenzgangs führt. Generell kommt dieser Mikrofontyp aber dem Ideal einer Gleichheit von Direkt- und Diffusfeldfrequenzgang nahe. Mehr noch als für die Niere gilt das für die **breite Niere.** Die **Achterrichtcharakteristik** ist von allen Richtcharakteristiken diejenige, die praktisch als frequenzunabhängig bezeichnet werden kann, sie zeigt allerdings für alle Richtungen einen erheblichen Tiefenabfall. Bei der **Kugelrichtcharakteristik des Druckmikrofons** ergibt sich zwar bei $90°$ ein beträchtlicher, bei $180°$ ein starker Höhenabfall verglichen mit der $0°$-Richtung; er führt aber nicht zu einem Höhenabfall des Diffusschallfrequenzgangs, weil dieser beim Druckempfänger mit Diffusfeldentzerrung bewusst dadurch linear gehalten wird, dass im Direktschallfrequenzgang eine Höhenanhebung – etwa 6 dB bei 10 kHz – akzeptiert wird. Diese Frequenzgang-Abstimmung des Mikrofons auf das Diffusfeld ist dann sinnvoll, wenn Kugelmikrofone in größerem Abstand aufgestellt werden. Die Höhenanhebung setzt bei Mikrofonen, deren Membran in eine kleine Kugel eingebaut ist, schon bei 1 kHz ein. Wird der Direktschallfrequenzgang des Druckempfängers aber linear gestaltet (Freifeldentzerrung), hat der Diffusschallfrequenzgang einen entsprechenden Höhenabfall von 6 dB. Die **Kugelrichtcharakteristik der Mikrofone mit umschaltbarer Richtcharakteristik** entsteht bei den meisten Mikrofonen durch die Überlagerung zweier Nieren und ist somit ebenfalls ein Druckgradientenempfänger. Die Gradientenkugel hat im Gegensatz zur Druckkugel unter $180°$ denselben Frequenzgang wie bei $0°$ (Abb. B).

Freifeld- und Diffusfeld-Frequenzgang

Die Frequenzabhängigkeit der Richtcharakteristiken führt dazu, dass der Frequenzgang des frontal auf das Mikrofon treffenden Direktschalls sich von demjenigen des allseitig in gleicher Weise eintreffenden Diffusschalls mehr oder weniger unterscheidet. Da die Richtwirkung eines Mikrofons im Wesentlichen nur innerhalb

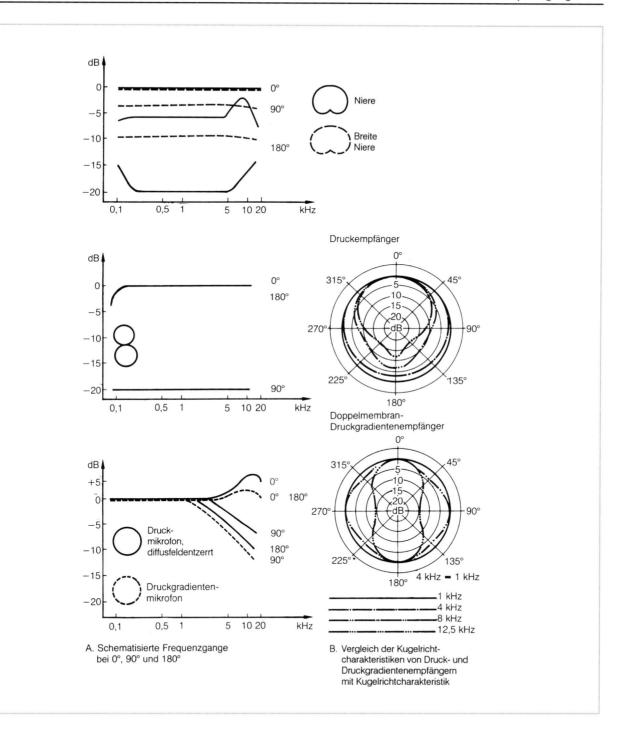

A. Schematisierte Frequenzgange
bei 0°, 90° und 180°

B. Vergleich der Kugelrichtcharakteristiken von Druck- und
Druckgradientenempfängern
mit Kugelrichtcharakteristik

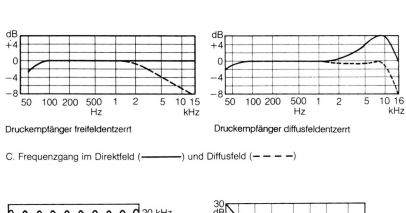

Druckempfänger freifeldentzerrt

Druckempfänger diffusfeldentzerrt

C. Frequenzgang im Direktfeld (———) und Diffusfeld (– – – –)

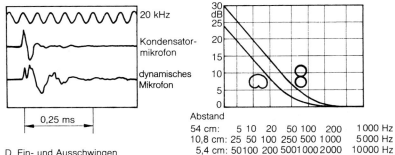

D. Ein- und Ausschwingen
von dynamischen und
Kondensatormikrofonen
bei einem Funkenknall

E. Anhebung tiefer Frequenzen im Nahfeld
bei Druckgradientenempfängern

Abstand
54 cm: 5 10 20 50 100 200   1 000 Hz
10,8 cm: 25 50 100 250 500 1000   5 000 Hz
5,4 cm: 50 100 200 500 1000 2000 10 000 Hz

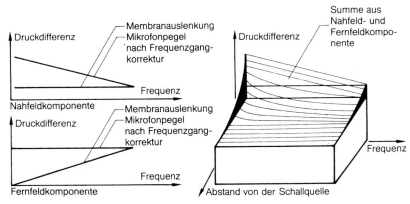

F. Nahbesprechungseffekt als Summe von Nahfeld- und Fernfeldkomponente und
ihrer Frequenzgangkorrektur im Mikrofon

des Hallradius' der Schallquelle wirksam ist, gilt der Diffusfeldfrequenzgang allgemein auch für Schallquellen in der 0°-Richtung, die weiter als der Hallradius des Mikrofons entfernt sind; er bestimmt damit die Klangeigenschaften eines Mikrofons erheblich mit.

Druckgradientenempfänger in Studioqualität haben einen relativ ebenen Diffusfeldfrequenzgang, meist mit einer geringen Höhenanhebung; Freifeld- und Diffusfeldfrequenzgang stimmen weitgehend überein, besonders gut bei der breiten Niere.

Druckempfänger haben dagegen grundsätzlich einen vom Freifeldfrequenzgang abweichenden Diffusfeldfrequenzgang; er ist beim diffusfeldentzerrten Druckmikrofon eben, während sein Freifeldfrequenzgang eine Höhenanhebung um 6 dB zwischen etwa 7 und 12 kHz aufweist. Dies bewirkt für nahe Schallquellen eine für dieses Mikrofon typische Präsenz. Bei der Freifeldentzerrung hat Direktschall keine Klangfärbung, Diffusschall hat eine Höhenabsenkung (Abb. C).

Dynamische und Kondensatormikrofone

Die **Frequenzgänge** qualitativ hochwertiger dynamischer Mikrofone unterscheiden sich hörbar nicht wesentlich von denjenigen der Kondensatormikrofone. Sie werden bevorzugt bei Popmusikaufnahmen eingesetzt, weil sie den Vorteil geringer Verzerrungen auch bei den hier u.U. sehr hohen Schallpegeln bieten und höhere Betriebssicherheit besitzen, da sie ohne Versorgungsspannung arbeiten und unempfindlich gegenüber Stößen, Temperatur und Feuchtigkeit sind. Unterschiede zeigen sich beim **Einschwing-** und **Ausklingverhalten** der Mikrofone (Abb. D); das Kondensatormikrofon folgt solchen zeitlichen Veränderungen des Schallfelds deutlich besser als das dynamische Mikrofon, da die mitschwingende Masse kleiner ist.

Nahbesprechungseffekt

Alle Schnelle- und Druckgradientenempfänger, also alle Richtmikrofone, haben einen sog. Nahbesprechungseffekt. Dabei erfährt der Frequenzgang für nahe am Mikrofon befindliche Schallquellen eine **Anhebung im tiefen Frequenzbereich,** die umso größer wird, je geringer der Mikrofonabstand und je tiefer die Frequenz ist. Die Anhebung setzt ein, wenn der Mikrofonabstand kleiner als die jeweilige Wellenlänge ist. Sie kommt zustande, weil die Druckdifferenz, die die Membran auslenkt, aus zwei Komponenten zusammengesetzt ist; unabhängig von der Entfernung wird die Druckdifferenz zwischen Membranvorder- und -rückseite mit sinkender Frequenz geringer, was durch entsprechende Bassverstärkung im Mikrofon kompensiert wird (Fernfeldanteil); dazu kommt im Nahfeld eine frequenzunabhängige, zusätzliche Druckdifferenz, verursacht durch die hier starke Druckabnahme bei zunehmender Entfernung. Da auch die frequenzunabhängige Komponente über die Bassverstärkung des Mikrofons geführt wird, ergibt sich eine Bassanhebung im Nahfeld (Nahfeldanteil) (Abb. F). Abb. E zeigt die Bassanhebung für die drei Mikrofonabstände 54 cm, 10,8 cm und 5,4 cm. **Achterrichtcharakteristiken** haben einen um 6 dB höheren Nahbesprechungseffekt als Nierenmikrofone. Bei Mikrofonabständen über 50 cm spielt der Effekt in der Praxis keine nennenswerte Rolle mehr.

Mikrofone, die den Effekt durch Absenkung tiefer Frequenzen kompensieren, heißen **Solistenmikrofone, Gesangsmikrofone** oder **Nahbesprechungsmikrofone** (→ S. 102). Universalmikrofone haben oft einen Sprache/Musikschalter (Tiefen abgesenkt/linear). Das ideale Nahbesprechungsmikrofon ist aber der Druckempfänger; er hat keinen Nahbesprechungseffekt und ist relativ unempfindlich für Poppschall. Auch die **breite Niere** hat einen relativ geringen Nahbesprechungseffekt.

Spezialmikrofone für Sprach- und Gesangaufnahmen

Für einige besondere Anwendungszwecke stehen Spezialmikrofone zur Verfügung, die aufgrund ihrer Eigenschaften nur in den **vorgesehenen Anwendungsfällen optimal** eingesetzt werden können. Siehe auch „Kardioidebenenmikrofon" S. 104.

Solistenmikrofone

Solistenmikrofone, Gesangsmikrofone oder Nahbesprechungsmikrofone sind Richtmikrofone für Mikrofonabstände bis höchstens etwa 30 cm. Da die Mikrofone auf den Druckgradienten ansprechen (→ S. 98f.), haben sie zum Ausgleich des Bassanstiegs eine feste, eine zuschaltbare oder eine in mehreren Stufen schaltbare **Bassabsenkung** (Abb. A). Bei der Bezeichnung als Sprache/Musik-Schalter bewirkt die Stellung „Sprache" die Bassabsenkung. Eine bestimmte Bassabsenkung ergibt nur für einen bestimmten Mikrofonabstand einen optimalen, d. h. hier linearen Frequenzgang; aus Abb. B kann dieser Abstand abgelesen werden. Mikrofone mit nur einer Schalterstellung oder mit fester Bassabsenkung sind meist mit rund 10 dB Absenkung bei 100 Hz für einen Abstand von etwa 10 cm vorgesehen. Bei Unterschreiten des optimalen Abstands werden die tiefen Klanganteile verstärkt, bei Überschreiten abgeschwächt; damit kann der Mikrofonabstand bei Solistenmikrofonen als klanggestaltendes Mittel eingesetzt werden. Meist haben Solistenmikrofone auch eine geringe Höhenanhebung. Solistenmikrofone werden meist in der Hand gehalten, sie haben deshalb eine den Körperschall dämpfende schwerere Konstruktion.

Druckempfänger

Neben den gerichteten Solistenmikrofonen können für Sprachaufnahmen im Nahbereich alternativ – stets ungerichtete – Druckmikrofone verwendet werden. Auf Grund ihrer akustischen Arbeitsweise haben sie keinen Nahbesprechungseffekt und sind unempfindlicher gegen Reib- und Handhabungsgeräusche sowie Poppschall.

Um dieselbe Störschallausblendung wie die Solisten-Nierenmikrofone zu erreichen, müssen sie allerdings auf etwa $^2/_3$ des Abstands angenähert werden.

Geräuschkompensierende Mikrofone

Geräuschkompensierende Mikrofone werden verwendet, wenn **Sprache in sehr geräuschvoller Umgebung** übertragen werden soll. Sie nutzen die starke Bassabsenkung, die bei sehr geringem Mikrofonabstand – meist vor dem Kehlkopf – nötig wird, zur Unterdrückung des Störschalls und schwächen diesen bei 2 bis 4 cm Abstand bereits von etwa 1000 Hz abwärts ab, Solistenmikrofone tun dies erst unterhalb 300 bis 500 Hz (Abb. C).

Ansteck- und Lavalier-Mikrofone

Lavalier-Mikrofone sind als **Ansteckmikrofone für Sprachübertragung** konzipiert: Der Sprecher trägt sie mit konstantem Besprechungsabstand auf der Brust. Durch Frequenzgangentzerrung im Mikrofon (Abb. D) werden die andersartigen Aufnahmebedingungen vor der Brust so korrigiert, dass derselbe Frequenzgang wie bei einem Mikrofon vor dem Mund des Sprechers resultiert. Der besondere Frequenzgang dieses Mikrofons verbietet zwar eine zweckentfremdete Anwendung. Dennoch können für besondere Effekte Lavalier-Mikrofone als Ansteckmikrofone vor allem bei Streichinstrumenten verwendet werden. Wegen ihrer Höhenanhebung ergeben sie einen sehr dichten Streicherklang bei U- und Popmusik. Für die Instrumentenabnahme stehen auch Ansteckmikrofone mit geradem Frequenzgang zur Verfügung.

Wegen ihrer Körperschallunempfindlichkeit – wichtig wegen Reibgeräuschen an der Kleidung – sind Lavalier-Mikrofone im Allgemeinen Druckmikrofone mit Kugelcharakteristik. Als Druckgradientenmikrofon mit Nierencharakteristik lässt es bei Beschallungen einen um etwa 3 dB höheren Beschallungspegel als das Druckmikrofon zu.

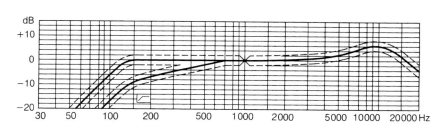

A. Frequenzgang eines Solistenmikrofons mit schaltbarer Bassabsenkung

B. Optimaler Mikrofonabstand von Solistenmikrofonen

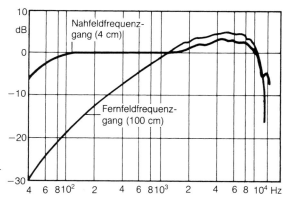

C. Frequenzgang eines geräuschkompensierten Mikrofons

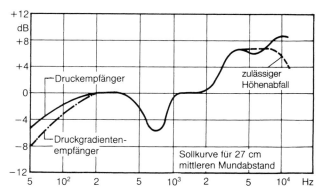

D. Frequenzgang eines Lavalier-Mikrofons

Spezielle Richtmikrofone und Mikrofonpärchen

Mikrofone mit hoher Richtwirkung haben neben den Vorteilen höher gerichteten Schallempfangs als Nachteil eine mehr oder weniger große Klangfärbung außerhalb des engen Empfangswinkelbereichs, insbesondere bei tiefen Frequenzen.

Rohrrichtmikrofone

Rohrrichtmikrofone haben eine **keulenförmige Richtcharakteristik,** die besonders bei hohen Frequenzen den Aufnahmebereich auf einen engen Winkelbereich konzentriert (Abb. A). Auf größere Entfernungen können die Mikrofone nur dann einen Gewinn bringen, wenn ausreichend Direktschall ankommt, also bei kurzer Nachhallzeit und in größeren Räumen. Sie arbeiten als Druckgradientenempfänger mit einem für Frequenzen über etwa 1000 Hz die Richtwirkung verbessernden Rohrvorsatz. Da der Schall, der seitlich auf das geschlitzte Richtrohr trifft, sich mit unterschiedlichen Phasenlagen der im Rohr sich ausbreitenden Schallwelle überlagert, wird seitlicher Schall durch Interferenz teilweise ausgelöscht; daher auch die Bezeichnung **Interferenzempfänger.**

Kardioidebenenmikrofon

Das Prinzip verzögerter Schallzuführung bei anderen Richtungen als der Hauptachse, nach dem das Rohrmikrofon arbeitet, wird beim Kardioidebenenmikrofon, kurz KEM, ausschließlich für Schall, der von oben und unten kommt, angewendet. Die Verzögerung wird dadurch erreicht, dass mehrere Mikrofonkapseln senkrecht übereinander angeordnet sind, die in einem Zusatzgerät individuell elektronisch gegeneinander verzögert werden. Dabei entsteht in der vertikalen Ebene eine Keulenrichtcharakteristik, in der horizontalen Ebene eine Nierenrichtcharakteristik (Abb. B). Das Mikrofon ist speziell für das Rednerpult des Deutschen Reichstags entwickelt worden; es erlaubt dem Redner Bewegungsfreiheit bei guter Störschallausblendung, es muss präzise in der Höhe auf den Redner ausgerichtet werden. Weitere Anwendungen sind ausgedehnte Klangkörper wie z. B. Chöre o. ä. unter schwierigen akustischen Bedingungen und gleichzeitiger Saalbeschallung.

Parabolspiegel

Der Parabolspiegel in Verbindung z. B. mit einer Hyperniere im Brennpunkt des Schallspiegels vergrößert die empfangene Schalleistung eines Mikrofons aus einer bestimmten Richtung um ein Vielfaches und erweist sich als das beste, wenn auch in der Praxis nur sehr eingeschränkt einsetzbare Mikrofonsystem für hoch gerichteten Empfang (S. 15, Abb. C, Mitte). Der Durchmesser des Spiegels bestimmt die Grenzfrequenz, oberhalb der die Richtwirkung einsetzt (Tabelle S. 107, Abb. B)

Mikrofonpärchen mit variabler Richtcharakteristik

Die Kombination der Richtcharakteristiken **Kugel und Acht** bei gleichen Pegeln für frontalen Schalleinfall als Mikrofonpärchen ermöglicht die Bereitstellung der Richtcharakteristiken Kugel, Acht und Niere: Kugel + Acht = Niere, Kugel – Acht = nach hinten gerichtete Niere (Abb. C). Durch reduzierte Pegel der Acht können auch Super- oder Hypernieren hergestellt werden. Unterhalb 50 Hz geht das System in eine Kugelcharakteristik mit um 6 dB reduziertem Pegel über. Diese Mikrofon-Kombination steht auch als Komplettmikrofon mit Zusatzgerät zur Verfügung, das es zusätzlich erlaubt, für die drei Frequenzbereiche Tiefen, Mitten, Höhen individuell beliebige Richtcharakteristiken einzustellen, also z. B. für die Tiefen eine Kugel, die Mitten eine Acht, die Höhen eine Niere. Dabei wird die sonst eigentlich unerwünschte Frequenzabhängigkeit der Richtcharakteristik zu einem Gestaltungsprinzip der Mikrofon-Aufnahmetechnik erhoben.

Die Kombination der Richtcharakteristiken **Kugel und Niere** bei gleichen Pegeln für frontalen Schalleinfall als Mikrofonpärchen nach einem Vorschlag von Thienhaus, meist als Straus-Paket bezeichnet, ergibt in der Summe die Richtwirkung etwa einer breiten Niere (→ S. 93) mit einem Frequenzabfall von ca. 6 dB und ungerichtetem Schallempfang unterhalb 50 Hz. Bei allen Pärchen werden die Mikrofone übereinander montiert, nicht nebeneinander (Abb. C).

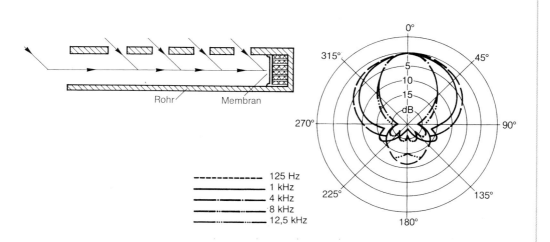

A. Richtcharakteristik
und akustische
Arbeitsweise eines
Rohrmikrofons

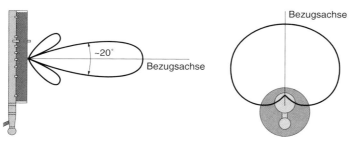

B. Kardioidebenenmikrofon, vertikale und horizontale Richtcharakteristiken

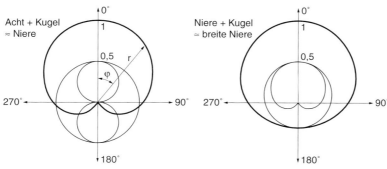

C. Mikrofonpärchen Kugel/Acht und Kugel/Niere

Grenzflächenmikrofone

Grenzflächenmikrofone (Abb. A), auch **PZMs** (**P**ressure **Z**one **M**icrophones, geschützter Handelsname) oder **BLMs** (**B**oundary **L**ayer **M**icrophones), nutzen die besonderen akustischen Bedingungen an reflektierenden Flächen, ohne selbst das Schallfeld zu beeinflussen. Sie werden nicht frei aufgestellt, sondern auf einen schallreflektierenden Fußboden gelegt oder an eine Wand gehängt; die Flächen müssen mindestens einen Durchmesser von einer Wellenlänge der tiefsten zu übertragenden Frequenz haben, für tiefere Frequenzen ergibt sich ein 6-dB-Abfall ähnlich dem Mikrofonpärchen nach Straus (Abb. B). Die **besonderen Eigenschaften** dieses Mikrofontyps sind:

1. **Halbkugelförmige frequenzunabhängige Richtwirkung;** bei bewegten Schallquellen oder Schallquellen in unterschiedlichen Richtungen ergeben sich keine Klangfarbenunterschiede.
2. **Gleicher, ebener Frequenzgang von Direkt- und Diffusschall;** dies ist bei üblichen Druckempfängern nicht der Fall, die Klangfarbe ändert sich also weder mit der Schalleinfallsrichtung noch mit der Entfernung.
3. Der Diffusschallpegel liegt verglichen mit Kugelmikrofonen um 3 dB niedriger; das führt zu einer **Bevorzugung des Direktschalls,** einer gewissen Richtwirkung.
4. Durch die besondere Plazierung des Mikrofons an Flächen entstehen **keine klangfärbenden Kammfiltereffekte,** also keine Klangfärbungen, wie sie durch Reflexionen z. B. am Fußboden auftreten können.
5. Der um 6 dB höhere Schalldruck an reflektierenden Flächen bewirkt eine **Verbesserung des Störabstands** bei vergleichbaren Mikrofonkapseln.

Grenzflächenmikrofone können in Mono als Einzelmikrofone, in Stereo in Laufzeit- oder zusammen mit einem Achtermikrofon in MS-Technik eingesetzt werden. Aufgrund ihrer Eigenschaften ergeben sich als besondere **Anwendungsbereiche** die Aufnahme von einem oder mehreren Sprechern in Mono, besonders unter unvorhersehbaren Bedingungen und bei sich bewegenden Teilnehmern wie z. B. bei Diskussionen, in Stereo die Aufnahme in Laufzeitstereofonie.

Auch **normale Mikrofone an Grenzflächen** bieten interessante Vorteile. Aus praktischen und akustischen Gründen sollten nur Mikrofone mit kleiner Membran verwendet werden. Dabei sind insbesondere gerichtete Mikrofone, also Druckgradientenempfänger, vorteilhaft z. B. bei störendem Publikumsgeräusch einzusetzen; ihre Membran muss sogar senkrecht auf der Grenzfläche stehen (Abb. C). Die Anordnung an einer Grenzfläche erhöht das Bündelungsmaß eines Mikrofons (→ S. 90) grundsätzlich um 3 dB, bei der Niere also auf rund 8 dB bei der Hyperniere auf 9 dB, wodurch überhaupt die bestmögliche Diffusschallausblendung erreicht wird (Abb. D). Anders als eigentliche Grenzflächenmikrofone dürfen gerichtete Mikrofone nicht auf den Boden aufgelegt werden, sondern müssen durch Ständer wenige Millimeter darüber aufgestellt sein.

Kontaktmikrofone

Diese Mikrofone werden zwar ebenfalls an Oberflächen angebracht, im Gegensatz zu den o. g. Grenzflächenmikrofonen nehmen sie aber keinen Raumschall auf. Körperschallaufnehmer oder Kontaktmikrofone nehmen direkt den **Körperschall von Musikinstrumenten** ab, also die Schwingungen von Resonanzböden, Trommelfellen usw., auf die sie aufgeklebt werden. Ihr größter Vorteil ist, dass es keinerlei Probleme mit Rückkopplungen bei gleichzeitiger Beschallung gibt, wie bei Ansteckmikrofonen haben die Musiker Bewegungsfreiheit. Der Körperschall der Instrumente ist nicht identisch mit dem abgestrahlten Luftschall, Kontaktmikrofone stellen damit keine allgemeine Lösung der Aufnahmeprobleme bei gleichzeitiger Beschallung dar.

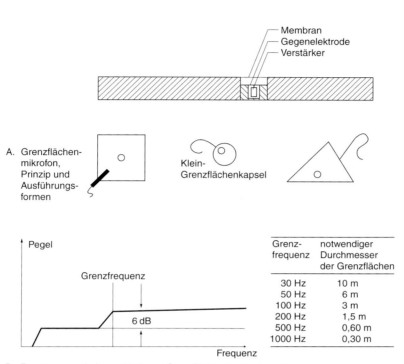

A. Grenzflächenmikrofon, Prinzip und Ausführungsformen

Klein-Grenzflächenkapsel

Grenzfrequenz	notwendiger Durchmesser der Grenzflächen
30 Hz	10 m
50 Hz	6 m
100 Hz	3 m
200 Hz	1,5 m
500 Hz	0,60 m
1000 Hz	0,30 m

B. Frequenzgang bei verschiedenen Grenzflächendurchmessern

Druckgradient

C. Anordnung eines „normalen", gerichteten Mikrofons an einer Grenzfläche

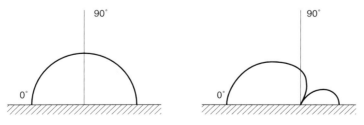

D. Richtcharakteristiken von Kugel und Hyperniere an einer Grenzfläche

Digitalmikrofone

Mikrofone bilden wie auch Lautsprecher die Schnittstelle zwischen der stets analogen akustischen Welt und der heute schon weitgehend digitalen Welt der Tonstudiotechnik. Digitale Mikrofone kann es demnach eigentlich nicht geben, korrekt gesagt gibt es nur **Mikrofone mit integriertem Analog-Digitalwandler** (AD-Wandler) – dasselbe gilt in umgekehrter Richtung für Lautsprecher. Wenn die Baugruppe AD-Wandler in das Mikrofongehäuse integriert ist, spricht man heute dennoch allgemein von Digitalmikrofon.

Das **digitale Ausgangssignal** könnte, so wie die ersten sog. Digitalmikrofone, ausschließlich das Tonsignal nach dem üblichen digitalen Signalstandard AES3 enthalten, dann bedürfte es für Digitalmikrofone keiner weiteren Verabredung. Sinnvoller ist es jedoch, weitere Informationen über das Mikrofon, die Aufnahmesitzung, Einstellmöglichkeiten, wie sie von analogen Mikrofonen bekannt sind (Vordämpfung, Trittschallfilter, Richtcharakteristik), aber auch andere Funktionen, die bisher von der Tonregieanlage wahrgenommen werden, in das Mikrofon selbst und seine Softwaresteuerung zu verlegen; dafür wurde im Jahr 2001 der AES-Standard AES42-2001 *Digital interface for microphones* vereinbart (Abb. B). Er erlaubt – wenn die entsprechenden Features einmal allgemein auch in die Studiogeräte implementiert sein werden – zumindest einen problemlosen Austausch von Digitalmikrofonen, aber auch die Bewerkstelligung kleinerer Produktionen am PC ohne Regieanlage. Bis dahin muss ein Interface für die Konvertierung in den neuen AES42-Standard sowie ein PC für die Steuerung verwendet werden. Derzeit (2002) beginnt die Markteinführungsphase des Digitalmikrofons. Noch müssen erst Mischpulte und andere Geräte auf diese Technik vorbereitet werden.

Der Schallempfang durch eine Membran und die Umsetzung in ein analoges elektrisches Signal werden aus heutiger Sicht Bestandteile auch des Digitalmikrofons bleiben. Sie erfüllt auch heute schon höchste Qualitätsansprüche. In dieser Baugruppe werden aber die wesentlichsten Eigenschaften und Qualitäten eines Mikrofons bezüglich des aufzunehmenden Schalls bestimmt, so dass Digitalmikrofone gegenüber analogen Mikrofonen derzeit **keine klanglichen Vorteile** bieten. Es trifft nicht zu, dass die Weiterleitung des Mikrofonsignals zur Regie besonders störanfällig wäre, so dass eine digitale Übertragung qualitative Vorteile brächte. Die **Vorteile des Digitalmikrofons** liegen in erster Linie in einem **möglicherweise** einfacheren und flexibleren Handling. Der Standard ist offen für die Integration heute typischer Mischpultfunktionen wie Equalizer, Kompressor u. a.; damit steht die Aufgabenverteilung zwischen Regiepult und Mikrofonen in Zukunft zur Disposition. Es stehen also drei Möglichkeiten des Einsatzes der Digitaltechnik bei Mikrofonen zur Verfügung: analoges Mikrofon mit Stage-Box, digitales Mikrofon mit Interface, digitales Mikrofon ohne Interface (Abb. A).

Die Zukunft

Aus heutiger Sicht werden **auch in Zukunft** analoge Mikrofone in großem Umfang verwendet werden, das zeigt auch die große, eher zunehmende Beliebtheit „historischer", zuerst dem Geschmacks- und Gestaltungsurteil unterliegender Mikrofone. In Verbindung mit abgesetzten AD-Wandlern auf der Bühne, den sog. Stage-Boxen, können sie in der digitalen Tonstudiotechnik auch problemlos beibehalten werden, so dass ein Nebeneinander analoger und digitaler Mikrofone in Zukunft zu erwarten ist. Möglicherweise haben Digitalmikrofone im Bereich kommunikativer Aufgaben zunächst ihre bevorzugte Anwendung.

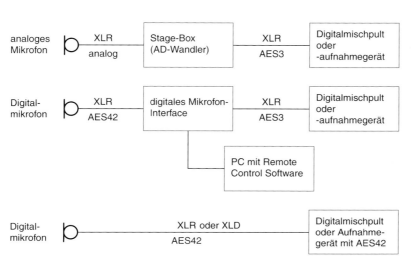

A. Möglichkeiten der Erzeugung eines digitalen Mikrofonsignals

Features	Festlegung	Bemerkungen
abrufbare Informationen	Hersteller, Typ, Seriennummer, implementierte Steuerfunktionen, Status u. a.	
Anzeigen	Aussteuerungsanzeige, individuelle Beschriftungen u. a.	
Einstellungen	Richtcharakteristik, Low Cut (Trittschallfilter), Pegel, Vordämpfung, Softmuting, Phase, Signallicht, Synchronisationsmodus u. a.	offen für weitere Funktionen wie Equalizer, Kompressor, Verzögerung
Taktung	Zwei Betriebsarten: Modus 1. Das Mikrofon ist selbsttaktend und wird durch einen Abtastratensynchronizer im Empfänger synchronisiert. Modus 2. Das Mikrofon wird extern getaktet, bei Ausfall automatische Umschaltung auf Modus 1.	
Phantomspeisung	DPP, digitale Phantomspeisung: 10 V bei maximal 250 mA	Die DPP versorgt die Mikrofonkapsel und das DSP der Bearbeitung.
Anschlüsse	XLR-Stecker/Buchsen oder (mechanisch codierte) XLD-Stecker/Buchsen	XLD verhindert Verbindungen mit XLR, um analoge Mikrofone nicht mit der digitalen Phantomspeisung DPP belasten zu können.

B. Eckpunkte des Standards AES42-2001

Großmembran- und Röhrenmikrofone

Membrangröße, Richtcharakteristik und Klangfärbung

Mikrofone werden mit unterschiedlichen **Membrangrößen** hergestellt: bei Durchmessern von etwa 12–17 mm spricht man, wenn es um diese Unterscheidung geht, von Kleinmembranmikrofonen, bei 28–34 mm von Großmembranmikrofonen. Letztere genießen bei Aufnahmen von Einzelinstrumenten, von Gesang und Sprache, nicht jedoch als Hauptmikrofone, eine unbestreitbare Beliebtheit und Verbreitung. Oft verbindet sich diese Vorliebe mit einer besonderen Wertschätzung der Röhrentechnologie der ersten Jahrzehnte (1930–1960) des Mikrofonbaus. Großmembranen wird eine besondere Wärme und Fülle des Klangs zugeschrieben, zugleich mit erhöhter Präsenz und einer besonderen Eignung für den Empfang tiefer Frequenzen. Neben dem Bestand an „historischen" Mikrofonen werden solche Mikrofone auch heute weiterentwickelt und haben einen hohen Marktanteil.

Tatsächlich sind die **akustischen Eigenschaften eines Großmembranmikrofons** wegen seiner Größe und der damit verbundenen Störungen des Schallfelds hinsichtlich der Frequenzabhängigkeit der Richtcharakteristiken (Abb. A), damit bezüglich Klangfärbungen, objektiv schlechter, d. h. unregelmäßiger, als die eines Kleinmembranmikrofons. Auch ist es für den Tiefenempfang grundsätzlich nicht besser geeignet.

Alle Großmembranmikrofone haben eine vom elektrischen Teil des Mikrofons abgesetzte Kapsel, weshalb das Mikrofon vertikal dem Schallfeld ausgesetzt wird. Um Kleinmembranmikrofonen ähnliche Eigenschaften wie Großmembranmikrofonen zu geben, gibt es auf das Mikrofon **aufschiebbare Kugelelemente** (Abb. B).

Da Großmembranmikrofone im tiefen Frequenzbereich weitgehend Kugelrichtcharakteristik annehmen, werden die Tiefen durch den dunkel gefärbten Diffusschall betont, ohne dass dies im Frequenzgang, der nur den Direktfeldanteil zeigt, ersichtlich ist, dies kann die **Wärme und Fülle des Klangs** erklären. Die Richtwirkung bei hohen Frequenzen setzt bereits früher ein als beim Kleinmembranmikrofon und erklärt die erhöhte Präsenz (Abb. C). Die Eigenschaften eines möglichst „objektiven" Mikrofons sind durch Großmembranen zwar schlechter zu realisieren, das Mikrofon wird aber teilweise zu einem Mittel der Klanggestaltung, die Wärme und Fülle des Klangs mit Präsenz verbindet, Klangmerkmale, die auf hohe Akzeptanz stoßen.

Röhrenmikrofone

Wie bei Großmembranmikrofonen zeigt sich auch im Bereich des Wandlerverstärkers des Mikrofons, dass die anscheinend überholte, „historische" **Technologie mit Elektronenröhren**, die allgemein schon seit 1960 durch Transistoren ersetzt wurden, weiterhin benutzt, entwickelt, hergestellt und trotz unbestritten „schlechterer" Messwerte in denselben Anwendungsfällen wie Großmembranmikrofone als schwer zu beschreibender „warmer, farbiger, druckvoller Röhrenklang" geschätzt wird; trotz allgemeiner Digitalisierung gilt dies aber auch für einige andere Geräte der Tonstudiotechnik.

Röhrenschaltungen haben zumindest etwas erhöhte Werte für **nichtlineare Verzerrungen**, die mit zunehmendem Pegel mehr Obertöne erzeugen und so die akustischen Eigenschaften der Musikinstrumente und der Stimme unterstützen, sie „farbiger" machen. Weiter wird bei Röhren eine **Kompressionswirkung** beobachtet, die die durchschnittliche Lautstärke erhöht, den Klang „druckvoller" macht.

Als gemeinsame Ursache kommt eine wenn auch geringfügig gekrümmte Übertragungskennlinie für das Verhältnis von Eingangs- zu Ausgangsspannung im oberen Pegelbereich in Betracht, worin sich Röhren-, Transistor- und Digitaltechnik unterscheiden (Abb. D). Wie Großmembranen gehören also auch Röhren als Bauelemente zu den Komponenten, die die Klangqualität in bestimmten Fällen in ähnlicher Richtung subjektiv verbessern können, aber nicht die objektiven Messwerte. Gerade Röhrenmikrofone mit Großmembran werden in solchen Fällen Teil der **Klanggestaltung** und unterliegen vornehmlich dem Geschmacksurteil.

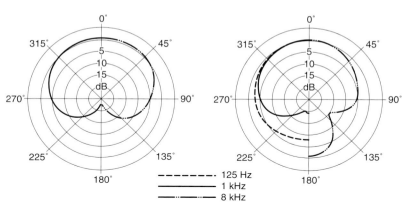

kleine Membran: 12–17 mm   große Membran: 28–34 mm

A. Richtcharakteristiken von Klein- und Großmembranmikrofonen, hier Niere

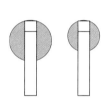

B. Aufschiebbare Kugelelemente
   zur Veränderung der
   Richtcharakteristik

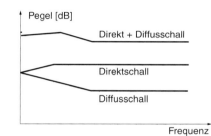

C. Frequenzgänge, schematisch,
   bei Großmembranmikrofonen

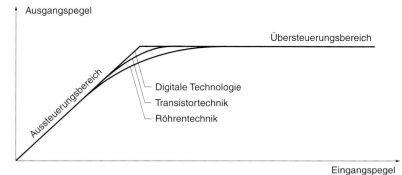

D. Zusammenhang von Ein- und Ausgangsspannung bei einem Gerät

Maßnahmen gegen Wind, Popp und Körperschall

Wind- und Poppstörungen

Wind, allgemein Luftströmungen, die von allen Seiten auf das Mikrofon treffen können, verursachen bei der Mikrofonaufnahme ein sog. „Zustopfen" des Mikrofons, sich wiederholende, kurze Unterbrechungen des Signals. **Poppschall** ist ebenfalls Wind, er entsteht beim Sprechen oder Singen in geringem Mikrofonabstand z. B. durch die Laute B, P, G, K, D, T, kommt aber im Gegensatz zu Wind immer frontal, aus der Richtung der Schallquelle auf das Mikrofon zu und ist deshalb leichter zu unterdrücken. Auch in geschlossenen Räumen kann es Wind geben, z. B. bei Durchzug, durch Klimatisierung oder Türschlagen.

An der Mikrofonmembran verursachen Wind und Popp Schall mit einem **tieffrequenten Spektrum**, das in den Infraschallbereich (unter 16 Hz) reicht (Abb. A). Dieser Schall hat im tiefsten Frequenzbereich sehr hohe Pegel, die bei Eingangsübertragern und anderen Schaltungselementen zu **Übersteuerungen** führen und damit das Signal stark verzerren, schließlich im Rhythmus der Pegelspitzen unterbrechen, eben „zustopfen". Dies trifft vor allem bei kleindimensionierten Übertragern und technisch weniger aufwendigen Verstärkern zu.

Ohne Wind- und Poppschutzmaßnahmen sind am unempfindlichsten gegen diese Störungen **Kondensatormikrofone als Druckempfänger**, also mit Kugelcharakteristik, da ihre Membran die höchste Spannung hat, am empfindlichsten sind dynamische Richtmikrofone mit der geringsten Membranspannung. Störungen durch Wind und Popp können folgende **Maßnahmen** erheblich reduzieren: Vollschaumstoffwindschütze, Hohlschaumstoffwindschütze, Windkörbe. Bei Poppschall, also bei Sprach- und Gesangsaufnahmen sind Poppschirme weitaus am wirksamsten. Diese Maßnahmen beeinflussen die Klangqualität nur geringfügig. Ein zusätzlicher „Windjammer" reduziert die Störungen zusätzlich (Abb. B). Generell sollte das **Trittschallfilter** am Mikrofon und/oder Mikrofonverstärker auf größte Bassabsenkung geschaltet werden, um tiefe Frequenzen von der Übertragungskette fernzuhalten. Die Wahl der Schutzmaßnahme richtet sich nach Mikrofontyp und Situation (Abb. C). Grundsätzlich sind Vollschaumstoffschütze bei Druckempfängern, Körbe bei Druckgradientenempfängern am wirksamsten. Da Schaumstoffschütze jedoch leichter handzuhaben sind, wird ihnen in der Praxis oft generell der Vorzug gegeben. Dynamische Mikrofone haben im Gegensatz zu Kondensatormikrofonen wegen ihrer hohen Empfindlichkeit meist hochwirksame integrierte Windschutzkörbe.

Trittschall und Körperschall

Schwingungen des Fußbodens durch **Trittschall**, durch Türschlagen, von Verkehrsmitteln u. a. übertragen sich als Körperschall über das Stativ auf das Mikrofon. Im Gegensatz zum Luftschall bewegen diese Störungen den Mikrofonkörper relativ zur Membran. **Maßnahmen gegen Trittschall** sind: das Abhängen der Mikrofone bzw. das Verwenden von geeigneten Mikrofonständern mit Gummifüßen und federndem Dreibein ohne Bodenkontakt der senkrechten Mittelstange, von Mikrofonspinnen mit gummigefederter Aufhängung; gegebenenfalls müssen Kondensator-Druckempfänger verwendet und das Trittschallfilter eingeschaltet werden, Reibgeräusche am Mikrofon und am Kabel durch die Handhabung, bei Ansteckmikrofonen an der Kleidung u. ä. erzeugen **Körperschall** direkt am Mikrofon.

Maßnahmen gegen Körperschall sind vor allem die Verwendung von Kondensator-Druckempfängern wegen der hochgespannten Membran bzw. speziell gegen Körperschall geschützter Mikrofone, locker, d. h. zugfrei verlegte Mikrofonkabel, bei Handmikrofonen Kabelschlaufen in der Hand des Benutzers zur Entlastung eines möglichen Kabelzugs. Dynamische Richtmikrofone sind besonders körperschallempfindlich, haben aber oft ein schweres, mechanisch gegen Reibgeräusche entkoppeltes Mikrofongehäuse.

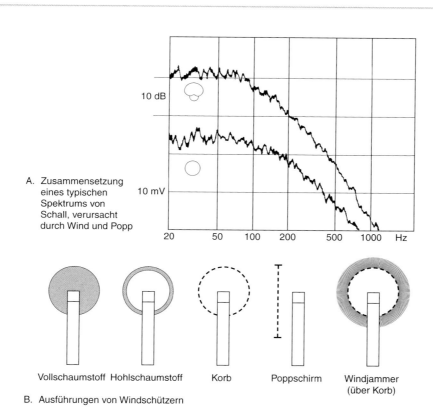

A. Zusammensetzung eines typischen Spektrums von Schall, verursacht durch Wind und Popp

Vollschaumstoff Hohlschaumstoff Korb Poppschirm Windjammer (über Korb)

B. Ausführungen von Windschützern

	Empfehlungen für Maßnahmen gegen Wind- und Poppstörungen
Wandlertyp des Mikrofons	Kondensatormikrofon bevorzugen, dynamische Mikrofone nur bei integriertem Windschutzkorb verwenden
Richtcharakteristik	unabhängig vom Wandlertyp möglichst ungerichtete Mikrofone (Druckempfänger) verwenden
Windschutz, Poppschutz bei Handmikrofonen	ungerichtete Mikrofone: Vollschaumstoff gerichtete Mikrofone: Korb, Schaumstoffkorb, eventuell Vollschaumstoff
zusätzlich gegen Wind	Windjammer
Poppschutz bei Studioaufnahmen mit festem Stativ	Poppschirm
Unbedingt erforderlich	Einschalten des Trittschallfilters des Mikrofons, wenn nicht vorhanden, dann im Mikrofoneingangsverstärker

C. Maßnahmen gegen Wind- und Poppstörungen

Räumliches Hören

Räumliches Hören im natürlichen Schallfeld
Räumliches Hören bei Lautsprecherwiedergabe

Bedeutung und Leistungen unseres Gehörs beim räumlichen Hören fallen im Alltag zunächst wenig auf, erst im Dunkeln, also ohne das Auge, wird seine Leistungsfähigkeit erkannt und geschätzt. Für zwei Situationen ist das räumliche Hören aber besonders wichtig: 1. Es warnt vor Gefahren und gibt Informationen aus dem Bereich um uns, den wir nicht überblicken; 2. es ermöglicht uns, aus einem Gewirr von Stimmen oder Geräuschen durch richtungsselektierendes Hören uns auf einzelne Schallquellen zu konzentrieren. Die Hörleistungen Blinder zeigen, zu welchen Höchstleistungen unser Gehör vorbereitet ist, wenn sie nur entwickelt werden. Die Verständigungsprobleme einseitig Tauber lassen uns den Wert des räumlich selektierenden Hörens erkennen.

Die Hörsituation bei Lautsprecherwiedergabe unterscheidet sich in wichtigen Punkten von der Situation beim natürlichen Hören. Erst nach der allgemeinen Einführung der Stereofonie nach 1960 wurden die Besonderheiten dieser Situation erkannt und intensiver untersucht. Die stereofone Wiedergabe mit zwei Lautsprechern ist eine durchaus problematische, leicht verletzliche Hörsituation. Ihren Schwächen entgegenzuwirken, ist auch Aufgabe einer kompetenten Aufnahmetechnik. Nachdem das „Monozeitalter" in die Anfangszeit der Stereofonie hineingewirkt hatte – durch die damals durchaus berechtigte Forderung nach Monokompatibilität –, hat man sich heute von dieser Fessel mindestens in ihren strengsten Forderungen losgesagt und kann so ein eindruckvolleres Klangbild in stereofoner Wiedergabe bieten.

Die Hörsituation bei Kopfhörerwiedergabe unterscheidet sich nochmals in wichtigen Punkten von der Lautsprecherwiedergabe, da hier der Einfluss des Außenohrs sowie das Übersprechen zwischen den Ohrsignalen fehlen (→ S. 158f.).

Räumliches Hören im natürlichen Schallfeld

Die Fähigkeit, in einem natürlichen Schallfeld räumlich zu hören, ergibt sich aus dem **Zusammenwirken von Richtungs- und Entfernungshören.** Für die Richtungswahrnehmung in der Horizontalebene sind Unterschiede zwischen den Signalen an den beiden Ohren maßgebend, für die Richtungswahrnehmung in der vertikalen Ebene hingegen vom Erhebungswinkel abhängige Klangfärbungen. Für die Entfernungswahrnehmung sind Lautstärke, Klangfärbung und das Verhältnis von Direkt- zu Diffusschall maßgebend. Die Erfahrung und Übung des Gehörs hat auf die Genauigkeit der Schallquellenortung wesentlichen Einfluss. Bei der **Darbietung stereofoner Klangbilder** über ein Lautsprecher- oder Kopfhörerpaar bieten sich dem Gehör andere akustische Bedingungen als beim Hören natürlicher Schallquellen.

Räumliches Hören bei einer Schallquelle

Befindet sich eine Schallquelle in der **horizontalen Hörebene** außerhalb der Mitte, so ergeben sich sowohl Laufzeitunterschiede der Signale bis maximal 0,65 ms (Abb. A), als auch frequenzabhängige Pegelunterschiede und damit auch Klangfarbenunterschiede zwischen den Signalen an den beiden Ohren. Für das Sprachspektrum betragen die Pegelunterschiede bis etwa 7 dB (Abb. B); für Musik gelten je nach Spektrum 7–10 dB. Laufzeit- und Pegeldifferenzen wirken bei der Richtungswahrnehmung zusammen; die Laufzeitdifferenzen sind allerdings unabhängig von der Zusammensetzung des Signals und sind für die Wahrnehmung wichtiger. Die **Lokalisationsschärfe** in der horizontalen Hörebene hängt von der Art des Signals ab: Breitbandige und impulsartige Signale werden am genauesten geortet (etwa ±1°, entsprechend einer Laufzeitdifferenz von 20 µs), schmalbandige Signale am wenigsten genau (etwa ± 5° bis ± 10°). Dauertöne werden bei niedrigen Frequenzen vorwiegend durch die Laufzeitunterschiede lokalisiert, bei höheren Frequenzen vorwiegend durch die Pegelunterschiede. Bei breitbandigen Dauersignalen bestimmen in erster Linie Pegeldifferenzen die Hörereignisrichtung, aber auch die zeitliche Verschiebung der Hüllkurven der Signale an den Ohren.

Erhebt sich eine Schallquelle in der **vertikalen Hörebene,** so bleiben die Laufzeit- und Pegelunterschiede im Wesentlichen unverändert. Die Information über die Erhebung der Schallquelle entnimmt das Gehör den Klangfarbenänderungen, die durch Abschattungen und Schallbeugung an Kopf und Ohren entstehen. Bei Schalleinfall aus den verschiedenen Richtungen werden dadurch Klangkomponenten richtungsspezifisch in bestimmten Frequenzbändern angehoben, den sog. richtungsbestimmenden Bändern (Abb. C). Die **Lokalisationsschärfe** in der vertikalen Hörebene ist weit geringer als in der horizontalen Ebene, sie hängt deutlich von der Bekanntheit der Schallquelle und auch von der Übung des Gehörs ab: Unbekannte Sprecher können auf ± 15° bis 20° genau lokalisiert werden, bekannte Sprecher aber auf nur ± 10°; Weißes Rauschen kann sogar auf ± 4° lokalisiert werden.

Das **Entfernungshören** stützt sich in noch größerem Maß als das Hören in der vertikalen Ebene auf Vorerfahrungen des Gehörs. Im **Freien** ist bei Entfernungen zwischen etwa 3 und 15 m die mit zunehmender Entfernung verbundene Verringerung des Schallpegels der wichtigste Anhaltspunkt. Bei größeren Entfernungen spielt die Dämpfung höherer Frequenzen durch Luftabsorption die wichtigste Rolle, im Nahbereich der Schallquelle lineare Verzerrungen des Spektrums durch Beugungserscheinungen am Kopf. In **geschlossenen Räumen** verbessert sich die Entfernungswahrnehmung ganz erheblich durch die Auswertung des Verhältnisses von Direktschall zu Diffusschall. Die Wahrnehmungsunschärfe ist relativ groß, mit zunehmender Entfernung der Schallquelle bleibt die geschätzte Entfernung zunehmend unter der tatsächlichen Entfernung.

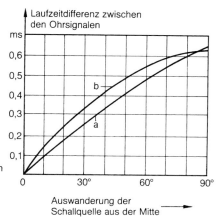

A. Laufzeitdifferenzen
zwischen den Signalen
an beiden Ohren,
a. nach Berechnung,
b. nach Experimenten
mit Kopfhörern

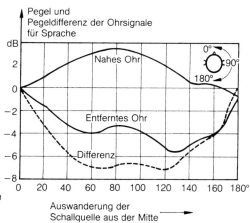

B. Pegeldifferenzen
zwischen den Signalen
an beiden Ohren
für Sprache

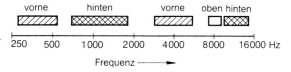

C. Richtungs-
bestimmende Bänder
zur Wahrnehmung in
der vertikalen Ebene

Räumliches Hören bei Lautsprecherwiedergabe

Die räumliche Verteilung der Hörereignisse bei stereofoner Wiedergabe wird durch ein besonderes Phänomen der Schallwahrnehmung ermöglicht, das beim Hören natürlicher Schallquellen bedeutungslos ist, nämlich durch die Bildung von sog. **Phantomschallquellen.** Demnach entsteht eine Phantomschallquelle als Hörereignis genau zwischen zwei für Stereowiedergabe aufgestellten Lautsprechern, wenn die beiden Lautsprecher gleiche Signale gleichzeitig abstrahlen. Bei zunehmenden Laufzeit- und/oder Pegelunterschieden zwischen den Lautsprechersignalen wandert die Phantomschallquelle seitlich aus, bis sie in einem der Lautsprecher stehenbleibt. Das lautere bzw. das zuerst eintreffende Signal bestimmt, nach welcher Seite die Phantomschallquelle auswandert. Die für einen bestimmten Auswanderungswinkel notwendige Laufzeitdifferenz hängt etwas von der Art des Signals ab; eine Laufzeitdifferenz von 1,2 bis 1,5 ms führt zu der größtmöglichen Auswanderung von 30° aus der Mitte bei üblicher Aufstellung der Lautsprecher für Stereowiedergabe in einem gleichseitigen Dreieck mit dem Hörer. Pegeldifferenzen führen zu stabileren Phantomschallquellen. Pegeldifferenzen von 15 dB lassen in der Praxis Phantomschallquellen so weit seitlich auswandern, dass sie zu stabilen realen Schallquellen am Ort eines der Lautsprecher werden. Für Positionen des Hörereignisorts zwischen den Lautsprechern wie viertel- oder halbseitlich gelten entsprechende Pegel- und Laufzeitdifferenzen (Abb. A). Da sich die **Wirkungen von Pegel- und Laufzeitdifferenzen addieren** zu einer gemeinsamen Wirkung wie auch beim natürlichen Hören, kann man Pegel- und Laufzeitunterschiede in der Aufnahmetechnik auch gleichzeitig einsetzen (Abb. A). Tatsächlich ist eine Aufnahmetechnik, die nur auf Pegel- bzw. Laufzeitdifferenzen beruht, weiter von den gewohnten Alltagsbedingungen des Hörens entfernt als eine Aufnahmetechnik, die eine Kombination beider Komponenten benutzt.

Voraussetzung für das Zustandekommen von Phantomschallquellen ist, dass sich der Hörer genau auf der Achse zwischen den Lautsprechern befindet und den

Kopf gerade hält. Schon bei kleinen Abweichungen von der Achse wandert die Phantomschallquelle in Richtung des näheren Lautsprechers; die sog. **Stereohörfläche,** innerhalb der eine richtungstreue Lokalisierung der Phantomschallquellen möglich ist, ist bei üblichen Stereoanordnungen nur etwa 20 bis 40 cm breit (Abb. B). Die seitlichen Begrenzungen der Hörfläche ergeben sich aus der Bedingung, dass die Laufzeitdifferenz von den beiden Lautsprechern zum Hörer so gering sein muss, dass die Lokalisierung nicht gestört wird, sie muss unter rund 100 μs, die Wegdifferenz demnach unter 3,4 cm bleiben; für die Hörpraxis außerhalb professioneller Studios eine praktisch kaum einzuhaltende Forderung.

Phantomschallquellen

Die Stereodarbietung mit zwei Lautsprechern arbeitet also mit in ihren Eigenschaften **unterschiedlichen Schallquellentypen:** Real- oder Ersatzschallquellen und Phantomschallquellen (Abb. C). Ersatzschallquellen werden da lokalisiert, wo sie tatsächlich sind, Phantomschallquellen haben einen Hörort, der nur in der Vorstellung des Hörers existiert. Dabei erweisen sich die Phantomschallquellen als problematisch, in ihrer Ortung störanfällig, in ihrem Klang gefärbt, Beobachtungen, die in der Aufnahmepraxis sorgfältig berücksichtigt werden sollten; gerade die Mittenschallquelle zeigt unter dem Gesichtspunkt der stereofonen Wiedergabe die größten Mängel.

Die **Erhebung** der Phantomschallquellen über die Verbindungslinie zwischen den Lautsprechern resultiert aus dem Widerspruch, dass das Gehör zwar identische Signale wie bei einer realen Mittenschallquelle empfängt, diese aber tatsächlich nicht von vorne, sondern von halbseitlich eintreffen; die damit verbundene Klangfarbenverfälschung muss dem Gehör aus seiner Erfahrung heraus als unlogisch erscheinen, es reagiert mit der scheinbaren Erhebung der Phantomschallquelle. Phantomschallquellen haben gegenüber Ersatzschallquellen einen **weniger präzisen Hörort** und scheinen **weniger präsent.**

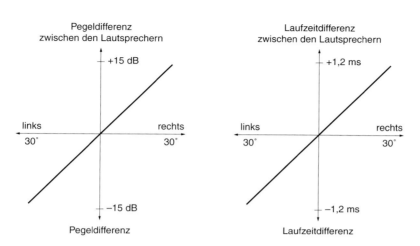

Hörereignisort	in der Mitte	viertelseitlich	halbseitlich	ganz seitlich
Pegeldifferenz	0 dB	3 dB	6 dB	15 dB
Laufzeitdifferenz	0 ms	0,3 ms	0,6 ms	1,2 ms
Beispiele für Kombinationen aus Pegel- und Laufzeitdifferenzen			3 dB + 0,3 ms	3 dB + 0,9 ms 6 dB + 0,6 ms 9 dB + 0,3 ms

A. Hörereignisorte und dazugehörige Pegel- und Laufzeitdifferenzen
   bei Lautsprecherwiedergabe, Lautsprecher unter +/– 30˚

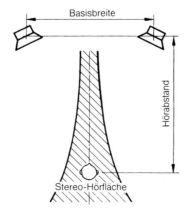

B. Stereohörfläche

	Real- oder Ersatzschallquellen	Phantomschallquellen
mögliche Schallquellenorte	zwei, nur in den beiden Lautsprechern	viele, an jedem Ort zwischen den beiden Lautsprechern
Qualität der Lokalisierbarkeit	sehr gut, unabhängig von der Position des Hörers bezüglich der Lautsprecher	weniger gut, erforderlich ist eine Hörerposition auf der Mittelachse zwischen den beiden Lautsprechern
vertikale Verschiebungen des Schallquellenorts	keine	deutliche Erhebung der Mittenschallquelle, zu den Seiten hin abnehmend
Klangfarbe	keine Färbungen durch die stereofone Lautsprecherwiedergabe	kammfilterförmige Färbung des Frequenzgangs

C. Unterschiede zwischen Ersatz- und Phantomschallquellen bei zweikanaliger stereofoner Lautsprecherwiedergabe

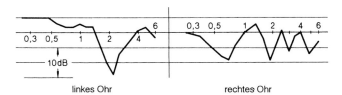

linkes Ohr   rechtes Ohr

D. Spektren an den Ohren bei Laufzeitstereofonie, $\Delta t = 500\,\mu s$, Hörereignisrichtung 30° rechts

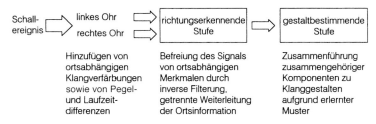

Schall-ereignis → linkes Ohr →	richtungserkennende Stufe →	gestaltbestimmende Stufe
rechtes Ohr		

Hinzufügen von ortsabhängigen Klangverfärbungen sowie von Pegel- und Laufzeit-differenzen

Befreiung des Signals von ortsabhängigen Merkmalen durch inverse Filterung, getrennte Weiterleitung der Ortsinformation

Zusammenführung zusammengehöriger Komponenten zu Klanggestalten aufgrund erlernter Muster

E. Assoziationsmodell der räumlichen Wahrnehmung nach Theile

Bei der Wahrnehmung der Phantomschallquellen sind die beiden Ohren des Hörers auch bei mittiger Position der Nase außerhalb der Mitte, werden somit von den beiden Lautsprechersignalen nacheinander erreicht, wodurch an jedem Ohr in gleicher Weise jeweils frequenzabhängig Auslöschungen und Verstärkungen entstehen, also die typische Klangfärbung entsprechend einem Kammfilter (Abb. D, Kammfilterkurve → S. 16). Tatsächlich kann dieser Effekt nicht oder nur geringfügig beobachtet werden, da das Gehör die Färbung unbemerkt selbst korrigiert.

Eine **Verbesserung der herkömmlichen Zweikanalstereofonie** muss an ihren Schwachstellen ansetzen, also bei einer Vermehrung der Anzahl der Ersatzschallquellen, d. h. bei der Anzahl der Lautsprecher und damit auch der Übertragungswege und bei der Beschallung des Hörers nicht nur von vorne. Dieses Ziel verfolgt die Mehrkanalstereofonie (→ S. 160).

Assoziationsmodell zur Erklärung der stereofonen Wahrnehmung

Ersatzschallquellen sind reale Schallquellen in einem natürlichen Schallfeld, die Wahrnehmung der Phantomschallquellen hingegen stellt das Gehör in eine **im natürlichen Schallfeld so praktisch nicht vorkommende Hörsituation,** weil eine Phantomschallquelle stets durch zwei Ersatzschallquellen erzeugt wird, die gleichzeitig und mit gleichen oder unterschiedlichen Pegeln (Intensitätsstereofonie) oder mit gleichen Pegeln und zu gleichen oder unterschiedlichen Zeiten (Laufzeitstereofonie), schließlich mit einer beliebigen Kombination aus Intensitäts- und Laufzeitstereofonie abgestrahlt werden. Dabei treten Phänomene auf, die aus der Erfahrung mit dem natürlichen Hören nicht abgeleitet werden können, vor allem: 1. Wahrgenommenen Hörereignisorten entsprechen keine Schallereignisorte, 2. Die an den Ohren zu unterschiedlichen Zeiten eintreffenden Schallwellen erzeugen eine Klangfärbung entsprechend einer Kammfilterkurve, die aber nicht wahrgenommen wird.

Das **Assoziationsmodell** von Theile (Abb. E) bietet eine Erklärung für die Vorgänge im Gehör beim Hören im natürlichen und im stereofonen Schallfeld. Es geht davon aus, dass das Gehör zunächst in einer **ortserkennenden Stufe** die beiden Ohrsignale miteinander vergleicht und mit gespeicherten Signalmustern assoziativ verknüpft; daraus wird die Richtungsinformation gewonnen, wobei die richtungsabhängigen Klangfärbungen und die Kammfiltereffekte durch **inverse Filterung** korrigiert werden. Das Klangbild wird von ortsabhängigen Merkmalen befreit. Ähnliche Klangbilder oder gleiche Klangbilder mit Laufzeit- und/oder Pegelunterschieden werden zu einem einzigen Hörort vereint. In der darauffolgenden **gestaltbestimmenden Stufe** werden die zusammengehörigen Komponenten ebenfalls aufgrund von Hörerfahrungen zusammengefügt, also z. B. die zu einem Flötenton gehörenden Komponenten von denjenigen eines Oboentons getrennt und zusammengehörig wieder zu bekannten Klanggestalten vereint. Bei der **Richtungswahrnehmung der Phantomschallquelle** ergibt sich der Hörereignisort als Mittelwert aus den Ersatzschallquellenorten, also aus den beiden Lautsprecherorten. Das lautere und/oder das frühere Signal dominiert und zieht den Hörereignisort mehr oder weniger zu sich.

Die **Entfernung der Phantomschallquelle** entspricht zunächst der Entfernung der Lautsprecher, größere Entfernungen können aber durch tontechnische Manipulationen vorgetäuscht werden, insbesondere durch unterschiedliche Lautstärken, durch unterschiedliche Hallanteile und durch mit der Entfernung abnehmende Korrelation der Signale, die zu einer scheinbaren Vergrößerung der Schallquelle, also einer Räumlichkeit (→ S. 17) führt; die Darstellung der Entfernung lässt sich gut mit der ebenfalls vorgetäuschten Entfernung auf Bildern durch Perspektive u. a. vergleichen.

Aufnahmeverfahren

Stereofonie
Intensitätsstereofonie mit Koinzidenzmikrofonen
Intensitätsstereofonie: XY-Mikrofonverfahren
Intensitätsstereofonie: MS-Mikrofonverfahren
Intensitätsstereofonie: Einzelmikrofonverfahren
Kontrolle der Stereosignale bei Intensitätsstereofonie
Laufzeitstereofonie
Gemischte Aufnahmeverfahren
Gemischte Aufnahmeverfahren mit Trennkörpern
Stützmikrofone
Kunstkopf-Aufnahmeverfahren und Kopfhörerwiedergabe
Mehrkanalstereofonie
Klangästhetische Prinzipien bei Musikaufnahmen

Bei der Mikrofonaufnahme stellt sich immer die Frage nach dem **Verhältnis von Theorie zur Praxis.** Die Theorie, wie sie z.B. in diesem Buch hauptsächlich dargestellt wird, leistet folgende Beiträge zu einer gelungenen Aufnahme:

– Jede Aufnahme beginnt mit einer **Vorbereitungsphase,** in der Vermutungen angestellt werden über eine optimale Mikrofonauswahl, Wahl des Aufnahmeverfahrens, Anordnung von Mikrofonen und Schallquellen usw. In dieser Phase müssen Voraussagen getroffen werden, die auf dem Wissen von Fakten, Zusammenhängen und Wirkungen beruhen.

– Solche Voraussagen beruhen auf dem Prinzip **Ursache und Wirkung.** Bei einfachen Zusammenhängen bietet die Theorie treffsichere Aussagen, bei komplexer werdenden Zusammenhängen ist die Theorie zunehmend schwieriger anzuwenden, während die Erfahrungen aus umfangreicher Praxis zunehmend hilfreich sind.

– Theorie und Praxis ergänzen sich stets und sind – sofern sie jeweils richtig sind – grundsätzlich widerspruchsfrei. Der **Theorie** ist in grundsätzlichen Überlegungen vorrangig, die **Praxis** bei situationsbedingten Anpassungen und Optimierungen.

Mikrofonaufnahme ist zunächst jede **dokumentarische Aufzeichnung** von Schall, in diesem Sinn also die Anwendung von Technik; ist der akustische Gegenstand bewusst gestaltet oder ein Kunstwerk, wird auch die Mikrofonaufnahme gestaltet, sie wird zur akustischen Kunst. In diesem Sinn ist Mikrofonaufnahme die **Kunst,** für die jeweils geeignetsten Mikrofone die – gemessen an der Zielsetzung der Aufnahme – optimalen Aufstellungsorte zu finden. Sie schließt ein,

– eine **klangästhetische Zielsetzung** zu entwickeln, die dem aufgeführten Werk klangstilistisch angemessen ist, sie ist Teil der künstlerischen Interpretation bei einer Aufführung,

– den **Aufnahmeraum** zu beurteilen und einen optimalen Platz für das Aufnahmegeschehen festzulegen,

– die **akustischen Eigenschaften der Schallquellen** für die Festlegung der Mikrofonorte zu kennen,

– über **technisches Wissen über die Mikrofone** zu verfügen, um die jeweils geeigneten Typen auszuwählen,

– das für die Zielsetzung geeignete **Aufnahme- und Mikrofon-Verfahren** zu bestimmen,

– die **Mikrofonorte** unter Berücksichtigung von Raum, Schallquellen, Aufnahme- und Mikrofonverfahren sowie Mikrofontypen zu bestimmen,

– bei Proben alle genannten **Parameter zu optimieren,** die in komplexen gegenseitigen Abhängigkeiten miteinander verbunden sind,

– **Erfahrungen zu sammeln und anzuwenden.** Erfahrungen sind in diesem Zusammenhang die Gesamtheit persönlicher Erinnerungen an durchgeführte Aufnahmen und an die Bewältigung der jeweiligen Situationen, Erfahrungen müssen theoretisches Wissen ergänzen, sie müssen umso mehr da herangezogen werden, wo die Zahl zu berücksichtigender Parameter groß und ihre gegenseitigen Abhängigkeiten unüberschaubar werden.

Die genannten Punkte machen deutlich, dass es Standardverfahren oder gar Rezepte für gute Aufnahmen nicht geben kann, schon deshalb nicht, weil klangästhetische Zielsetzungen zwar einigen grundlegenden Gesichtspunkten unterliegen (→ S. 163 ff), sich aber auch entwickeln, zumindest verändern, sie sind an künstlerische Strömungen der Zeit gebunden, aber auch persönlich geprägt.

Eine optimale Mikrofonierung allein prägt eine gute Aufnahme je nach Komplexität der Situation in unterschiedlichem Maße, sie muss durch die Tonregie in der Mischung der Mikrofonsignale, der Kontrolle der Dynamik, der Klangfarben und des Raumeindrucks weiterentwickelt werden. Geleitet wird die Gestaltung einer Aufnahme von klangästhetischen Prinzipien, die teils objektiv beschrieben, teils nur subjektiv begründet werden können.

Stereofonie

Stereoverfahren

Das stereofone Klangbild kann bei der Wiedergabe in einem Wiedergaberaum reproduziert werden, dann wird es als **raumbezogene Stereofonie** bezeichnet. Das raumbezogene Stereoklangbild ist dem Wiedergaberaum fest zugeordnet, nicht dem Hörer, von dem es eine Position innerhalb der Stereohörfläche (→ S. 119, Abb. B) und eine Ausrichtung des Kopfes auf die Lautsprecherbasis verlangt. Bei der **kopfbezogenen Stereofonie** wird das Klangbild, das von einem Kunstkopf aufgenommen wurde, direkt vor den Ohren reproduziert; das Klangbild wandert mit den Kopfbewegungen des Hörers, was als unnatürlich empfunden wird; eine raumbezogene stereofone Wiedergabe kopfbezogener Stereosignale, also eine Wiedergabe mit Lautsprechern, ist bei Aufnahmen mit einem auf das Diffusfeld entzerrten Kunstkopf grundsätzlich möglich. Raumbezogene Stereosignale werden durch mindestens zwei Mikrofone nach verschiedenen Aufnahme- und Mikrofonverfahren gewonnen; für die kopfbezogene Stereofonie wird ein Kunstkopf benötigt, der den Hörer im Aufnahmeraum sozusagen vertritt (→ S. 158). Ein Mikrofonpaar, das das gesamte aufzunehmende Klangbild erfasst, wird als **Hauptmikrofon** bezeichnet, werden daneben keine weiteren Mikrofone verwendet, spricht man von Hauptmikrofonverfahren.

Mikrofon- und Aufnahmeverfahren

Bei der raumbezogenen Stereofonie werden zwei verschiedene Aufnahmeverfahren angewendet (Abb. A): Bei der **Laufzeitstereofonie** führen Laufzeitdifferenzen des Schallsignals zwischen den beiden Mikrofonen bis etwa 1,5 ms zu Laufzeitunterschieden zwischen den Signalen an den beiden Lautsprechern und damit zu Phantomschallquellen, die bei der Wiedergabe auf der Stereobasis außerhalb der Mitte liegen; Signale ohne Laufzeitdifferenzen werden in der Mitte abgebildet (→ S. 118). Die Laufzeitunterschiede an den Mikrofonen entstehen durch unterschiedlich lange Schallwege von der Schallquelle zu den Mikrofonen. Das Stereoklangbild der Laufzeitstereofonie vermittelt einen guten Raumein-

druck, es kann bei einzelnen Instrumenten bei Tonwechseln jedoch zu einem Springen in der Hörereignisrichtung kommen; die Ortbarkeit und Richtungsauflösung ist weniger gut als bei der Intensitätsstereofonie (→ S. 142).

Bei der **Intensitätsstereofonie** bestimmen Intensitätsbzw. Pegelunterschiede die Abbildungsrichtung einer Schallquelle im Stereoklangbild. Es gibt drei Mikrofonverfahren: das MS-, das XY- und das Einzelmikrofonverfahren (Abb. A). Die Pegelunterschiede an den Mikrofonen entstehen beim XY- und MS-Mikrofonverfahren durch bestimmte Richtcharakteristikkombinationen zweier räumlich in einem Punkt zusammengefasster Mikrofone; diese Mikrofonanordnung eines Doppelmikrofons wird Koinzidenzmikrofon genannt. Das Koinzidenzmikrofon liefert also zwei Mikrofonsignale, die je nach der angewandten Mikrofontechnik als X und Y bzw. M und S bezeichnet werden (→ S. 128). Die Signale X und Y bzw. M und S haben gegeneinander keinerlei Laufzeitunterschiede, sondern nur – abhängig von der Einfallsrichtung des Schalls, von den eingestellten Richtcharakteristiken sowie den Verstärkungen der Mikrofonverstärker – Pegelunterschiede. Das XY-Mikrofonverfahren (→ S. 130) liefert direkt die Signale L für den linken und R für den rechten Kanal, das MS-Mikrofonverfahren (→ S. 132) liefert L und R erst nach einer Summen- bzw. Differenzbildung. Die beiden Mikrofonverfahren sind theoretisch gleichwertig, im praktischen Einsatz ergeben sich u. a. durch die Frequenzgänge der Richtcharakteristiken der Mikrofone und durch unterschiedliche Möglichkeiten der Fernbedienbarkeit jedoch erhebliche Unterschiede. Die Beschränkung auf Pegelunterschiede zwischen den Mikrofonsignalen bei der Intensitätsstereofonie entspricht den Prinzipien der tontechnischen Weiterverarbeitung der Signale im Regietisch: alle Funktionen der Tonregie – Verstärken, Mischen, Beeinflussung der Abbildungsrichtungen – werden i. a. durch Veränderungen der Pegel der Signale ausgeführt.

Ein weiteres Mikrofonverfahren der Intensitätsstereofonie ist das **Einzelmikrofonverfahren, auch Polymikro-**

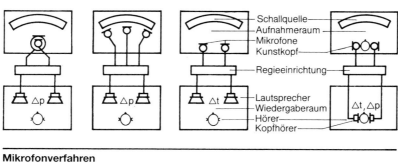

Mikrofonverfahren			
MS- und XY-Mikrofonverfahren	Einzel-Mikrofonverfahren	AB-Mikrofonverfahren	Kunstkopf-Mikrofonverfahren

Aufnahmeverfahren		
Intensitäts-Aufnahmeverfahren	Laufzeit-Aufnahmeverfahren	

Stereoverfahren	
raumbezogene Stereofonie	kopfbezogene Stereofonie

A. Stereo-, Aufnahme- und Mikrofonverfahren (Pegeldifferenzen △p, Laufzeitdifferenzen △t)

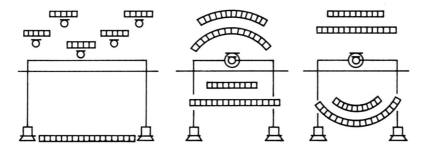

Einzelmikrofonverfahren   MS-, XY- und AB-Mikrofonverfahren

B. Entfernungsverhältnisse eines Klangkörpers bei der Stereowiedergabe

Mikrofonverfahren	räumliche Eigenschaften des Klangbilds				besonders geeignet für			
	gute Lokalisierbarkeit	guter Raumeindruck	gute Tiefenstaffelung	besondere Präsenz	U-Musik u. ä.	E-Musik, Jazz, Volksmusik	aktuelles und dokument. Wort	Hörspiel, Feature
Koinzidenzmikrofonverfahren	⊘			⊘	⊘	⊘	⊘	
Einzelmikrofonverfahren	⊘		⊘	⊘		⊘	⊘	
Laufzeitmikrofonverfahren		⊘	⊘			⊘		
Stützmikrofonverfahren	⊘			⊘		⊘		
Kunstkopfverfahren	⊘	⊘	⊘					⊘

C. Räumliche Eigenschaften des Klangbilds und seine bevorzugten Anwendungsbereiche bei den verschiedenen Verfahren bei der Stereoaufnahme

Bezeichnung	Erläuterung	mathematische Zusammenhänge
L, R	L (linker Kanal) und R (rechter Kanal) werden für die Stereosignale in der Tonregie, bei der Tonübertragung, -aufzeichnung und -wiedergabe unabhängig von der jeweiligen Mikrofon-Aufnahmetechnik verwendet, nicht jedoch für Mikrofonsignale.	$L = (M + S) : \sqrt{2}$ $R = (M - S) : \sqrt{2}$
M, S	M (Mitten-, Mono-, Summensignal) und S (Seiten-, Differenz-, Richtungssignal) sind die Mikrofonsignale bei Intensitätsstereofonie nach dem MS-Mikrofonverfahren; sie sind in LR-Signale umwandelbar.	$M = (L + R) : \sqrt{2}$ $S = (L - R) : \sqrt{2}$
X, Y	X (linker Kanal) und Y (rechter Kanal) sind die Mikrofonsignale bei Intensitätsstereofonie nach dem XY-Mikrofonverfahren; X und Y entsprechen unmittelbar den Signalen L und R.	$X \triangleq L$ $Y \triangleq R$
A, B	A (linker Kanal) und B (rechter Kanal) sind die Mikrofonsignale bei Laufzeitstereofonie; A und B entsprechen unmittelbar den Signalen L und R.	$A \triangleq L$ $B \triangleq R$
Kompatibilität	Ein Stereosignal ist dann kompatibel, wenn bei seiner Monowiedergabe — M, $(L + R):\sqrt{2}$ — eine Aufnahme entsteht, die nicht merklich schlechter ist als eine unter vergleichbaren Bedingungen entstandene Monoaufnahme.	
Kohärenz	Die Signale L und R sind kohärent, wenn sie von derselben Schallquelle kommen. Dabei können frequenzunabhängige Pegel- und Laufzeitdifferenzen auftreten. Auch bei frequenzunabhängiger Phasendrehung um 180° von L und R gegeneinander bleibt die Kohärenz bestehen.	
Korrelation	Die Korrelation eines Stereosignals ist das Maß der Verwandtschaft zwischen L und R, unabhängig von ihrem Pegel. Der Korrelationsgrad r ist mit Werten zwischen −1 und +1 die Messgröße.	für Sinussignale: $r = \cos \varphi$, für Musik und Sprache nur statistisch zu erhalten

D. Begriffe für Stereosignale

fonie genannt (→ S. 134). Hierbei wird im Nahbereich aller Schallquellen, also z. B. aller Instrumente oder Instrumentengruppen, jeweils ein Mikrofon aufgestellt, das möglichst wenig Schall von anderen Schallquellen sowie wenig Diffusschall aufnehmen soll. Damit ist das Übersprechen zwischen den einzelnen Mikrofonen relativ gering, entsprechend groß sind auch die Möglichkeiten, jede einzelne Schallquelle getrennt klanglich zu beeinflussen, räumlich einzuordnen und zu verhallen.

In der heutigen Aufnahmepraxis werden die genannten Stereoaufnahme- bzw. Mikrofonverfahren sowohl einzeln als auch kombiniert benutzt. Weiterhin werden verschiedene **gemischte Aufnahmeverfahren** eingesetzt (→ S. 146), die Intensitäts- und Laufzeitdifferenzen kombinieren. Von Einfluss bei der Wahl des jeweiligen Verfahrens ist sowohl die Art der aufzunehmenden Darbietung und der raumakustischen Verhältnisse als auch das subjektive Urteil des Aufnehmenden.

Die **kopfbezogene Stereofonie** oder **Kunstkopfstereofonie** verbindet Laufzeit- und Klangfarben- bzw. Pegelunterschiede zur horizontalen, nur Klangfarbenunterschiede (Frequenzgangunterschiede) zur vertikalen Einordnung der Schallquellen bei der Wiedergabe entsprechend den Bedingungen beim räumlichen Hören (→ S. 158). Sie verlangt aber stets Kopfhörerwiedergabe. Die damit verbundenen Einschränkungen beim Hören werden durch beeindruckende Annäherung an das Originalklangbild belohnt. Das Kunstkopfverfahren kann bei Beschränkung auf ein normales Stereoklangbild auch über Lautsprecher wiedergegeben werden. Das Verfahren ist mit anderen Stereoverfahren nur bedingt kombinierbar und stellt hohe Anforderungen an die Einhaltung eines linearen Frequenzgangs bei der Aufnahme, Übertragung und Wiedergabe.

Die **Entfernung der Schallquellen bei der Wiedergabe** wird wegen der geringen Mikrofonabstände verglichen mit den Bedingungen bei direktem, natürlichem Hören verändert: Beim Einzelmikrofonverfahren erscheinen alle Schallquellen, auch bei räumlicher Tiefenstaffelung der Darbietung, gleich weit entfernt; beim reinen XY-, MS- und AB-Mikrofonverfahren erscheinen seitliche Schallquellen weiter entfernt als mittige Schallquellen, das Klangbild flieht also an den Flanken bei der Wiedergabe zurück, mit Stützmikrofonen kann dieser Effekt aufgehoben werden. Günstig ist die Aufstellung der Schallquellen auf einem Kreisbogen, wenn ein Hauptmikrofon verwendet wird; diese Anordnung ist in der Praxis jedoch vielfach nicht möglich (Abb. B). Bei zusätzlichen Stützmikrofonen kann der Entfernungseindruck durch regietechnische Manipulationen – Pegelverhältnisse, Dekorrelation, Verzögerung – beeinflusst werden (→ S. 119).

Abb. C versucht, bei allen Vorbehalten, die im Einzelnen zu nennen wären, einen Überblick über die **Vorzüge der verschiedenen Verfahren** sowie ihrer besonderen Eignung für die unterschiedlichen Anwendungsbereiche zu geben.

Zusammenhang zwischen den Stereosignalen L und R

Kennzeichen eines Stereosignals ist, dass im Allgemeinen L und R verschiedene, ähnliche und gleiche Signalanteile haben. Deshalb wurden neben den Begriffen für die Einzelkanäle (L/R, M/S, X/Y und A/B) auch Begriffe für das Maß an Ähnlichkeit der Signale L und R (Kompatibilität, Kohärenz, Korrelation) gebildet (Abb. D). Die Kompatibilität eines Stereosignals, also seine Tauglichkeit zur monofonen Wiedergabe, war in der Einführungsphase der Stereofonie eine wichtige Forderung an eine Stereoaufnahme. Man kann aber heute davon ausgehen, dass da, wo Interesse am differenzierten Hören einer Aufnahme besteht, im Allgemeinen auch entsprechende Abhörbedingungen herrschen. Vollständig nichtkompatible Stereoaufnahmen können allerdings auch nur in Ausnahmefällen gute Stereoaufnahmen sein. (→ S. 145).

Intensitätsstereofonie mit Koinzidenzmikrofonen

Das MS- und das XY-Mikrofonverfahren sind zwei Verfahren der Intensitätsstereofonie, die beide mit dem sog. **Koinzidenzmikrofon** (Abb. A) als Hauptmikrofon arbeiten. Es besteht aus zwei koaxial übereinander angeordneten Kondensator-Richtmikrofonen mit einstellbarer Richtcharakteristik; ein Mikrofon ist feststehend, eines ist verdrehbar. Ersatzweise können auch zwei Monomikrofone entsprechend angeordnet werden. Die beiden Mikrofonverfahren unterscheiden sich in den einzustellenden Richtcharakteristiken und deren Ausrichtung sowie in der tontechnischen Weiterverarbeitung der Signale. Nur unter der Annahme mathematisch exakter, frequenzunabhängiger Richtcharakteristiken und Übertragungsmaße gibt es gleichwertige, äquivalente Einstellungen von Richtcharakteristik-Kombinationen im MS- und XY-Mikrofonverfahren. Da diese Voraussetzung in der Praxis nicht erfüllt wird, ergeben sich erhebliche Unterschiede zwischen dem MS- und dem XY-Mikrofonverfahren, die das MS-Verfahren dem XY-Verfahren eindeutig überlegen machen.

Die **Signale X und Y** sind unmittelbar die Signale für den linken bzw. rechten Kanal, also L und R; dieses Stereosignal kann im Regietisch mit dem Richtungsmischer oder mit zwei Panpots in Richtung und Breite beeinflusst werden. Dabei bezeichnen die Panpoteinstellungen die seitlichen Begrenzungen der Stereobasis bei der Wiedergabe. Die Bezeichnung X/Y gilt stets für die Mikrofonsignale, die Bezeichnung L/R für die Signale in der Tonregieanlage.

Die **Signale M und S** liefern erst nach einer Umwandlung z. B. im Richtungsmischer in der Tonregieanlage unmittelbar nach dem Mikrofonverstärker, d. h. nach einer Summen- und Differenzbildung, die Signale L und R (Abb. B). Das M-Signal (Monosignal, Mittensignal, Summensignal, Tonsignal) ist unmittelbar das Monosignal. Das S-Signal (Stereosignal, Seitensignal, Differenzsignal, Richtungssignal) stellt für sich allein genommen kein verwertbares Tonsignal dar; es beinhaltet die Richtungsinformation. MS-Technik wird auch bei der HF-Rundfunkausstrahlung und bei der analogen Schallplatte benutzt. Bei der UKW-Hörfunkausstrahlung wird das Stereosignal als MS-Signal übertragen und im Empfänger in ein LR-Signal umgesetzt; beim Mehrkanal-Fernsehton hingegen wird neben dem M-Signal das R-Signal übertragen, der Empfänger kann daraus das L-Signal gewinnen.

Einstellung des Koinzidenzmikrofons: Öffnungs- oder Versatzwinkel und Aufnahmebereich

Bei der Einstellung von Koinzidenzmikrofonen werden zwei Begriffe angewendet (Abb. D): Der **Öffnungs-** oder **Versatzwinkel,** auch Achswinkel, ist derjenige Winkel, um den die Mikrofonkapseln des Koinzidenzmikrofons bei einem bestimmten Mikrofonverfahren aus der Mitte nach außen gedreht werden müssen (Abb. C und D). Unter **Aufnahmebereich** wird hier der Bereich verstanden, den – vom Mikrofon aus gesehen – das jeweilige Mikrofonverfahren auf der vollständigen Stereobasis zwischen den Lautsprechern abbildet; in aller Regel soll dies der Ausdehnung des Klangkörpers entsprechen. Ist der Aufnahmebereich größer als die Ausdehnung des Klangkörpers, wird die Stereobasis nicht voll genutzt, das Klangbild wird zu schmal, ist er kleiner als dessen Ausdehnung, so werden die seitlichen Schallquellen zusammengerückt. Der **Aufnahmewinkel** ist der halbe Aufnahmebereich, dieser Begriff ist eigentlich entbehrlich und trägt gelegentlich zu Mißverständnissen bei. Für den Aufnahmebereich, den Aufnahme- und Öffnungswinkel haben sich die hier genannten Definitionen noch nicht überall durchgesetzt; auch werden immer wieder theoretische Werte angegeben, die den Unvollkommenheiten der Richtcharakteristiken nicht Rechnung tragen.

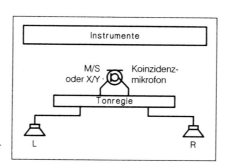

A. Koinzidenzmikrofon-
verfahren

B. Beziehungen
zwischen den
Stereosignalen
M, S, L und R

$$M = (L+R) \cdot \frac{1}{\sqrt{2}} \qquad L = (M+S) \cdot \frac{1}{\sqrt{2}}$$

$$S = (L-R) \cdot \frac{1}{\sqrt{2}} \qquad R = (M-S) \cdot \frac{1}{\sqrt{2}}$$

Bezeichnung des Systems	Zuordnung der Stereosignale	0°-Richtung des Einzelsystems	MS-Mikrofon-verfahren	XY-Mikrofon-verfahren
drehbares System, System (Kanal) II	S, Y	Markierung durch schwarzen oder roten Punkt, Firmenzeichen oder Leuchtdiode	S-Signal: Richtcharakteristik: Acht, Ausrichtung stets 90° links	Y-Signal: Richtcharakteristik: Niere, Acht, evt. Superniere, Ausrichtung: nach rechts
festste-hendes System, System (Kanal) I	M, X	Markierung durch schwarzen oder roten Punkt oder Firmenzeichen	M-Signal: Richtcharakteristik: Niere, Kugel oder Acht, Ausrichtung: 0° (Mitte)	X-Signal: Richtcharakteristik: wie Y-Signal, Ausrichtung: nach links, Winkel wie Y-Signal

C. Einstellung von Richtcharakteristik und Versatzwinkel beim Koinzidenzmikrofon

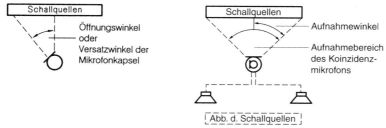

D. Versatzwinkel und Aufnahmebereich

Intensitätsstereofonie: XY-Mikrofonverfahren

XY-Mikrofonverfahren mit zwei Nieren

Das XY-Mikrofonverfahren der Intensitätsstereofonie ist ein Hauptmikrofonverfahren, es arbeitet mit dem **Koinzidenzmikrofon** oder zwei entsprechend angeordneten Einzelmikrofonen; dessen Kanal I (X) bzw. nach links weisendes Mikrofon liefert direkt das Signal des linken Kanals, dessen Kanal II (Y) bzw. nach rechts weisendes Mikrofon das Signal des rechten Kanals (→ S. 127). Die **notwendigen Pegeldifferenzen** zwischen L und R ergeben sich daraus, dass die beiden Mikrofonkapseln des Koinzidenzmikrofons Richtmikrofone mit der gleichen Richtcharakteristik sind, die jeweils um den Öffnungswinkel nach außen gedreht werden (Abb. A). Für die Abbildung ganz seitlich ist eine Pegeldifferenz von 15 dB erforderlich. Da die Niere diese Dämpfung im Richtdiagramm erst bei einem Winkel von etwa ± 135°, die Superniere erst bei etwa ± 115° und die Hyperniere erst bei etwa ± 105° erreicht, kann der Aufnahmebereich grundsätzlich nicht kleiner als diese Winkel sein. Merkmal der XY-Mikrofontechnik mit Nieren ist also, dass sie nur bei besonders **großen Aufnahmebereichen** anwendbar ist, selten allerdings überschreiten diese in der Praxis 90°. Den Zusammenhang von Mikrofon-Öffnungswinkel und Aufnahmebereich zeigt Abb. B für die **Mikrofonkombinationen** Niere/Niere und Superniere/Superniere, eine typische Anwendung mit dem Aufnahmebereich 180° zeigt Abb. C. Bei nicht sachgerechter Anwendung des Verfahrens entsteht ein zu schmales, im Extremfall monoähnliches Klangbild. Ein häufig gemachter Fehler, der zu einem zu schmalen Klangbild führt, besteht darin, die beiden Mikrofone auf die jeweils äußersten seitlichen Schallquellen zu richten, dabei wird der doppelte Versatzwinkel dem Aufnahmebereich gleichgesetzt; das ist jedoch bei der Verwendung der Nierencharakteristik nur bei einem Aufnahmebereich von ca. 135° richtig; sonst ist der doppelte Öffnungswinkel stets kleiner als der Aufnahmebereich.

Für **Mikrofonkombinationen mit Super- und Hypernierencharakteristik** sind die Aufnahmebereiche jeweils etwas kleiner (Abb. B); ganz ungeeignet sind Richtrohrmikrofone; bei diesen Richtcharakteristiken stört die Frequenzabhängigkeit der Richtcharakteristiken noch mehr als bei der Niere.

Das XY-Verfahren mit zwei Nieren wird noch immer relativ häufig angewendet, trotz seiner offensichtlichen Nachteile. Als Alternative bietet sich die XY-Kombination Acht/Acht, vor allem aber das MS-Verfahren (→ S. 132), sofern überhaupt in reiner Intensitätsstereofonie aufgenommen werden soll.

Wegen der besonderen Eignung des XY-Mikrofonverfahrens für große Aufnahmebereiche kann dieses Aufnahmeverfahren indessen insbesondere in der in Abb. C dargestellten Einstellung Niere/Niere unter ± 45° für die **Aufnahme von Atmo, Beifall u. ä.** mit uneingeschränkter Monokompatibilität empfohlen werden.

XY-Mikrofonverfahren mit zwei Achten

Die Verwendung der Richtcharakteristikkombination Acht/Acht, bei ± 45° auch **Blumlein-Technik** oder Stereosonic genannt, ist ein Sonderfall des XY-Verfahrens, der für die Praxis interessant ist. Die Acht bietet bei praktisch frequenzunabhängiger Richtcharakteristik nach vorne die stärkste Ausrichtung, Eigenschaften, die für das XY-Verfahren gute Voraussetzungen bieten. Da bei der Acht bereits unter einem Öffnungswinkel von etwa ± 70° die 15-dB-Pegeldifferenz erreicht wird, sind mögliche Aufnahmebereiche ab 70° praxisgerecht. Abb. D zeigt den Zusammenhang zwischen Öffnungswinkel und Aufnahmebereich. Nachteilig bei diesem Verfahren ist die mehr oder weniger große, prinzipbedingte Tiefenabsenkung von Achtermikrofonen, die das Verfahren als Hauptmikrofon z. B. bei E-Musikaufnahmen mit tiefen Instrumenten ungeeignet macht. Bei Wortaufnahmen ist der Tiefenverlust gerade bei geräuschhafter Umgebung u.U. sogar günstig. Die Blumlein-Technik bietet den weiteren Vorteil, dass von den beiden Mikrofonen senkrecht aufeinanderstehende Raummoden, also unterschiedliche Schallwellen des Diffusschalls, aufgenommen werden, wodurch Diffusschall weniger korreliert ist als bei den anderen XY-Anordnungen und damit räumlicher wirkt.

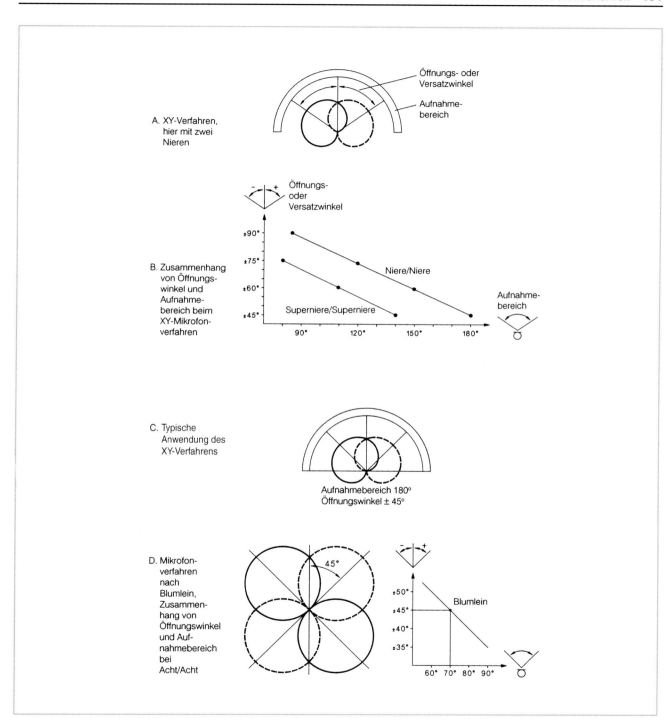

A. XY-Verfahren, hier mit zwei Nieren

Öffnungs- oder Versatzwinkel

Aufnahmebereich

B. Zusammenhang von Öffnungswinkel und Aufnahmebereich beim XY-Mikrofonverfahren

Öffnungs- oder Versatzwinkel

Niere/Niere

Superniere/Superniere

Aufnahmebereich

C. Typische Anwendung des XY-Verfahrens

Aufnahmebereich 180°
Öffnungswinkel ± 45°

D. Mikrofonverfahren nach Blumlein, Zusammenhang von Öffnungswinkel und Aufnahmebereich bei Acht/Acht

45°

Blumlein

Intensitätsstereofonie: MS-Mikrofonverfahren

Das MS-Verfahren ist ein Hauptmikrofonverfahren in reiner Intensitätsstereofonie, es arbeitet wie das XY-Verfahren mit einem **Koinzidenzmikrofon** oder entsprechend angeordneten Einzelmikrofonen. Die Richtcharakteristiken sind jedoch dabei so eingestellt, dass mit einem Mikrofon mit beliebiger Richtcharakteristik ein Mitten- oder Monosignal (M-Signal) aufgenommen wird, mit einem weiteren Mikrofon in Achterrichtcharakteristik, das um 90° aus der Mitte nach links verdreht ist, das Seiten- oder Richtungssignal (S-Signal). Das Prinzip des MS-Mikrofonverfahrens zeigt Abb. A, weitere Angaben dazu S. 124. Die **Vorteile und Unterschiede gegenüber dem XY-Verfahren** sprechen bei reiner Intensitätsstereofonie für das MS-Verfahren (Abb. B). Gleichwertig sind beide Verfahren nur unter idealen Bedingungen, die nur beim Blumlein-Verfahren (→ S. 132) gegeben sind.

Einstellung der Richtcharakteristiken

Das **S-Signal** hat stets Achterrichtcharakteristik und ist vom Mikrofon aus gesehen nach links gerichtet. Das **M-Signal** kann jede Richtcharakteristik haben und ist stets auf das Zentrum der Schallquelle gerichtet. Die Wahl seiner Richtcharakteristik beeinflusst die Abbildung innerhalb des Aufnahmebereichs wenig, sie hat aber Einfluss auf eine gewisse Verzeichnung der Lokalisierung der Phantomschallquellen gegenüber den Schallquellenorten im Aufnahmeraum, die für die Aufnahmepraxis von geringerer Bedeutung ist. Die Richtcharakteristik des M-Signals wirkt sich weiterhin auf die Abbildung des akustischen Geschehens außerhalb des Aufnahmebereichs aus, also im Wesentlichen auf die Erfassung des **Diffusschalls.** Da der Diffusschallanteil aber auch vom Aufnahmebereich und damit vom Pegelverhältnis des M-Signals zum S-Signal abhängt, sind die Verhältnisse relativ komplex; eine Niere oder Acht als M-Signal liefert aber immer weniger Diffusschall als eine gleich ausgesteuerte Kugel. Die Einstellung der Richtcharakteristik des M-Signals wirkt sich ferner auf die **Klangfarbe** der Aufnahme aus: Die Acht ist ein relativ schlechter Tiefenempfänger, der unter 100 Hz die Tiefen zunehmend abschwächt (→ S. 98), die Niere tut dies in geringerem Umfang, die Kugel verhält sich bei Druckgradiententechnologie wie die Niere, nur als reine Druckkugel bietet sie einen optimalen Tiefenempfang. Da das S-Signal stets eine Acht ist, gilt für das MS-Verfahren allgemein, dass sehr tiefe Frequenzkomponenten nicht optimal aufgenommen werden, schlechter als z. B. beim AB-Verfahren mit zwei Druckkugeln (→ S. 142).

Aufnahmebereich

Den Aufnahmebereich beim MS-Verfahren bestimmt nicht nur die Richtcharakteristikkombination wie beim XY-Verfahren, sondern vor allem das Pegelverhältnis des M-Signals zum S-Signal. Mit jeder der Richtcharakteristiken des M-Signals kann jeder gewünschte Aufnahmebereich durch eine Veränderung des Signalverhältnisses in der Tonregie eingestellt werden, einer der wichtigsten Vorteile des MS-Verfahrens. In der Praxis gestaltet sich die Einstellung des Aufnahmebereichs einfach: Das S-Signal wird in der Tonregie solange im Pegel verändert, bis die Schallquellen sich in der gewünschten Weise auf der Abhörbasis abbilden. Eine solche Einstellung des Aufnahmebereichs ist bei einigen Koinzidenzmikrofonen bereits in das Mikrofon integriert. Neben dem **Aufnahmebereich,** der praxisgerecht für eine Pegeldifferenz zwischen L und R von 15 dB definiert ist (→ S. 124), ist beim MS-Verfahren ein hier **maximaler Aufnahmebereich** genannter Winkelbereich bei der Aufnahme zu beachten. Er wird begrenzt durch die Schnittpunkte der Richtcharakteristiken von M- und S-Signal bzw. durch Pegelgleichheit von M und S. Er ist etwas größer als der effektiv zu nutzende Aufnahmebereich. Schallquellen sollen sich im Allgemeinen niemals außerhalb des maximalen Aufnahmebereichs befinden (Abb. C).

A. MS-Verfahren
hier mit
Niere und Acht

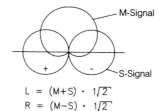

$$L = (M+S) \cdot 1\sqrt{2}$$
$$R = (M-S) \cdot 1\sqrt{2}$$

	MS-Verfahren	XY-Verfahren
Aufnahmebereich	jeder gewünschte Aufnahme-bereich mit dem Verhältnis von M zu S in der Tonregie beliebig einstellbar	nur für große Aufnahmebereiche geeignet; Blumlein-Verfahren auch für normale Aufnahme-bereiche, dabei Tiefenabsenkung; in der Tonregie kann der Aufnahme-bereich nicht mehr verändert werden
Abbildungsschärfe	präzis	nur bei großen Aufnahmebereichen präzis
Signale außerhalb des Aufnahme-bereichs	bei den meisten Anordnungen bei der Wiedergabe delokalisiert (L und R gegeneinander verpolt)	bei den meisten Anordnungen bei der Wiedergabe auf der entspre-chenden Seite außen abgebildet
Klangfärbungen	für Mittensignale keine, für Seitensignale nur gering	für Mittensignale nicht vermeidbar, für Seitensignale gering
Einrichten der Mikrofone	durch Fernsteuerung möglich	manueller Zugriff erforderlich
Weiterverarbeitung in der Tonregie	zur Gewinnung von L und R Summen- bzw. Differenzbildung notwendig, kann auch erst bei der Bearbeitung erfolgen, wenn MS aufgezeichnet wird	L und R stehen unmittelbar zur Verfügung
Monosignal	steht als M-Signal direkt zur Ver-fügung	Monorichtcharakteristik vom Versatz-winkel abhängig

B. Unterschiede zwischen dem MS- und XY-Mikrofonverfahren

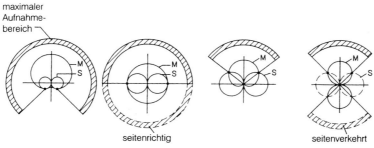

C. Beispiele für MS-Mikrofonanordnungen und ihre maximalen Aufnahmebereiche

Intensitätsstereofonie: Einzelmikrofonverfahren

Prinzip und Anwendung

Das Einzelmikrofonverfahren (Abb. A) gehört zu den Mikrofonverfahren der Intensitätsstereofonie, unterscheidet sich aber grundsätzlich von den Mikrofonverfahren mit einem Koinzidenzmikrofon. Beim Einzelmikrofonverfahren werden stets **Monomikrofone jeweils nahe bei den Schallquellen** aufgestellt; dies kann sehr dicht im Nahfeld oder etwas weiter entfernt wie bei E-Musik sein. Die für die Richtungseinordnung notwendigen Pegelunterschiede zwischen L und R werden mit dem Panpot in der Tonregieanlage erzeugt; der wegen des geringen Mikrofonabstands fehlende Raumeindruck kommt von Hall- und Verzögerungsgeräten oder von Raummikrofonen (→ S. 145). Bei dieser Aufnahmetechnik bestehen für die Tonregie **große Gestaltungsmöglichkeiten** in Bezug auf Klangbalance, Raumeindruck, Frequenzgang, Richtungseinordnung und die Anwendung besonderer Effekte bei jedem einzelnen Mikrofon bzw. Instrument. Vom Einzelmikrofonverfahren gibt es einen stetigen Übergang zum Verfahren mit Stützmikrofonen (→ S. 154), was eine scharfe Abgrenzung der beiden Verfahren gegeneinander unmöglich macht.

Das Einzelmikrofonverfahren wird heute in großem Umfange angewendet. Im Bereich der Popmusik ist es das ausschließlich angewendete Verfahren, im Bereich der E-Musik kommt ihm neben den anderen Aufnahmeverfahren – besonders bei Koproduktionen mit den Bildmedien und der Schallplatte – bei größeren Mikrofonabständen als in der Popmusik eine grundsätzliche Bedeutung zu. In Verbindung mit der Mehrspuraufzeichnung bietet nur das Einzelmikrofonverfahren die Möglichkeit, ein und dieselbe Aufnahme nach sehr verschiedenen klangästhetischen Gesichtspunkten nachträglich abzumischen.

Eine **Hauptforderung** an die Einzelmikrofonaufnahmetechnik ist, dass jedes Mikrofon möglichst nur die ihm zugeordnete Schallquelle aufnimmt, die Dämpfung gegenüber den Schallquellen, die anderen Mikrofonen zugeordnet sind, soll also so groß wie realisierbar sein. Daraus ergibt sich die Auswahl und Aufstellung geeigneter Mikrofone, aber auch die Anordnung der Musiker, soweit die musikalische Aufführungspraxis hier noch Freiheiten zugesteht, bei E-Musik sind sie relativ gering, bei Popmusik, Jazz u. ä. bei Studioproduktionen groß.

Anordnung der Musiker

Leise Instrumente benötigen eine relativ große Verstärkung, laute eine relativ geringe. Befindet sich ein leises Instrument neben einem lauten, so kommt das laute Instrument über das Mikrofon des leisen mit hohem Pegel; in diesem Fall ist das Einzelmikrofonverfahren also nicht mehr durchführbar. Deshalb müssen möglichst etwa gleich laute Instrumente zueinander gesetzt werden. Bei **E-Musik** bestimmen ein optimaler akustischer und optischer Kontakt sowie die Art der Musik und traditionell bewährte Sitzordnungen (→ S. 52) die Aufstellung; mit den Forderungen an eine optimale Einzelmikrofontechnik (Abb. B) müssen daher meist Kompromisse geschlossen werden. Die Anordnung auf einem Kreisbogen ist vielfach günstig und realisierbar. Bei **Popmusik** können die Musiker weit mehr nach aufnahmetechnischen Gesichtspunkten aufgestellt werden, d. h. die in Abb. B genannten Punkte können weit besser erfüllt werden. Das vielfach verwendete Playbackverfahren mit der sukzessiven Aufnahme der Instrumente verbindet sich ideal mit dem Einzelmikrofonverfahren.

Akustische Trennung

Die **akustische Trennung** entscheidet über das Maß an Gestaltungsfreiheit bei der Abmischung. Entspricht die Aufstellung bei der Aufnahme ungefähr der Einordnung in das Stereoklangbild, so ist eine geringere Trennung ausreichend. Das aufzunehmende Instrument sollte sich um mindestens 6-10 dB herausheben. Dies ist bei gleich lauten Instrumenten bereits dann gesichert, wenn der Mikrofonabstand zu dem aufzunehmenden Instrument nicht größer als $^1/_3$ bis $^1/_4$ des Abstands bis zum nächsten Instrument beträgt. Der Mikrofonabstand kann meist nicht beliebig verkleinert werden, ohne dass sehr spezielle Klangfärbungen und Nebengeräusche auftreten.

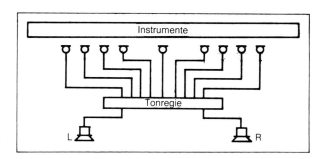

A. Einzelmikrofon-
verfahren

—Gleich laute Instrumente sitzen nebeneinander.

—Der Abstand zwischen den Instrumenten ist
möglichst groß; im Studio ist dabei der notwendige akustische und optische Kontakt zwischen
den Musikern, auf der Bühne sind zuzätzlich
publikumsbezogene optische Gesichtspunkte zu berücksichtigen.

—Die Instrumente sind möglichst nebeneinander,
nicht hintereinander angeordnet.

—Wenn Instrumente hintereinander angeordnet sind,
sind die lauten Instrumente möglichst vorne, die leisen hinten.

B. Günstige Anord-   —Sitzen die Musiker einander gegenüber, so kann die gute
nung der Musiker   Rückwärtsdämpfung von Nieren vorteilhaft genutzt werden.

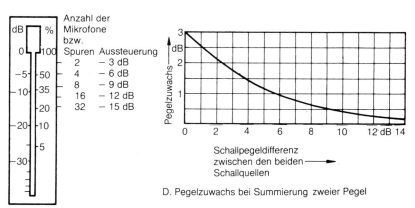

Anzahl der
Mikrofone
bzw.
Spuren Aussteuerung
  2   − 3 dB
  4   − 6 dB
  8   − 9 dB
 16   − 12 dB
 32   − 15 dB

D. Pegelzuwachs bei Summierung zweier Pegel

C. Einfluß der Anzahl der Mikrofone bzw.
   Spuren einer Mehrspuraufzeichnung
   auf die Aussteuerung des Einzel-
   kanals (gleiche Aussteuerung der
   Einzelkanäle angenommen)

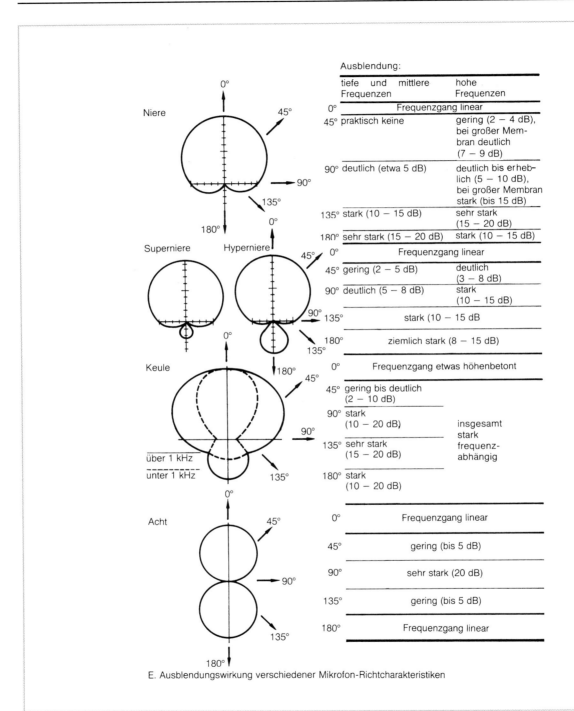

Ausblendung:

	tiefe und mittlere Frequenzen	hohe Frequenzen
Niere		
0°	Frequenzgang linear	
45°	praktisch keine	gering (2 − 4 dB), bei großer Membran deutlich (7 − 9 dB)
90°	deutlich (etwa 5 dB)	deutlich bis erheblich (5 − 10 dB), bei großer Membran stark (bis 15 dB)
135°	stark (10 − 15 dB)	sehr stark (15 − 20 dB)
180°	sehr stark (15 − 20 dB)	stark (10 − 15 dB)
Superniere / Hyperniere		
0°	Frequenzgang linear	
45°	gering (2 − 5 dB)	deutlich (3 − 8 dB)
90°	deutlich (5 − 8 dB)	stark (10 − 15 dB)
135°	stark (10 − 15 dB	
180°	ziemlich stark (8 − 15 dB)	
Keule		
0°	Frequenzgang etwas höhenbetont	
45°	gering bis deutlich (2 − 10 dB)	
90°	stark (10 − 20 dB)	insgesamt stark frequenz- abhängig
135°	sehr stark (15 − 20 dB)	
180°	stark (10 − 20 dB)	
Acht		
0°	Frequenzgang linear	
45°	gering (bis 5 dB)	
90°	sehr stark (20 dB)	
135°	gering (bis 5 dB)	
180°	Frequenzgang linear	

über 1 kHz
‒ ‒ ‒ ‒ ‒ ‒
unter 1 kHz

E. Ausblendungswirkung verschiedener Mikrofon-Richtcharakteristiken

Der Einsatz von **Trennwänden** erhöht die akustische Trennung je nach den Gegebenheiten, im Allgemeinen auf etwa 10 bis 15 dB. In halligen Räumen kann auch eine Trennwand hinter dem Musiker sinnvoll sein, um Diffusschall auszublenden.

Mikrofontyp und Mikrofonaufstellung

Für den Einsatz der Mikrofone gelten folgende Gesichtspunkte:

1. Es werden grundsätzlich Richtmikrofone verwendet; folgende **Richtcharakteristiken** stehen zur Wahl (Abb. E):

    Niere: von allen Richtcharakteristiken hat diese die beste Rückwärts-, aber die schlechteste Seitwärtsdämpfung.

    Hyperniere und **Superniere:** bei geringerer Rückwärtsdämpfung gegenüber der Niere ist die Ausblendung seitlicher Schallquellen besser als bei der Niere.

    Acht: von allen Richtcharakteristiken hat die Acht die beste seitliche Ausblendung, hat aber nach hinten dieselbe Empfindlichkeit wie nach vorne; sie eignet sich demnach für sich gegenübersitzende Instrumente, die nicht einzeln im Pegel geregelt werden müssen und in demselben Punkt abgebildet werden können, aber auch für Einzelinstrumente, wenn von rückwärts kein Direktschall einfällt. Das Verhältnis von Direktschall zu Nachhall bei frontalem Schalleinfall des Direktschalls entspricht demjenigen der Niere.

    Oft spielt der „Klang eines Mikrofons", der objektiv mit Messdaten nicht zu erfassen ist, jedoch eine größere Rolle als die speziellen Richtcharakteristiken der Mikrofone.

    Kugel: die Kugel ist als Druckempfänger, auch als Grenzflächenmikrofon, wegen ihrer geringeren Empfindlichkeit für Popp, des fehlenden Nahbesprechungseffekts und ihrer guten Aufnahme tiefer Frequenzen wegen durchaus geeignet, oft die beste Lösung. Sie muss für gleich große Übersprechdämpfung

nur näher an die Schallquelle herangebracht werden: auf etwa 60% des Mikrofonabstands der Niere oder auf gut 50% der Superniere.

2. Da die Mikrofone im Nahfeld der Instrumente bzw. Sänger stehen, ist mit sehr **hohen Schalldrücken** zu rechnen, besonders bei Blechblasinstrumenten und Schlagzeug. Moderne Kondensatormikrofone arbeiten auch bei diesen hohen Schalldrücken einwandfrei; u. U. muss die eingebaute Vordämpfung des Mikrofonverstärkers „–10 dB" eingeschaltet werden. Aus klanglichen und anderen Gründen werden im Popbereich auch vielfach dynamische Mikrofone eingesetzt.

3. Richtmikrofone heben wegen des **Nahbesprechungseffekts** im Allgemeinen im Nahfeld den Frequenzgang im tiefen Frequenzbereich an, was bei speziellen Solistenmikrofonen für Mikrofonabstände um 10 cm kompensiert ist (→ S. 102), bei größeren Abständen aber zur Absenkung im Bassbereich führt.

4. Von den **Spezialmikrofonen** werden gelegentlich für Streichinstrumente, Zupfbass und akustische Gitarren Lavalier- oder Ansteckmikrofone verwendet, um einen Klang mit interessanter Präsenz zu erhalten. Das Rohrrichtmikrofon erlaubt bei gleicher Ausblendung von Nachbarschallquellen einen größeren Abstand als die Niere. Körperschallmikrofone werden selten eingesetzt.

Einzelmikrofon- und Gesamtpegel

Bei Mehrspuraufnahmen wird jedes Mikrofon oder jede zusammengefasste Mikrofongruppe bei analoger Aufzeichnung mit Vollaussteuerung aufgezeichnet. Bei Abmischung schon bei der Aufnahme, also bei Stereoaufzeichnung, bzw. bei der Abmischung der Mehrspuraufnahme müssen die Pegel der einzelnen Mikrofone bzw. Spuren mit relativ geringem Pegel zusammengemischt werden, da sich eine große Anzahl von Quellen summiert (Abb. C und D).

Intensitätsstereofonie: Kontrolle der Stereosignale

Die stereofone Abbildung wird akustisch mit dem Gehör und bei Intensitätsstereofonie optisch mit Hilfe des Aussteuerungsmessers (Peak Program Meter), des Stereosichtgeräts (Goniometer, Audio Vectorscope) und des Korrelationsgradmessers (Phase Correlation Meter) überwacht. Die optischen Kontrollanzeigen bedürfen der Interpretation, sie können die akustische Kontrolle nicht ersetzen, erleichtern aber Einstellungen und Fehlerdiagnose außerordentlich. Bei unzureichenden Abhörbedingungen wie z. B. in kleinen Ü-Wagen u. ä. sind sie unentbehrlich. Bei reiner Laufzeitstereofonie sind die Anzeigen der optischen Kontrollgeräte nicht oder nur bedingt aussagekräftig; der Korrelationsgradmesser und das Stereosichtgerät zeigen Phasen-, aber nicht Laufzeitunterschiede an, Phasenunterschiede ändern sich aber mit der Tonhöhe, so dass die Aussage dieser Geräte wertlos ist. Die folgenden Ausführungen beziehen sich deshalb ausschließlich auf **Intensitätsstereofonie**.

Bei den gemischten Aufnahmeverfahren – ORTF-Stereofonie, OSS-Stereofonie u. a. (→ S. 146) – ist die Anzeige von Korrelationsgradmesser und Stereosichtgerät nur sehr bedingt aussagekräftig, da sie durch die Laufzeitdifferenzen bei diesen Verfahren beeinträchtigt wird; bei Kunstkopf-Stereofonie ist eine Kontrolle mit diesen Geräten sinnlos.

Aussteuerungsmesser

Mit dem Aussteuerungsmesser können nur **Pegelunterschiede zwischen L und R** beobachtet werden; als Richtwert kann gelten: 6–10 dB Pegelunterschied zwischen L und R bedeutet Abbildung halb seitlich auf der Seite des höheren Pegels, 15–20 dB Pegelunterschied Abbildung ganz seitlich (Abb. A). **Mittenschallquellen,** also Schallquellen, die in der Mitte der Stereobasis abgebildet werden, erscheinen bei gleicher Aussteuerung wie seitlich abgebildete Schallquellen durch akustische Summierung im Wiedergaberaum um 3 dB, d. h. merklich lauter als die seitlichen Schallquellen (Abb. B); sie müssen also um diesen Betrag geringer ausgesteuert werden, soweit dies durch die Mikrofonanordnung möglich ist. Bei elektrischer Summierung der Stereosignale, also bei der Monowiedergabe einer Stereoaufnahme, erscheinen Mittenschallquellen, die wie Seitenschallquellen ausgesteuert sind, sogar um 6 dB lauter; auch bei stereogerechter Absenkung der Mittenschallquellen um 3 dB bleibt also bei Monowiedergabe eine Anhebung der Mittenschallquellen um 3 dB.

Beim Einsatz reiner XY-, MS- oder AB-Aufnahmetechnik kann die Bevorzugung der Mitten nur durch geeignete Platzierung der Schallquellen ausgeglichen werden. Bei Benutzung eines 90°-Filters zur Monobildung entsteht keine zusätzliche Anhebung der Basismitte; diese Art der Monobildung wird allenfalls bei Monoaussendung von Stereoaufnahmen praktiziert, nicht aber bei Rundfunkempfängern bzw. HiFi-Anlagen.

Korrelationsgradmesser

Der Korrelationsgradmesser zeigt die **Phasenunterschiede zwischen L und R** als Cosinus der Phasendifferenz an und gibt damit Aufschluss über die Ähnlichkeit bzw. die Gleichheit von L- und R-Signal. Dies geschieht in einem weiten Bereich (−30 bis +20 dB) unabhängig vom Pegel; auch Pegelunterschiede zwischen L und R werden in diesem Bereich nicht berücksichtigt. Da das Gerät nur die Phasenunterschiede zwischen L und R anzeigt, ist es zur Kontrolle von Laufzeitstereofonie ungeeignet. Die Anzeige lässt bei Intensitätsstereofonie eine Aussage über die Kompatibilität des zu gewinnenden Monosignals zu. Eine Abschätzung der Basisbreite und eines möglichen „Lochs in der Mitte" ist ebenfalls möglich. Die **Anzeige** kann wie folgt interpretiert werden; bei gleichzeitiger Beobachtung des Stereosichtgeräts

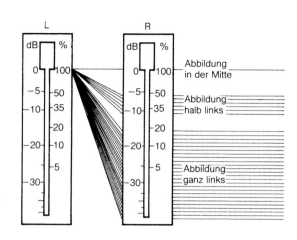

A. Pegeldifferenz und
Abbildungsort auf
der Stereobasis

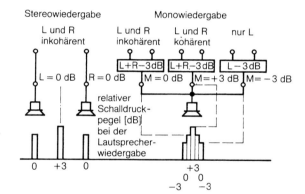

B. Wiedergabe von
Mitten- und Seiten-
schallquellen
bei Stereo- und
Monowiedergabe

Subjektive Kriterien zur Beurteilung des Einflusses der Abhörsituation: Verfärbung, Klangbalance,
Abbildungsqualität, Hallanteil

Nachhallzeit: 0,27 - 0,33 s (EBU-Empf.), 0,30 - 0,35 s (IEC-Stand.), 0,2 - 0,3 (andere Untersuchungen).
Für E-Musik länger, für Pop, Disco und Sprache kürzer.

Stehende Wellen im tiefen Frequenzbereich: keine

Frühe Reflexionen am Abhörplatz: möglichst wenige mit möglichst geringem Pegel, Einfallsrichtung bedeutungslos

Flatterechos: keine

Lautsprecheraufstellung für Stereowiedergabe: gleichseitiges Dreieck mit dem Hörplatz mit 2,5 bis 3 m Seitenlänge

Verhältnis Direkt-/Diffusschall am Abhörplatz: möglichst groß. Wird um so größer, je geringer der Abstand
Lautsprecher-Abhörplatz ist.
Nahfeldmonitore unterdrücken die Raumeinflüsse am stärksten, hier Abstand zum Hörplatz etwa 1m.

Raumgröße: 75 bis 150 m³, möglichst symmetrische Form und gleichmäßige Verteilung der Absorber

C. Anforderungen an einen Regieraum für möglichst "neutrale" Abhörbedingungen

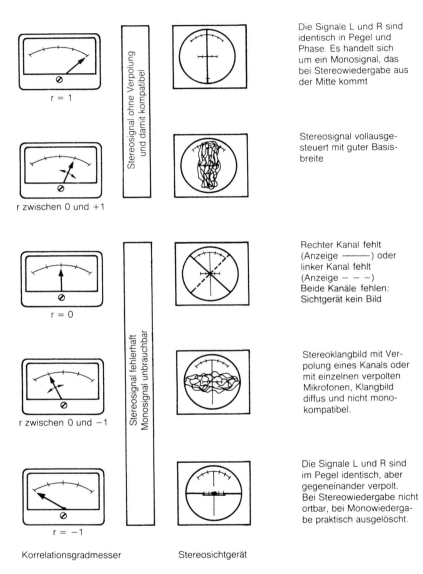

r = 1

r zwischen 0 und +1

r = 0

r zwischen 0 und −1

r = −1

Stereosignal ohne Verpolung und damit kompatibel

Stereosignal fehlerhaft Monosignal unbrauchbar

Die Signale L und R sind identisch in Pegel und Phase. Es handelt sich um ein Monosignal, das bei Stereowiedergabe aus der Mitte kommt

Stereosignal vollausgesteuert mit guter Basisbreite

Rechter Kanal fehlt (Anzeige ⸻) oder linker Kanal fehlt (Anzeige − − −) Beide Kanäle fehlen: Sichtgerät kein Bild

Stereoklangbild mit Verpolung eines Kanals oder mit einzelnen verpolten Mikrofonen, Klangbild diffus und nicht monokompatibel.

Die Signale L und R sind im Pegel identisch, aber gegeneinander verpolt. Bei Stereowiedergabe nicht ortbar, bei Monowiedergabe praktisch ausgelöscht.

Korrelationsgradmesser   Stereosichtgerät

D. Stereosignale und ihre Anzeige auf dem Stereosichtgerät und dem Korrelationsgradmesser können die Aussagen des Korrelationsgradmessers noch präzisiert werden (Abb. D):

Korrelationsgrad + 1	Die Signale L und R sind gleichartig, sie haben keine Phasendifferenz, können sich im Pegel allerdings erheblich unterscheiden. Es handelt sich um eine punktförmige Schallquelle im Stereoklangbild, auch außerhalb der Mitte. Das Stereosignal ist uneingeschränkt kompatibel.
zwischen + 0,3 und + 0,7	Es handelt sich um ein Stereosignal mit voller Basisbreite, das kompatibel ist. Die normale Aufnahme in Intensitätsstereofonie hat einen Korrelationsgrad in diesem Bereich.
0	Das Stereosignal hat keine korrelierten Signale, in der Mitte kann ein „Loch" entstehen. Zu dieser Anzeige führt auch das Fehlen eines Kanals oder eine Mischung gleich- und gegenphasiger Komponenten, ebenso das Fehlen beider Stereosignale.
zwischen -0,7 und -0,3	Es handelt sich um ein Stereoklangbild mit Verpolung eines Kanals oder eines Mikrofons, das Signal ist nicht kompatibel.
−1	Wie bei +1, jedoch ist ein Kanal verpolt, bei Monobildung ergibt sich bei gleichen Pegeln von L und R totale Auslöschung.

Ein ausdauernd **negativer Korrelationsgrad** weist also stets auf Übertragungsfehler hin, entweder auf eine Verpolung oder bei MS-Stereofonie auf ein zu großes S-Signal, bei Verwendung von aktiven Panpots auch auf eine Einstellung im Überbasisbereich. Monokompatibilität ist in allen diesen Fällen nicht oder nur bedingt gewährleistet. Beim **MS-Mikrofonverfahren** kommen aus denjenigen Richtungen grundsätzlich negativ korrelierte Signale, in denen das S-Signal größer als das M-Signal ist; dies trifft für die meisten Richtcharakteristikkombinationen für die Signale von außerhalb des maximalen Aufnahmebereichs zu (→ S. 128), also z. B. auch dann, wenn das S-Signal für die Aufnahmesituation zu groß ist.

Stereosichtgerät

Während der Korrelationsgradmesser besonders die Kompatibilität eines Stereosignals sowie Verpolungen anzeigt, erlaubt das Stereosichtgerät oder Goniometer ein Urteil über das **Stereoklangbild** selbst bezüglich Richtung der Signalanteile, Basisbreite, Verpolungen bzw. Überbasiseinstellungen, Pegelverhältnisse u. a. Es ist vor allem bei unzureichenden Abhörbedingungen wie z. B. im Ü-Wagen von großem Nutzen. Die Anzeigen des Stereosichtgeräts sind eindeutiger und leichter interpretierbar als diejenigen des Korrelationsgradmessers (Abb. D), besonders bei Fehlern der Stereosignale. Zusätzlich wird gegenüber dem Korrelationsgradmesser der Pegelunterschied zwischen L und R ausgewertet und entsprechend der Abbildungsrichtung auf dem Bildschirm angezeigt. Signale außerhalb des Segments ± 45° sind gegenphasig. Abgeknickte Spitzen zeigen nur einkanalig wirksame Begrenzung an. Phasendifferenzen zwischen L und R werden durch Kreise, Ellipsen oder komplexe geschlossene Kurven auf dem Bildschirm dargestellt. Besonders sinnvoll ist die Kombination aller optischer Kontrollen auf einem Bildschirm.

Abhörbedingungen

Eine zuverlässige Beurteilung des Stereoklangbilds verlangt einen Abhörplatz innerhalb der **Hörfläche** (→ S. 119, Abb. C). Bei üblichen Abhörbedingungen – Lautsprecherbasis etwa 3 m, Abstand des Abhörplatzes von jedem Lautsprecher ebenfalls etwa 3 m – ist die Hörfläche bei strengen Anforderungen nicht viel breiter als der Kopf des Hörers; jede Abweichung aus der Mitte führt damit zu einem Auswandern des Klangbilds zum jeweils näheren Lautsprecher. Der Regieraum muss so schallgedämpft sein, dass weder Nachhall noch einzelne Reflexionen bzw. Flatterechos hörbar sind (Abb. C).

Laufzeitstereofonie

Prinzip und Anwendung

Bei der Laufzeitstereofonie führen **Laufzeitdifferenzen** zwischen ansonsten praktisch identischen Signalen zweier Mikrofone zu Laufzeitdifferenzen der Lautsprechersignale (Abb. A); dadurch entstehen bei der Wiedergabe Phantomschallquellen zwischen den Lautsprechern (→ S. 118). Für die Abbildung in einem der Lautsprecher wird eine Laufzeitdifferenz von 1,2, maximal 1,5 ms benötigt. Die Hörereignisrichtung ist bei der Laufzeitstereofonie wesentlich stärker von der Art der Schallsignale abhängig als bei der Intensitätsstereofonie. Laufzeitunterschiede kann das Gehör nur an impulsartigen akustischen Strukturen feststellen, nicht aber an Dauersignalen wie Sinustönen oder harmonischen Klängen von Musikinstrumenten. Hier registriert es die Laufzeitdifferenzen als **Phasendifferenzen,** die frequenzabhängig – sie werden bei gleichbleibender Laufzeitdifferenz mit zunehmender Frequenz größer – und bei Überschreitung einer Phasendifferenz von 360° mehrdeutig sind. Damit ist die Hörereignisrichtung besonders bei harmonischen Dauerschallquellen – dies trifft auf Musikinstrumente mehr oder weniger zu – nicht genau fixiert, es kommt zu dem bekannten Springen der Hörereignisrichtung bei Wechsel der Tonhöhe (Abb. B). Kennzeichnend für die Laufzeitstereofonie ist das Vorhandensein aller möglichen Phasenbeziehungen zwischen den Signalen L und R; dies bewirkt die **gute Raumabbildung** der Aufnahme. Bei einem nicht auf der Mittelachse aufgestellten Solisten z. B. wechselt die Phasenbeziehung ständig. Deshalb sind Korrelationsgradmesser und Stereosichtgerät keine geeigneten Kontrollgeräte; die Kontrolle durch das Gehör ist allein ausschlaggebend. Das Verfahren eignet sich besonders, wenn ein in sich klanglich ausgewogenes Ensemble ohne herausgehobene Mittenschallquellen in einem akustisch guten Raum spielt und wenn eine eindrucksvolle Raumabbildung bei eingeschränkter Ortsauflösung beabsichtigt ist. Es wird nur bei **E-Musik** angewendet. Für die **Monobildung** empfiehlt sich bei reiner Laufzeitstereofonie für eine uneingeschränkt kompatible Monofassung nur das L- oder R-Signal zu verwenden; da eine Information über die Aufnahmetechnik aber im Allgemeinen der Aufnahme nicht beigegeben wird, kann diese Forderung in der Praxis meist nicht realisiert werden. Das Monosignal wird dann wie bei Intensitätsstereofonie üblich als Summe von L und R gebildet und weist für Schallquellen außerhalb der Mitte einen hörbaren Kammfilterfrequenzgang auf (Abb. D), insbesondere wenn die Mikrofonbasis größer als 17,5 cm (Ohrabstand) ist.

Mikrofonaufstellung

Das Mikrofon-Aufnahmeverfahren der Laufzeitstereofonie ist das sog. **AB-Verfahren.** Grundsätzliches über die Vor- und Nachteile dieser Aufnahmetechnik werden in den Artikeln Räumliches Hören bei Lautsprecherwiedergabe (→ S. 116) und Stereofonie (→ S. 120) besprochen. Die **Anwendung** liegt hauptsächlich bei E-Musik in akustisch guten Räumen und bei ausbalancierten Ensembles ohne Solisten. Reine Laufzeitstereofonie kann es nur geben, wenn die Distanz zwischen den Mikrofonen und der Schallquelle ein Vielfaches der Mikrofonbasis ist. Schon daraus ergibt sich, dass das Verfahren den Aufnahmeraum stark einbezieht.
Beim AB-Verfahren werden die Mikrofone grundsätzlich parallel auf das Zentrum des Klangkörpers gerichtet. Die **Mikrofonbasis**, also die Distanz zwischen den Mikrofonen, wird in der Praxis vielfach nur nach Erfahrungen und Proben festgelegt, obwohl es einen eindeutigen Zusammenhang zwischen Mikrofonbasis und Aufnahmebereich gibt. Für die äußersten Schallquellen muss eine Zeitdifferenz von 1,2 ms bzw. 40 cm erreicht werden, damit sie ganz seitlich abgebildet werden, manchmal 1,5 ms bzw. 50 cm (Abb. C). In einer Aufnahmesituation können diese Werte in Abhängigkeit vom Aufnahmebereich nur abgeschätzt werden, so dass Abb. C nur eine Orientierung darstellen kann. Eine Mikrofonbasis über ca. 60 cm ist eigentlich kein Verfahren der AB-Stereofonie, da die für Phantomschallquellen notwendigen Zeitdifferenzen weit überschritten werden.

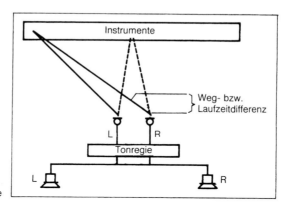

A. Laufzeitstereofonie

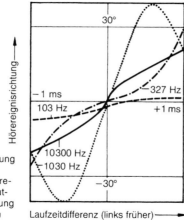

B. Hörereignisrichtung bei Sinustönen verschiedener Frequenzen bei Lautsprecheraufstellung unter ± 30° zum Hörer

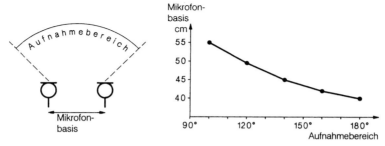

C. Zusammenhang von Mikrofonbasis und Aufnahmebereich

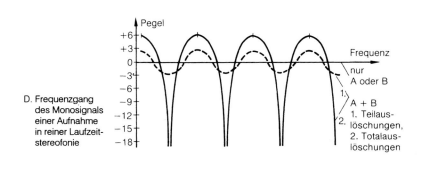

D. Frequenzgang des Monosignals einer Aufnahme in reiner Laufzeitstereofonie

nur A oder B
A + B
1. Teilauslöschungen,
2. Totalauslöschungen

E. Anordnungen mit drei Mikrofonen

0,8 bis 2,2 m

1,5 bis 2,2 m

Decca-Tree

3 bis 5 m

ABC

Phänomen bei Monowiedergabe	Kammfilter-Effekt	„Wah-Wah-" Effekt	Betonung der Mittenschallquelle	geringerer Nachhallanteil	geringere Basswiedergabe
Ursache	Aufnahme desselben Signals durch zwei Mikrofone	Aufnahme desselben Signals durch zwei Mikrofone	Überlagerung der Signale ohne Phasendifferenz	punktförmige Abbildung des Halls	
entsteht unter der Bedingung	Zeitdifferenz beim Eintreffen identischer Signale bei den Mikrofonen A und B	Bewegungen der Schallquelle	Schallquelle exakt in der Mitte	punktförmige Abbildung des Halls	
Besonderheit	nur bei Signalen außerhalb der Mitte, ergibt keine „gemeinsame", sondern für jedes Instrument eine eigene Klangfärbung	stört stärker als der reine Kammfilter-Effekt	nur vermeidbar, wenn für die Monobildung nur L und R benutzt wird oder ein 90°-Filter		
Auswirkung im Klangbild	verfärbt, eng, kleinräumig	wie Wah-Wah-Effekt	betonte Mitte	Aufnahme wirkt zu trocken	Bässe mit geringem Gewicht

F. Phänomene bei der Monowiedergabe von Stereoaufnahmen im AB-Aufnahmeverfahren

Das AB-Verfahren gehört zu den Hauptmikrofonverfahren, d. h., dass es ohne weitere Mikrofone eine vollwertige, ausgeglichene Aufnahme ergibt, sofern der Klangkörper bereits in sich ausbalanciert ist. Natürlich ist eine Kombination mit dem Stützmikrofonverfahren (→ S. 154) möglich und wird auch vielfach praktiziert. Anordnungen mit drei Mikrofonen, z. B. der sog. Decca-Tree, der zu Beginn der stereofonen Aufnahmetechnik ab 1958 oft verwendet wurde, oder die sog. ABC-Technik (Abb. E) haben den Nachteil, dass auch bei stereofoner Wiedergabe Klangfärbungen auf Grund von zeitlich versetzten Mehrfachaufnahmen entstehen.

Mikrofontyp

Grundsätzlich sind alle Mikrofontypen für das Verfahren geeignet. Je größer die **Richtwirkung** der Mikrofone, umso mehr wird der Aufnahmeraum mit seinen Informationen ausgeblendet. Stark gerichtete Mikrofone werden kaum verwendet; für eine sanfte Unterdrückung der Rauminformationen eignet sich die Breite Niere gut. Das klassische Mikrofon des AB-Verfahrens ist jedoch der **Druckempfänger,** auch als Grenzflächenmikrofon mit halbkugelförmiger Richtwirkung oder in der Kombination eines **Mikrofonpärchens** (→ S. 105). Die Vorteile dieses Mikrofontyps sind die uneingeschränkte Aufnahme auch tiefster Frequenzen und die Anhebung des Direktschallfrequenzgangs gegenüber dem Diffusfeldfrequenzgang, das ergibt eine gewisse Wärme des Klangs bei einer Unterstützung der Präsenz; auch die geringe Popp- und Körperschallempfindlichkeit des Druckempfängers ist zu nennen.

Raummikrofone

Soll der Raumschall durch zusätzlich aufgestellte Raummikrofone aufgenommen werden, so kommt hierfür nur das AB-Verfahren in Betracht, da nur hierbei die Stereosignale bis zu tiefen Frequenzen nicht korreliert aufgenommen werden, eine Bedingung für eine gute Räumlichkeit. Eine Dekorrelation bei Frequenzen von 100 Hz ergibt sich bei einer Mikrofonbasis von 175 cm, bei 50 Hz bei einer Basis von 300 cm. Raummikrofone sollten in einem Abstand zum Hauptmikrofon stehen, der keine Echowirkung erzeugt, also nicht weiter als 10 bis 15 m entfernt. Zu empfehlen sind ebenfalls Druckempfänger.

Kompatibilität beim AB-Verfahren

Eine Stereoaufnahme ist dann kompatibel, wenn bei der Monowiedergabe ein Klangbild entsteht, das nicht merklich schlechter ist als ein unter vergleichbaren Bedingungen entstandenes Monoklangbild. Probleme mit der Kompatibilität können vor allem bei Aufnahmen in Laufzeitstereofonie auftreten, da bei der Summierung von L und R die Signale in allen möglichen Phasenlagen zueinander stehen – abhängig von der Laufzeitdifferenz –, damit teils Auslöschungen, teils Verstärkungen entstehen, die den Frequenzgang des Monosignals erheblich verfälschen können. Dabei entstehen für die einzelnen Standorte der Schallquellen unterschiedlich geformte sog. Kammfilterfrequenzgänge (Abb. D, → S. 148, Abb. F), die ein Klangbild verzerrt, eng, eventuell auch kleinräumig wirken lassen. Abb. F nennt weitere Details. In der Praxis wird das Problem der Kompatibilität vorwiegend aus historischen Gründen oft überbewertet. In der Übergangsphase von der Monofonie zur Stereofonie, also etwa zwischen 1960 und 1970, waren sehr gute Monoabhöranlagen in Gebrauch, die Ansprüche an die Kompatibilität damit entsprechend hoch; die Probleme des neuen Mediums Stereofonie hatten sich dem eingeführten Medium Monofonie unterzuordnen. Nachdem sich die Stereofonie grundsätzlich durchgesetzt hatte, blieb die Monowiedergabe auf untergeordnete Abhörsituationen beschränkt, an die keine hohen Ansprüche gestellt werden können. So wird heute wegen der Kompatibilität nicht mehr auf das AB-Verfahren verzichtet. Der öffentlich-rechtliche Rundfunk, besonders das Fernsehen, hat in Sachen Kompatibilität mit Recht einen konservativeren Standpunkt eingenommen als die Schallplattenindustrie.

Gemischte Aufnahmeverfahren

Prinzip und Anwendung

Die Aufnahmeverfahren der Intensitäts- und Laufzeitstereofonie sind nicht nur jedes für sich anwendbar, sondern auch kombiniert als sog. **gemischte Aufnahmeverfahren.** Pegel- und Laufzeitdifferenzen addieren sich hierbei in ihrem Einfluss auf die Auswanderung der Phantomschallquelle aus der Mitte. Dabei gilt als **Äquivalenz zwischen Pegel- und Laufzeitdifferenz:** 1 dB entspricht 60 μs oder 16 dB etwa 1 ms (Abb. A). Die gemischten Aufnahmeverfahren verbinden die **Vorteile** von Intensitätsstereofonie – relativ präzise und stabile Abbildung der Phantomschallquellen auf der Stereobasis – mit denjenigen der Laufzeitstereofonie – eindrucksvolle Wiedergabe des Raums und der Tiefenstaffelung der Schallquellen. Die Laufzeitdifferenzen sorgen auch im tiefen Frequenzbereich bei Diffusschall für eine nur geringe Korrelation zwischen L und R und sichern den Eindruck von räumlicher Breite und Tiefe; die Pegeldifferenzen sichern vor allem im höheren Frequenzbereich, wo Laufzeitdifferenzen mehrdeutig werden, eine präzise Abbildung der Phantomschallquellen. Gemischte Verfahren, bei denen Pegel- und Laufzeitdifferenzen etwa gleichwertig sind, heißen **Äquivalenzverfahren.**

Anwendbar sind die gemischten Aufnahmeverfahren nur als **Hauptmikrofonverfahren,** also bevorzugt bei E-Musik, bei Chören, Volksmusik und Jazz, bei Ensembles also, die in sich klanglich ausbalanciert in akustisch guten Räumen musizieren. Weiter ist für diese Verfahren kennzeichnend, dass sie in Situationen, wo kaum Probeeinstellungen möglich sind, niemals wirklich schlechte Aufnahmen ergeben; sie eignen sich also besonders für **unübersichtliche Aufnahmesituationen.**

Im Hintergrund der gemischten Aufnahmeverfahren steht als Vorbild mehr oder weniger das Prinzip, nachdem auch das Gehör des Menschen arbeitet, das ebenfalls sowohl Laufzeit- als auch Pegel- bzw. Klangfarbenunterschiede auswertet; dem menschlichen Vorbild am nächsten kommt der Kunstkopf mit Wiedergabe über

Kopfhörer ($\rightarrow$ S. 158), eine Übertragung auf die Abhörbedingungen über Lautsprecher sind die Verfahren der sog. **Trennkörperstereofonie** ($\rightarrow$ S. 150).

Einteilung der Verfahren

Zwei Gruppen gemischter Aufnahmeverfahren werden unterschieden (Abb. B):

1. gemischte Verfahren mit **frequenzunabhängigen Pegelunterschieden,** die im folgenden behandelt werden (Abb. C); dazu gehört das ORTF-Verfahren, weiter alle anderen Laufzeit-Pegelkombinationen nach den Kurven von Williams,
2. gemischte Verfahren mit **frequenzabhängigen Pegelunterschieden** und damit **Klangfarbenunterschieden,** die im nachfolgenden Artikel als **Trennkörperstereofonie** behandelt werden; dazu gehören das Kugelflächenmikrofon, das OSS-Verfahren (Jecklin-Scheibe) ($\rightarrow$ S. 150) und der Kunstkopf ($\rightarrow$ S. 158).

Einige der gemischten Verfahren stehen als feste, unveränderbare Anordnungen zur Verfügung und bieten eine **universelle Eignung** für viele Aufnahmesituationen in Hauptmikrofontechnik. Überlegungen zur Mikrofonbasis und zum Öffnungswinkel entfallen hier, nur der Aufnahmebereich ist zu beachten; es handelt sich dabei vor allem um die Trennkörperverfahren. Demgegenüber sind die Verfahren mit frequenzunabhängigen Pegelunterschieden nach Williams in ihrer Anwendung komplizierter, da sie genauer Planung und Überlegung bedürfen (s. u.).

ORTF-Mikrofonverfahren

Das Mikrofonverfahren ORTF ist ein Spezialfall der anschließend erläuterten Anordnungen nach den Williams-Kurven, eine Anordnung, die vielfach benutzt wird, der Praxis angepasst und klanglich optimiert ist, auch unter dem Gesichtspunkt der Kompatibilität. Für das ORTF-Verfahren stehen einfache Mikrofonhalterungen zur Verfügung, die die Anordnung der Mikrofone vereinfachen. Die Bezeichnung ORTF ist der

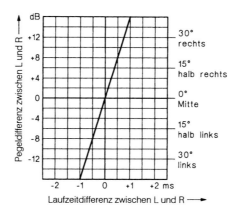

A. Gleichwertigkeit von Pegel- und Laufzeitdifferenzen zwischen L und R bei der Abbildung auf einer Stereobasis von 60° Öffnungswinkel für den Hörer

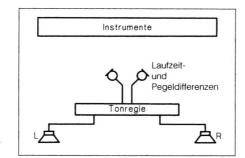

B. gemischte Stereo-Aufnahmeverfahren

Pegeldifferenzen unabhängig von der Frequenz	Pegeldifferenzen zunehmend mit der Frequenz, Trennkörperverfahren
Laufzeitdifferenzen unabhängig von der Frequenz	
Anordnungen mit wählbaren Kombinationen von Mikrofonbasis und -öffnungswinkel nach den Williams-Kurven mit Richtmikrofonen (Niere, Super-, Hyperniere, Acht), AB- und MS(XY)-Verfahren sind Grenzfälle dieser Anordnungen. ORTF als quasistandardisierter Sonderfall	Kugelflächenmikrofon vereinfachte Anordnungen mit Kugeln, Tropfenformen o. ä. zwischen zwei handelsüblichen Mikrofonen mit Kugelcharakteristik Kunstkopf OSS-Verfahren (Jecklin-Scheibe)

C. Einteilung der gemischten Aufnahmeverfahren

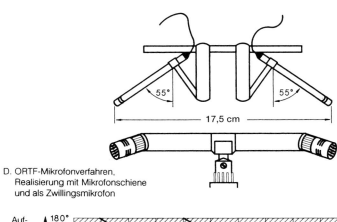

D. ORTF-Mikrofonverfahren,
Realisierung mit Mikrofonschiene
und als Zwillingsmikrofon

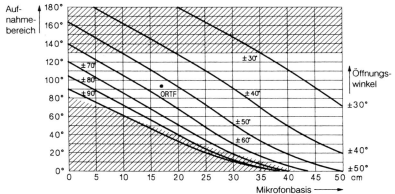

E. Zusammenhang von Aufnahmebereich, Mikrofonbasis und Öffnungswinkel für Mikrofone
mit Nierencharakteristik nach Williams, der schraffierte Bereich kennzeichnet
ungeeignete Anordnungen

Schallweg-differenz	Laufzeit-differenz	1. Einbruch im Frequenz-gang bei	weitere Einbrüche im Frequenzgang bei	Hörbarkeit
5 cm	0,15 ms	3450 Hz	10350, 17250 Hz	oberhalb etwa
10 cm	0,29 ms	1725 Hz	5175, 8625, 12075 Hz, ...	3000 Hz Einbrüche im
15 cm	0,44 ms	1145 Hz	3435, 5725, 8015 Hz, ...	Frequenzgang relativ
17,5 cm	0,51 ms	985 Hz	2955, 4925, 6895 Hz, ...	wenig störend
20 cm	0,58 ms	865 Hz	2595, 4325, 6055 Hz, ...	
30 cm	0,87 ms	575 Hz	1725, 2875, 4025 Hz, ...	
40 cm	1,16 ms	430 Hz	1290, 2150, 3010 Hz, ...	
50 cm	1,45 ms	345 Hz	1035, 1725, 2415 Hz, ...	

F. Einbrüche im Frequenzgang bei Monobildung bei Laufzeitdifferenzen zwischen
L und R (Werte gerundet)

Name der bis 1974 etablierten staatlichen französischen Rundfunkorganisation. Das Mikrofonverfahren ist das Ergebnis der Suche durch die ORTF nach einem einfachen, universellen und monokompatiblen Mikrofonverfahren. Die ORTF-Mikrofonanordnung (Abb. D) benutzt zwei **Mikrofone mit Nierenrichtcharakteristik**, deren Kapseln eine Basis von 17,5 cm entsprechend dem Abstand der Ohren haben und einen **Öffnungswinkel von zweimal 55°** einschließen. Als **Aufnahmebereich** ergibt sich dabei ein Bereich von etwa 95°, der den meisten Aufnahmesituationen angemessen ist.

Mikrofonanordnungen nach Williams

Das ORTF-Verfahren ist nur ein Sonderfall aus der Vielfalt der Kombinationsmöglichkeiten von frequenzunabhängigen Laufzeit- und Pegeldifferenzen. Man kann die Laufzeitdifferenzen durch eine zunehmende Mikrofonbasis größer machen, um die Breite und Tiefe des Raums und die Tiefenstaffelung der Instrumente hervorzuheben, man kann aber auch durch Vergrößerung des Öffnungswinkels die Pegeldifferenzen zwischen den stets zu verwendenden Richtmikrofonen größer machen, um die Lokalisierbarkeit und Präsenz der Aufnahme zu verbessern. Beide Einstellungen können nicht frei gewählt werden, da sie gemeinsam den Aufnahmebereich bestimmen. Grundsätzlich können alle Arten gerichteter Mikrofone eingesetzt werden, bevorzugt werden im Allgemeinen aber Nieren.

Die drei Größen Aufnahmebereich, Öffnungswinkel und Mikrofonbasis hängen also voneinander ab bzw. bedingen sich gegenseitig; ihre gegenseitige Abhängigkeit kann nicht ohne weiteres abgeschätzt werden, Erfahrung und Probieren helfen weiter. Einfacher ist es aber, nach den von M. Williams berechneten Zusammenhängen vorzugehen, die in Abb. E als Kurven für Nierenmikrofone dargestellt sind. **Folgendes Verfahren für die Praxis** wird empfohlen:

1. Zunächst wird der vom Mikrofonstandort aus gesehen notwendige **Aufnahmebereich** ermittelt. Dieser Winkelbereich kann meist nur abgeschätzt werden.
2. Dann wird die **Mikrofonbasis** aufgrund der Forderungen an das Klangbild festgelegt.
3. Schließlich wird aus den Kurven nach Williams oder mit der beiliegenden Einstellscheibe „Tonmeister Survival Kit" der notwendige **Öffnungswinkel** ermittelt.

Fragen der Kompatibilität

Bei allen Stereoverfahren, die ausschließlich oder teilweise mit Laufzeitdifferenzen arbeiten, muss die Frage der Kompatibilität geprüft werden. Das **Monosignal** muss bei den gemischten Verfahren als Summe von L und R gewonnen werden, wobei grundsätzlich Auslöschungen bzw. Pegelabschwächungen entstehen, fraglich ist dabei nur, ob bzw. inwieweit sie störend hörbar sind. Auslöschungen kann es nicht bei Direktschall aus der Mitte geben, weil hier Laufzeitdifferenzen fehlen; haben L und R Pegelunterschiede von mindestens 6 dB, gibt es ebenfalls keine hörbaren Klangfärbungen. Demnach kann es Klangfärbungen nur bei Signalen geben, die nahe der Mitte eingeordnet sind. Da bei allen gemischten Verfahren L und R aus Prinzip Pegelunterschiede aufweisen, kann es auch da nicht zu vollkommenen Auslöschungen kommen, sondern nur zu Klangfärbungen entsprechend einer Kammfilterkurve (→ S. 140, Abb. D). Je höher der erste Einbruch des Frequenzganges liegt, umso geringer wird die hörbare Klangfärbung. Man kann davon ausgehen, dass bei einer Mikrofonbasis über 17,5 cm (Ohrabstand) Klangfärbungen der Monofassung in der Praxis nicht störend sind (Abb. F). Aufnahmen in gemischter Stereofonie sind also weitgehend kompatibel.

Gemischte Aufnahmeverfahren mit Trennkörpern

Das Prinzip zu dieser Gruppe von Aufnahmeverfahren ist vom **menschlichen Gehörsinn** abgeleitet, der auf konstanten Laufzeitunterschieden, frequenzabhängigen Pegel- und damit Klangfarbenunterschieden und auf Druckempfängern basiert. Diese Mikrofonverfahren bestehen aus einem Paar von Druckempfängern mit einer Mikrofonbasis in der Größenordnung des Ohrabstands (17,5 bis 20 cm). Zwischen die Mikrofone wird ein Trennkörper gesetzt, der durch die Gesetze der Schallbeugung für die Frequenzabhängigkeit der Pegeldifferenzen zwischen den Mikrofonen sorgt. Die dabei auftretenden komplexen Pegelverhältnisse zeigt Abb. A anhand einer Kugel als Beispiel. Die Verfahren bieten als **Hauptmikrofonverfahren einen optimalen Kompromiss** der verschiedenen Anforderungen an ein gutes Stereoklangbild; sie vereinen gute Lokalisierbarkeit, Winkeltreue, Raumillusion, Tiefenstaffelung, Aufnahme tiefer Frequenzen und Kompatibilität. Ihre Vorteile können die Trennkörperverfahren nur bei einem erheblichen natürlichen Diffusschallanteil einbringen, also nur in größerem Abstand in akustisch aktiven und guten Räumen. Die Verfahren sind in der Handhabung einfach, in der Anwendung universell. Aus der großen Zahl denkbarer Lösungen haben sich zwei Verfahren etabliert und stehen als komplette Anordnungen zur Verfügung: das Kugelflächenmikrofon und die OSS-Scheibe.

Kugelflächenmikrofon

Experimente mit Druckmikrofonen und Kugeln als Trennkörper sind seit Jahrzehnten immer wieder gemacht worden, ohne dass daraus marktreife Produkte entstanden sind. Die guten klanglichen Eigenschaften von Druckmikrofonen können in der Tat nur mit Trennkörpern optimale stereofone Klangbilder liefern, weil reine Laufzeitstereofonie ($\rightarrow$ S. 142) nur eine eingeschränkte Lokalisierbarkeit bietet. Angeregt durch die beeindruckende stereofone Klangwiedergabe über Kopfhörer bei Kunstkopftechnik ($\rightarrow$ S. 158) und dem Wunsch, solche Klangbilder auch über Lautsprecher zu

realisieren, wurde nach den von Theile formulierten Anforderungen das Kugelflächenmikrofon (Abb. B) entwickelt und steht seit 1990 als Aufnahmesystem zur Verfügung. Bei diesem Mikrofonverfahren wurden die folgenden Anforderungen verwirklicht, die zugleich die wichtigsten Kriterien für den praktischen Einsatz ergeben:

– Die Laufzeit- und Pegelunterschiede an den beiden Mikrofonen sind denjenigen beim **natürlichen Hören ähnlich.**
– Der **Frequenzgang für direkten Schall von vorne** ist linear, für ein Mikrofon, das als Einzel- oder Stützmikrofon verwendet wird, eine selbstverständliche Forderung, für ein Hauptmikrofon gilt allerdings zu bedenken, dass mehr Schall von außerhalb der Mitte kommt als aus der Mitte selbst.
– Der **Frequenzgang des diffusen Schalls,** also des Halls, ist wie der Schall von vorne linear, da ein Hauptmikrofon einen relativ großen und damit klangbestimmenden Diffusschallanteil aufnimmt.
– Der Frequenzgang des diffusen Schalls kann nur dann färbungsfrei sein, wenn bei seitlichem Direktschall eine Anhebung hoher Frequenzen – je seitlicher der Schall, umso ausgeprägter – gegeben ist, weil ja beim jeweils abgewandten Mikrofon die Kugel mit steigender Frequenz auch den Schall zunehmend abschattet, die beiden Frequenzgänge müssen für jeden Winkel spiegelbildlich sein (Abb. C). Bei **zu geringem Mikrofonabstand** kann das zu einer **erhöhten Präsenz** bis hin zu einer unnatürlichen Klangschärfe für seitliche Schallquellen führen.
– Der relativ große Hallanteil erfordert einen akustisch **guten Aufnahmeraum.**
– Durch den bündigen Einbau der Mikrofone in die Kugel gibt es **keine Klangfärbungen durch Kammfiltereffekte,** trotzdem handelt es sich nicht um ein Grenzflächenmikrofon.
– Durch den Klangfarbenunterschied zwischen den beiden Mikrofonen bei seitlichem Einfall des Direkt-

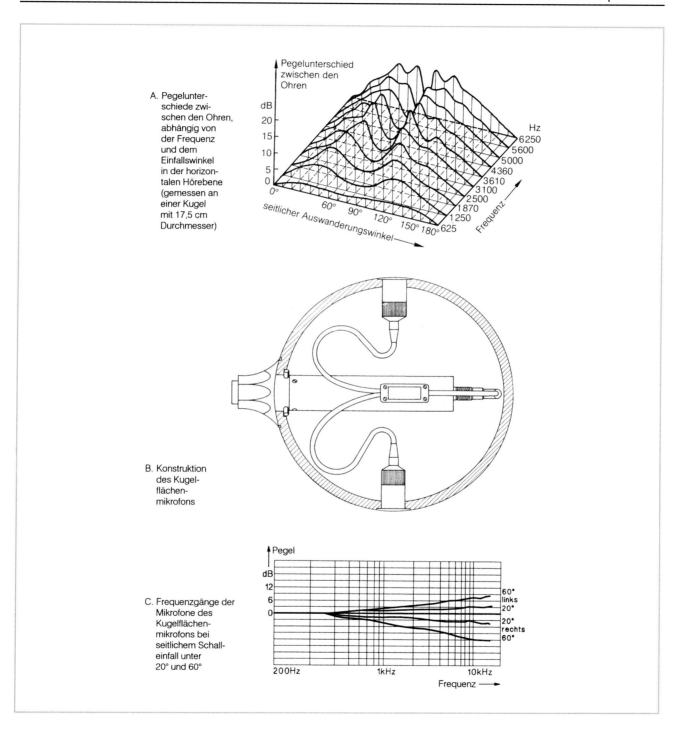

A. Pegelunter-
schiede zwi-
schen den Ohren,
abhängig von
der Frequenz
und dem
Einfallswinkel
in der horizon-
talen Hörebene
(gemessen an
einer Kugel
mit 17,5 cm
Durchmesser)

B. Konstruktion
des Kugel-
flächen-
mikrofons

C. Frequenzgänge der
Mikrofone des
Kugelflächen-
mikrofons bei
seitlichem Schall-
einfall unter
20° und 60°

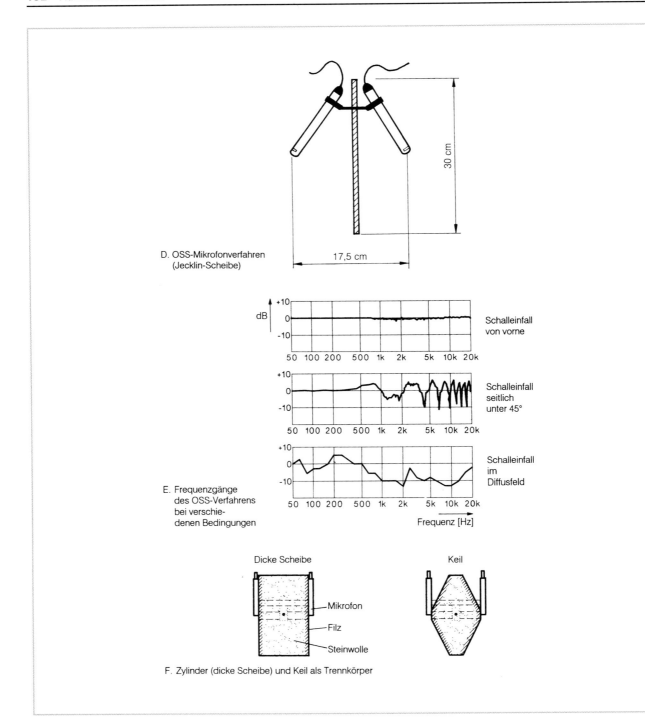

D. OSS-Mikrofonverfahren
(Jecklin-Scheibe)

30 cm

17,5 cm

dB

+10
0
-10
50 100 200 500 1k 2k 5k 10k 20k

Schalleinfall
von vorne

+10
0
-10
50 100 200 500 1k 2k 5k 10k 20k

Schalleinfall
seitlich
unter 45°

+10
0
-10
50 100 200 500 1k 2k 5k 10k 20k

Schalleinfall
im
Diffusfeld

E. Frequenzgänge
des OSS-Verfahrens
bei verschie-
denen Bedingungen

Frequenz [Hz]

Dicke Scheibe

Keil

Mikrofon
Filz
Steinwolle

F. Zylinder (dicke Scheibe) und Keil als Trennkörper

schalls einerseits, durch den fehlenden Klangfarben-unterschied bei Diffusschall andererseits, erhält eine Schallquelle eine Klangfärbung, die mit zunehmender Entfernung immer geringer wird, da der Hallanteil zu-nimmt, die Entfernung wird damit durch Klangfär-bungen charakterisiert, eine mögliche Erklärung für die zu beobachtende **gute Tiefenstaffelung und räumliche Tiefe.**

– Die Kugelgröße ist mit 20 bzw. 18 cm Durchmesser so gewählt, dass ein **Aufnahmebereich von 90° bzw. 120°** die Stereobasis bei der Wiedergabe opti-mal ausfüllt, dies ist bei der Aufstellung unbedingt zu beachten, bei breiten Klangkörpern erfordert dies ei-nen relativ großen Mikrofonabstand.

– Bei der **Kombination mit Stützmikrofonen** gehen die positiven Eigenschaften des Mikrofons schneller verloren als bei anderen Hauptmikrofonsystemen.

– **Raumakustische Probleme** liegen oft im tieffre-quenten Bereich, es lohnt sich, verschiedene Aufstel-lungsorte zu erproben. Dies gilt für alle Verfahren mit Druckmikrofonen.

OSS-Scheibe

Die OSS-Scheibe (**O**ptimales **S**tereo-**S**ignal), auch als **Jecklin-Scheibe** bekannt und seit 1980 in Gebrauch, be-steht aus einer schallharten, beidseitig mit Schaumstoff belegten Scheibe mit 30 cm Durchmesser. Die Mikro-fone, Druckempfänger, sind mit dem Abstand von 17,5 cm leicht nach außen gerichtet (Abb. D). Direkt-schall von vorne wird färbungsfrei aufgenommen. Da die schallharte Scheibe trotz Schaumstoffauflage aber stark schallreflektierend wirkt, wird seitlich auftreffen-der Direktschall oberhalb 500 Hz durch Kammfilter-Klangfärbungen geprägt; der Diffusschallfrequenzgang hingegen ist wenig gefärbt, da sich diese Färbungen weitgehend ausmitteln (Abb. E). Da Hauptmikrofonver-fahren mit Trennkörpern nur in größerem Abstand, d.h.

auch mit einem erheblichen Diffusschallanteil eingesetzt werden, ergibt sich trotz der ungünstigen Frequenzgänge des Direktschalls ein insgesamt plastisches, gutes Klangbild, das am Aufwand gemessen gute Ergebnisse erbringt.

Andere Anordnungen

Neben den bereits eingeführten Mikrofonverfahren der Trennkörperstereofonie sind weitere Anordnungen mög-lich, die z.B. bei anspruchsvollem und experimentier-freudigem semiprofessionellem Einsatz gute Ergebnisse erzielen können. Zunächst können Anordnungen mit ausgeschäumten Glaskugeln unterschiedlicher Größe, die für Leuchten im Handel sind, mit Druckmikrofonen direkt auf deren Oberfläche eine allerdings nicht opti-mierte Form eines Kugelflächenmikrofons darstellen. Eine weitere Lösung stellt ein 20 cm langer schallabsor-bierender Zylinder wie die OSS-Scheibe mit 30 cm Durchmesser dar, der den Zwischenraum zwischen den Mikrofonen vollständig ausfüllt (Abb. F); diese Anord-nung weist für frontale Schallquellen eine starke Höhen-bedämpfung auf, hat aber für seitlichen Schall nur ge-ringe Klangfärbungen. Zum Selbstbau eignen sich be-sonders einfache oder doppelte schallabsorbierende Keile z.B. aus Steinwolle und Filz in der Größe 30 mal 30 cm, an die die Druckempfänger bei einem Abstand von 20 cm anliegen (Abb. F); solche Anordnungen sind wenig klangfärbend, das gilt auch für den Diffusschall. Während der mechanische Aufbau all dieser Anordnun-gen Erfindungsreichtum erfordert, kann die Kombina-tion von Grenzflächenmikrofonen mit schallabsorbie-renden Trennkörpern, besonders mit Keilen, auf einfa-che Weise realisiert werden; keine professionellen Anordnungen, aber interessante Experimente und in vie-len Fällen sicher beeindruckend im Klangbild. Über sol-che Anordnungen entscheidet letztlich das klangliche Ergebnis, weniger der messtechnische Befund.

Stützmikrofone

Verbesserungen durch Stützmikrofone

Stützmikrofone werden zur Verbesserung von Aufnahmen vor allem unter den folgenden Gesichtspunkten eingesetzt:

Präsenz: Deutlichkeit, Kontur, Brillanz und Nähe sind die wichtigsten Aspekte des Begriffs Präsenz. In der Aufnahmetechnik wird Präsenz vor allem durch relativ geringen Mikrofonabstand realisiert; beim Einzelmikrofonverfahren ist sie damit durch das Aufnahmeverfahren vorgegeben. Die Mikrofonverfahren, die mit einem zentralen Hauptmikrofon arbeiten – XY-, MS-, AB- und die verschiedenen gemischten Verfahren – realisieren Präsenz vielfach durch zusätzlich aufgestellte und eingemischte Stützmikrofone. Der Mikrofonabstand ist hierbei größer als beim Einzelmikrofonverfahren, besonders wenn mit einem Stützmikrofon – vor allem mit einem Stereo-Stützmikrofon – eine ganze Instrumentengruppe o. ä. aufgenommen wird. Der geringe Mikrofonabstand ergibt ein stärkeres Ausblenden des Diffusschalls, eine gute Aufnahme der Einschwingvorgänge und Geräuschanteile eines Klangs, was den Eindruck der Nähe verstärkt. Die Deutlichkeit wird auch dadurch erhöht, dass die Signale der Stützmikrofone stets denjenigen des Hauptmikrofons voraneilen, was allerdings zu Lasten der Räumlichkeit der Aufnahme gehen kann.

Soll die Räumlichkeit und Tiefenstaffelung der Instrumente eines Klangkörpers nicht durch die Stützmikrofone eingeengt werden, müssen die Signale der Stützmikrofone um die Laufzeit des Schalls zum Hauptmikrofon zuzüglich einer Verzögerung von ca. 20 ms verzögert werden. Die zusätzliche Verzögerung ist erforderlich, weil ein genauer Laufzeitausgleich in der Praxis nicht realisierbar ist und es ohne Zusatzverzögerung damit zu Klangfärbungen kommen würde (s. u.).

Klangbalance: Stützmikrofone bieten vor allem auch die Möglichkeit, die Lautstärkebalance der einzelnen Instrumente bzw. Instrumentengruppen durch die Tonregie zu beeinflussen. Damit können musikalische Strukturen – z. B. interessante Nebenstimmen – besser dargestellt

werden. E-Musik ist im Allgemeinen für die Aufführung vor Publikum komponiert, die Instrumente sind damit zumindest bei der Verwendung der jeweiligen Musik entsprechenden Instrumente lautstärkemäßig vom Komponisten gegeneinander ausbalanciert. Dennoch ergeben sich durch die – verglichen mit dem Konzerthörer – geringeren, aber unterschiedlicheren Mikrofonabstände oft Unstimmigkeiten in der Klangbalance, die durch Stützmikrofone ausgeglichen werden müssen; bei in der Raumtiefe gestaffelten Klangkörpern verdecken nähere Instrumente weiter entfernte, ein Effekt, der für einen weiter entfernten Hörer nicht auftritt (Abb. B). Demgegenüber ist heute bei U-Musik, Popmusik usw. die Regel, dass eine Lautstärkebalance erst durch die Tonregie entsteht, weshalb hier praktisch nur das Einzelmikrofonverfahren oder eine umfassende Verwendung von Stützmikrofonen angemessen ist.

Lokalisierbarkeit: Ein weiterer Vorteil von Stützmikrofonen ist, dass mit ihrer Hilfe die Lokalisierbarkeit einzelner Schallquellen verbessert werden kann. Auch bei den Aufnahmeverfahren mit einem Hauptmikrofon in größerer Entfernung erweist es sich meist als günstig, die Eckpunkte der Klangbasis durch Stützmikrofone zu verdeutlichen; hierfür eignen sich Monostützmikrofone. Die Einordnung der Monostützmikrofone an jeder beliebigen Stelle der Klangbasis beruht – da über Panpot eingemischt – auf dem Verfahren der Intensitätsstereofonie und liefert damit die besterreichbare Lokalisierungschärfe.

Eine in vielen Fällen bei E-Musikaufnahmen erwünschte **Tiefenstaffelung,** eine räumliche Tiefe des Klangkörpers, wird durch Stützmikrofone allerdings mehr oder weniger aufgehoben. Lokalisierbarkeit und Präsenz sind mit größerer Entfernung grundsätzlich nicht vereinbar. Den Eindruck größerer Entfernung der gestützten Instrumente können zwei Maßnahmen verbessern: Die Präsenz wird durch eine leichte Bedämpfung der Höhen und Tiefen reduziert, die Lokalisierbarkeit wird dadurch aufgehoben, dass das Monostützmikrofon mit gleichen Pegeln, aber um etwa 5 ms

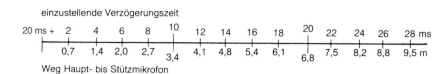

einzustellende Verzögerungszeit

A. Notwendige Verzögerungszeit von Stützmikrofonen

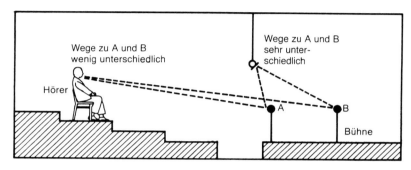

B. Veränderung der Klangbalance bei kleiner und großer Entfernung zu einem ausgedehnten Klangkörper

C. Welligkeit des Frequenzgangs des Direktschalls bei Überlagerung von Mikrofonsignalen

Pegeldifferenz zwischen Mikrofonpegeln	3	6	9	20 dB
Welligkeit	15	10	5	2 dB

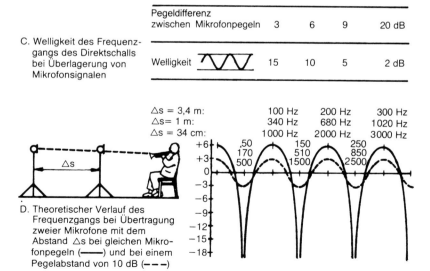

D. Theoretischer Verlauf des Frequenzgangs bei Übertragung zweier Mikrofone mit dem Abstand △s bei gleichen Mikrofonpegeln (——) und bei einem Pegelabstand von 10 dB (– – –)

E. Möglichkeiten für den Einsatz von Stereostützmikrofonen
(1., 2.) und mehreren Stereohauptmikrofonen (3., 4.) bei einem
ausgedehnten Klangkörper

unterschiedlicher Verzögerung für L und R in die Stereosumme eingemischt wird. Dadurch ergibt sich eine der Entfernung entsprechende Dekorrelation.

Monostützmikrofone

Monomikrofone werden eingesetzt, wenn die Schallquellen **keine besondere Ausdehnung** haben, also für ein oder zwei zusammengehörige Instrumente, für Gesangssolisten und Sprecher, weiterhin kommen für relativ **geringe Mikrofonabstände** nur Monomikrofone in Frage. Um die gewünschte Selektivität der Mikrofone zu erreichen, werden **Richtmikrofone** eingesetzt.

Stereostützmikrofone

Während für Einzelinstrumente und Gesangssolisten Monostützmikrofone Verwendung finden, werden bei Musikaufnahmen für **ausgedehnte Klanggruppen,** also für einzelne Gruppen des Orchesters, für einen Chor, aber auch – wegen seiner Ausdehnung – für ein solistisches Tasteninstrument (Klavier, Orgel, Cembalo) im Allgemeinen Stereostützen bzw. mehrere gleichgeordnete Stereohauptmikrofone aufgestellt. Ein grundsätzliches Problem von Stereostützmikrofonen ist ihre **schlechte Ausblendung rückwärtiger Schallquellen** und die diffuse Abbildung der Schallquellen, die außerhalb des Aufnahmebereichs liegen. Deshalb sind oft mehrere Monostützen vorteilhafter; dies gilt also besonders für Instrumentengruppen, die direkt hintereinander sitzen. Der **Aufnahmebereich der Mikrofone** wird der Ausdehnung der Instrumentengruppe angepasst; die regietechnische Einordnung in das Stereoklangbild mit dem Richtungsmischer durch entsprechende Einstellung von Abbildungsbreite und -richtung muss stets aus der Sicht des Hauptmikrofons gesehen bzw. – bei mehreren Hauptmikrofonen – aus der Sicht des Dirigenten eingestellt werden (Abb. E).

Klangfärbungen, Kleinräumigkeit

Bei Einsatz von Stützmikrofonen bzw. mehreren Hauptmikrofonen werden die einzelnen Schallquellen mehrfach aufgenommen, und zwar durch Mikrofone, die in verschiedenen Abständen zur Schallquelle angeordnet sind (Abb. D). Da die Signale dabei mit unterschiedlicher Verzögerung zusammengemischt werden, ergibt sich bei Laufzeitdifferenzen bis etwa 15 ms bzw. Schallwegdifferenzen bis etwa 5 m ein **welliger Frequenzgang** für die einzelnen Instrumente, die sog. Kammfilterkurve. Sie ergibt sich entsprechend der Phasenlage aus der Addition bzw. Subtraktion der beiden Signale (Abb. C und D). Ein Frequenzgang, der einzelne Frequenzkomponenten ganz entbehrt, ergibt sich nur bei völlig gleichen Pegeln von beiden Mikrofonen. In der Praxis wird meistens eines der Mikrofonsignale einen höheren Pegel haben, was die Welligkeit vermindert. Ein solcher Frequenzgang ergibt sich auch, wenn Reflexionen von relativ nahen Wänden oder vom Boden auf das aufnehmende Mikrofon treffen (→ S. 14). Da die Maxima des Frequenzgangs so gleichmäßig wie die Harmonischen eines Klangs angeordnet sind, hat die entstehende Klangfärbung einen gewissen **Tonhöhencharakter,** der besonders bei Veränderung des Abstands und damit des Tonhöhencharakters auffällt, also bei sich bewegenden Schallquellen.

Bei Abständen zwischen 5 und 10 m kann hingegen ein **Eindruck von Kleinräumigkeit** überwiegen; dieser entsteht dadurch, dass bei einer Wand in einer Entfernung von 2,5 bis 5 m Reflexionen eine vergleichbare Wirkung hätten. Es ist also wichtig, dass bei Einsatz von Stützmikrofonen zwischen Haupt- und der Summe der Stützmikrofone eine **Pegeldifferenz von 10 dB**, mindestens 6 dB, eingehalten wird, damit der Effekt der Welligkeit des Frequenzgangs bzw. der Kleinräumigkeit unbedeutend bleibt.

Kunstkopf-Aufnahmeverfahren und Kopfhörerwiedergabe

Prinzip

Das Kunstkopf-Aufnahmeverfahren (Abb. A) benutzt als Aufnahmesystem eine Nachbildung des Kopfs mit Mikrofonen anstelle der Ohren und reproduziert den Klang unmittelbar vor den Ohren des Hörers; es ist grundsätzlich für **Kopfhörerwiedergabe** vorgesehen. Das Verfahren gehört zu den „gemischten Aufnahmeverfahren" (→ S. 146), im engeren Sinn zur Trennkörperstereofonie (→ S. 150). Bei Kopfhörerwiedergabe bietet das Kunstkopfverfahren ein vielfach täuschend natürliches, beeindruckendes **Klangbild** mit gut lokalisierbaren Schallquellen in allen Richtungen – auch hinten, oben und unten –, mit einer sonst nicht erreichbaren Darstellung der Entfernungen und einem plastischen, natürlichen Raumeindruck. Laufzeitdifferenzen führen bei Kopfhörerwiedergabe im Gegensatz zur Lautsprecherwiedergabe zu einer erheblich deutlicheren Lokalisierbarkeit. Mangelnde Vorneortung ist allerdings eine Schwäche, die dem Verfahren einen breiteren Durchbruch versagt hat.

Der Kunstkopf markiert wie das menschliche Gehör jede Richtung mit einer typischen Klangfärbung, deren Frequenzgänge Abb. C zeigt. Da bei Kopfhörerwiedergabe die klangfärbende Wirkung der Ohrmuschel ausfällt, muss der Kopfhörer einen entsprechenden Frequenzgang bieten; zwei Lösungen wurden realisiert:

Freifeld- und Diffusfeldentzerrung

Das 1973 eingeführte **Kunstkopfverfahren mit Freifeldentzerrung** nimmt von vorne eintreffenden Direktschall (Freifeldschall) linear auf und erfordert also einen Kopfhörer, der die Klangfärbung produziert, die die Ohrmuscheln für Schall aus dieser Richtung bewirken würden. Solche Kopfhörer heißen „freifeldentzerrt", die meisten Kopfhörer, die im Handel sind, gehören zu diesem Typ, ohne dass dies angegeben wird (Abb. B und C, Kurve 2). Die richtungstypischen Klangfärbungen für

andere Richtungen erzeugt der Kunstkopf. Bei Lautsprecherwiedergabe zeigen solche Aufnahmen eine nicht akzeptable Klangfärbung, sie sind nicht lautsprecherkompatibel.

Das 1982 eingeführte **Kunstkopfverfahren mit Diffusfeldentzerrung** wurde mit dem Ziel einer Lautsprecherkompatibilität entwickelt. Dieser Kunstkopf hat für Diffusschall einen linearen Frequenzgang und erfordert einen Kopfhörer, der die Klangfärbungen der Ohrmuscheln bei Diffusschall aufweist (Abb. C, Kurve 1). Diffusfeldentzerrte Kopfhörer sind oft erkenntlich an Kennzeichnungen wie „Studio" oder „Monitor". Bei Lautsprecherwiedergabe sind Kunstkopfaufnahmen mit Diffusfeldentzerrung relativ färbungsfrei, sofern ein erheblicher Diffusschallanteil vorhanden ist. Für Aufnahmen, die nicht mit dem Kunstkopfverfahren aufgenommen wurden, gibt es prinzipbedingt keine für alle Richtungen färbungsfreie Kopfhörerwiedergabe. Die Diffusfeldentzerrung stellt aber als Mittelwert aus allen richtungsbedingten Frequenzgängen (Abb. C, Kurven 2 bis 5) den besten Kompromiss dar. Deshalb wurde dieser Kopfhörertyp als **Studiokopfhörer** mit sehr engen Toleranzen genormt, während freifeldentzerrte Kopfhörer nach der HiFi-Norm ein sehr breites Toleranzfeld haben, das Kopfhörer nach unterschiedlichem „Geschmack" ermöglicht.

Anwendung

Das Kunstkopfverfahren wurde für **raumakustische Untersuchungen** entwickelt, die Akustiken verschiedener Räume können so z. B. direkt miteinander verglichen werden. In der **Tonstudiotechnik** wird das Verfahren wegen seines akustisch-realistischen Klangbilds bei der Feature- und Hörspielproduktion genutzt; in der Kombination mit anderen Aufnahmeverfahren eröffnen sich neue dramaturgische Möglichkeiten (Abb. D). Bei Musikaufnahmen wird diese Technik wenig angewendet.

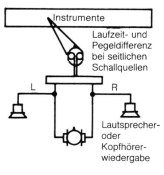

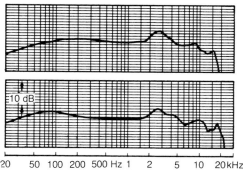

A. Kunstkopfstereofonie,
zwischen L und R bestehen
Laufzeit- und Pegel-
differenzen

B. Frequenzgänge zweier freifeldentzerrter Kopfhörer

C. Frequenzgänge des Schallsignals am Ohr
bei unterschiedlichen
Einfallsrichtungen sowie bei
Diffusschall. Entsprechend
muss ein Kopfhörer einen
linearen Frequenzgang ent-
zerren, bei Diffusfeldentzerrung nach Kurve 1,
bei Freifeldentzerrung
nach Kurve 2

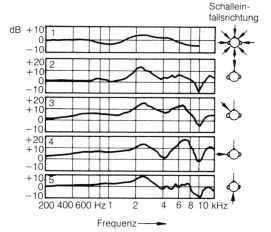

D. Kombination verschiedener
Aufnahmeverfahren bei
Kopfhörerwiedergabe und
zugehöriges Hörereignis

Aufnahme- verfahren	Abbildung des Signals
Mono	im Kopf (IKL, Im-Kopf-Lokalisiertheit)
Intensitäts- stereofonie	am Ohr
Kunstkopf- stereofonie	im Raum (AKL, Außer-Kopf-Lokalisiertheit)

Mehrkanalstereofonie

Alle hier besprochenen Aufnahmeverfahren beziehen sich auf die Zweikanalstereofonie, wie sie um 1960 eingeführt wurde und heute bei dem weitaus größten Teil aller Tonaufnahmen angewendet wird, sie wird kurz als Stereofonie bezeichnet; dies bedeutet eigentlich „dreidimensionaler Klang", den die Zweikanalstereofonie tatsächlich nicht bieten kann, da der Hörer eigentlich von außerhalb einer zweidimensionalen, horizontalen Raumscheibe in diese hineinhört. Während die Stereofonie etwa beim Fernsehton noch um ihre vollständige Einführung ringt, beginnt – ausgehend vom Filmton, bei dem Mehrkanalstereofonie längst Standard ist – sich bereits die nächste Entwicklungsstufe der Tonaufnahme und Tonwiedergabe zu etablieren, nämlich die **Mehrkanalstereofonie** mit dem Anspruch eines tatsächlich dreidimensional wirkenden Klangbilds, das den Hörer umgibt. Vor allem in Verbindung mit dem Bild bzw. der DVD findet diese Entwicklung statt. Hier soll nur ein kurzer Ausblick auf dieses Thema gegeben werden, da die Mikrofon-Aufnahmetechnik der Mehrkanalstereofonie selbst noch in einem experimentellen Entwicklungsstadium ist, das erst noch vieler Erfahrungen und Diskussionen bedarf sowie einer breiten Akzeptanz seitens der Konsumenten, bevor sie in einem kompakten Überblick dargestellt werden kann.

Ziel der Mehrkanalstereofonie ist, für den anspruchsvollen Hörer in seinem Wohnraum ein möglichst perfektes, qualitativ und ästhetisch hohe Erwartungen befriedigendes Klangbild zu bieten; es soll eine möglichst überzeugende Vorstellung von einer Klangrealität mit einer raumakustischen Einhüllung und Zuordnung aller Schallquellen in Richtung und Entfernung vermitteln. Die Hörperspektive soll entweder eine möglichst hohe Ähnlichkeit zu einer natürlichen akustischen Perspektive oder/und neue artifizielle Hörperspektiven auf der Grundlage natürlicher Schallereignisse, künstlicher Klänge und Bearbeitungseffekte haben. Konnten diese Ziele mit Zweikanalstereofonie teilweise schon erreicht werden, so kann die Mehrkanalstereofonie diesen Zielen noch näher kommen. Die Kunstkopfstereofonie (→ S. 158) stellt mit

gewissen Einschränkungen die beste Annäherung dar, wird aber durch die Bindung an Kopfhörerwiedergabe als Wiedergabemedium nur bedingt akzeptiert.

Die Mehrkanalstereofonie versucht die genannten Ziele durch eine Erhöhung der Anzahl der Übertragungskanäle auf mehr als zwei zu erreichen. Hierfür wurden in der international anerkannten **Empfehlung ITU-R BS.775** die Abhörbedingungen und Kanalsignale definiert. Dabei wird eine Verbesserung sowohl innerhalb des Bereichs des Seh- und bevorzugten Hörwinkels vor dem Hörer durch Einfügung eines Mitten- oder Centerkanals angestrebt als auch außerhalb durch den sog. Surroundton aus dem rückwärtigen und seitlichen Bereich. Eine Voraussetzung für die Entwicklung der Mehrkanalstereofonie ist mit der Einführung digitaler Übertragung und derzeit vor allem Speicherung (DVD) technisch gelöst.

Abhöranordnung und Spurbelegungen

Als Basis für die Abhörkonfigurationen gilt die **Anordnung mit 5 Lautsprechern:** zwei Lautsprecher vor dem Hörer wie aus der Zweikanalstereofonie bekannt, L unter 30° aus der Mitte nach links bzw. R unter 30° nach rechts sowie ein Mittenlautsprecher C; dazu kommen zwei Surroundlautsprecher unter jeweils 110°, LS nach links bzw. RS nach rechts hinter dem Hörer. Alle Lautsprecher liegen auf einem Kreis um den optimalen Hörplatz in der Kreismitte. Vielfach werden die Lautsprecherrichtungen anhand eines Uhrziffernblatts definiert: C bei 12 Uhr, L und R bei 11 Uhr bzw. 1 Uhr, LS und RS bei 8 Uhr bzw. 4 Uhr (Abb. A). In der Praxis wird oft ein Subwoofer eingesetzt, um die fünf Lautsprecher in ihren Abmessungen klein halten zu können, er überträgt den Frequenzbereich aller Kanäle unterhalb etwa 80 Hz. Weiterhin können die beiden Surroundlautsprecher LS und RS bei Bedarf – jedoch mit klanglichen Einschränkungen – durch einen Mono-Surroundlautsprecher MS ersetzt werden. Ein zusätzlicher, optionaler Kanal bzw. Lautsprecher ist der **LFE-Kanal** (Low Frequency Enhancement/Extension/Effect), ein Subbasskanal bzw.

L   = Links vorne
R   = Rechts vorne
C   = Center vorne
LC = Center vorne links
RC = Center vorne rechts
LS = Surround hinten links
RS = Surround hinten rechts
MS = Mono-Surround
LFE = Effektkanal

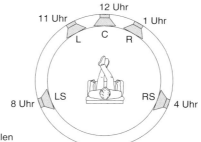

A. Anordnung der Lautsprecher bei
    Mehrkanalstereofonie, hier mit 5 Kanälen

Spur	Empfehlung ITU/R BS.775	Film	DTS (Digital Theatre Sound)	SDDS (Sony Dynamic Digital Sound)
1	L	L	L	L
2	R	C	R	LC
3	C	R	LS	C
4	LFE	LS	RS	RC
5	LS	RS	C	R
6	RS	LFE	LFE	LS
7			LINKS (2/0-Mix)	RS
8			RECHTS (2/0-Mix)	LFE

B. Spurbelegungen bei Mehrkanalstereofonie

System	Kanäle	Bezeichnung	Anordnung der Lautsprecher
Mono	M	1/0	vorne bei 0°
Zweikanal-Stereo	L–R	2/0	vorne bei −30° und +30°
Zweikanal-Stereo + Mono-Surround	L–R MS	2/1	vorne bei −30° und +30° + hinten bei 180°
Zweikanal-Stereo + 2 Surroundkanäle	L–R LS–RS	2/2	vorne bei −30° und +30° + hinten bei −110° und +110°
Dreikanal-Stereo	L–C–R	3/0	vorne bei −30°, 0°, +30°
Dreikanal-Stereo + Mono-Surround, z.B. Dolby-Surround	L–C–R MS	3/1	vorne bei −30°, 0°, +30° + hinten bei 180°
Basisstandard: Dreikanal-Stereo + 2 Surroundkanäle	L–C–R LS–RS	3/2	vorne bei −30°, 0°, +30° + hinten bei −110° und +110°
Dreikanal-Stereo + 2 Surroundkanäle + Effektkanal (z.B. DD (Dolby Digital, AC-3) und DTS	L–C–R LS–RS LFE	3/2/1 auch 5/1	vorne bei −30°, 0°, +30° + hinten bei −110° und +110° + hinten bei 180°
Fünfkanal-Stereo + 2 Surroundkanäle	L–LC–C–RC–R LS–RS	5/2	vorne bei −30°, −15°, 0°, +15°, +30° + hinten bei −110° und +110°
Fünfkanal-Stereo + 2 Surroundkanäle + Effektkanal	L–LC–C–RC–R LS–RS LFE	5/2/1	vorne bei −30°, −15°, 0°, +15°, +30° + hinten bei −110° und +110° + hinten bei 180°

C. Hierarchie kompatibler Mehrkanaltonsysteme (Empfehlung ITU-R BS.775)

Kanal für besondere Effekte im Frequenzbereich von 20 bis etwa 120 Hz. Subwoofer bzw. LFE werden bevorzugt vor dem Hörer aufgestellt. Die **Spurbelegungen** verschiedener Systeme zeigt Abb. B.

Die hauptsächliche Darbietungsform, der **Basisstandard von Mehrkanalstereofonie,** ist als 3/2 diejenige mit drei Frontlautsprechern L-C-R und zwei Surroundlautsprechern LS-RS, optional zu 3/2/1 oder 5/1 ergänzt durch den LFE. Diese Konfiguration wird sowohl im Kino als auch im Home-Bereich (DVD) bei digitaler, datenreduzierter Codierung und Speicherung angewendet, z. B. bei Dolby Digital (DD mit der Codierung AC-3) und DTS (Digital Theatre Sound). Das System 3/2 ist eingebettet in eine **Hierarchie von Wiedergabemöglichkeiten,** die stets abwärts kompatibel bis hin zu Mono aufeinander bezogen sind (Abb. C).

Die zusätzlichen Kanäle: Center, Surround, LFE

Der **Center-Kanal bzw. -Lautsprecher** macht aus der Mittenschallquelle, die bei Zweikanal-Stereofonie eine reine Phantomschallquelle ist, eine Realschallquelle und erhöht damit die Ortsfestigkeit des Klangbilds bzw. erweitert den optimalen Abhörbereich. Er ist zudem beim Filmton unverzichtbar für die Wiedergabe des gesprochenen Worts der Darsteller, das von allen Abhörplätzen aus z. B. eines Kinos mittig geortet werden muss. Auch aus Gründen der Kompatibilität der Systeme wurde er deshalb in den Standard aufgenommen. Bei bestimmten Aufnahmen kann der Centerkanal störend wirken und deshalb unbelegt bleiben.

Der **Surroundton** insbesondere mit zwei Kanälen hat die Aufgabe, dem Hörer die räumliche Einhüllung und die räumlichen Dimensionen aus dem Aufnahmeraum zu vermitteln. Hierfür wirken die Empfindungen, in demselben Raum wie die Schallquelle zu sein, von Schall umgeben zu sein, die Raumgröße in Breite und Tiefe sowie die Halligkeit und die Beschaffenheit der Raumoberflächen wahrnehmen zu können, zusammen. Dadurch gelingt beim bildbegleitenden Ton besonders die akustische Darstellung von Atmosphäre, „Atmo", auch von nicht sichtbaren, außerhalb des Bilds stattfindenden Ereignissen, bei Musikaufnahmen die räumliche Einbettung in einen hörbaren Konzertsaal mit Aussagen über soziokulturelle Hintergründe und Erlebnisfaktoren.

Der **LFE-Kanal** ist ausschließlich für besondere Effekte beim Film, evt. Video, vorgesehen, er wurde bei dem Film Star Wars 1977 erstmals verwendet und ist beim Film seit 1987 verbindlich vorgesehen. Bei der Produktion müssen alle Anteile im Tiefstfrequenzbereich nicht nur dem LFE-Kanal zugeordnet sein, sondern auch in die anderen Kanäle, besonders L, C und R, eingemischt werden; der LFE allein erhält nur spezielle Effekte mit hohen Pegeln. Bei Tonabmischungen von Filmen für Fernsehen und DVD müssen die Effekte des LFE in die anderen Kanäle eingemischt werden.

Die **Mikrofon-Aufnahmetechnik** bei Mehrkanal-Stereofonie ist erheblich komplexer als bei Zweikanal-Stereofonie; aus diesem Grund ist hier die Praxis, das Hören und Experimentieren, besonders wichtig. Als Ausgangspunkt der Mikrofonanordnung muss zunächst eine Anordnung entsprechend der konventionellen Zweikanal-Stereofonie auf der Basis von Laufzeit- und/oder Pegeldifferenzen gewählt werden. Zusätzlich ist ein Signal für den Centerkanal aufzunehmen, das sich nicht als Summe von L + R ergeben darf. Weiterhin muss für die Surroundkanäle eine Anordnung bereitgestellt werden, die die erwarteten Eigenschaften des Raumeindrucks, der Atmosphäre, möglichst gut reproduziert. Aus dem Zusammenspiel dieser drei Komponenten ergibt sich eine enorme Komplexität möglicher Mikrofonanordnungen, die derzeit noch diskutiert und entwickelt werden; eine theoretische, systematische Darstellung kann deshalb hier noch nicht gegeben werden.

Klangästhetische Prinzipien bei Musikaufnahmen

Ästhetik ist die Summe der Prinzipien oder Gesetzmäßigkeiten des sinnlich wahrnehmbaren Schönen, Klangästhetik beschreibt die Prinzipien, die alles Hörbare betreffen; in der Aufnahmetechnik wird bei der Klangästhetik die Sicht verengt auf die Prinzipien, die durch die Aufnahme selbst beeinflussbar sind.

Die Klangästhetik von Musikaufnahmen ist wie die Ästhetik anderer Kunstformen einer ständigen Veränderung unterworfen. Neben allgemeinen Strömungen gibt es auf diesem Sektor wie überall auch kurzlebige Trends oder an einzelne Persönlichkeiten gebundene Sonderentwicklungen. Dennoch soll versucht werden, einige „klassische" Prinzipien der Klangästhetik von stereofonen Musikaufnahmen zu formulieren. Klangästhetische Überlegungen werden umso wichtiger, je komplexer und je räumlich ausgedehnter eine Komposition oder Aufführung angelegt ist. So ist es bei der Aufnahme eines Sängers mit Gitarrenbegleitung nicht so erheblich, ob der Sänger links oder rechts von der Gitarre abgebildet wird oder ob die Gitarre in derselben Entfernung wie der Sänger, etwas weiter weg oder etwas näher wiedergegeben wird. Bei der Aufnahme eines großen Werkes mit Gesangssolisten, Soloinstrumenten, Orchester und Chor hingegen wird die Klangästhetik zu einer künstlerischen Frage größter Wichtigkeit, die wie die Darbietungen der Sänger und Musiker zur musikalischen Interpretation des Werkes gehört; der Tonmeister hat hier eine dem Dirigenten vergleichbare künstlerische Funktion und Verantwortung.

Klangästhetische Entscheidungen beginnen aber meist schon bei relativ kleinen Besetzungen. Sie sind nicht frei von aufführungspraktischen Notwendigkeiten zu fällen, stellen also vielfach einen gewissen Kompromiss dar. Allerdings sind die traditionellen Platzierungsschemata natürlich auch unter klangästhetischen Gesichtspunkten entwickelt worden; ein gutes Beispiel hierfür ist die sog. deutsche Orchesteraufstellung. Möglicherweise hat aber heute der Gesichtspunkt des präzisen Zusammenspiels oft Vorrang, wie z. B. bei der amerikanischen Orchesteraufstellung (→ S. 54).

Bei aller Subjektivität und Wandelbarkeit ästhetischer Urteile können zwei Gestaltungselemente als allgemeine ästhetische Prinzipien für stereofone Musikaufnahmen genannt werden: **Symmetrie** und **Klarheit.** Dazu kommen zwei Grundsätze, die aus den besonderen Bedingungen der zweikanaligen stereofonen Wiedergabe erwachsen: **Ersatz- oder Realschallquellen** sind den Phantomschallquellen überlegen, und die **Stereobasis** sollte möglichst ausgenutzt werden. Die Übertragung dieser Grundsätze auf die einzelnen Klang- und Raumdimensionen einer Stereoaufnahme kann die folgenden **klangästhetischen Leitlinien** begründen:

Verteilung der Klangquellen auf der Stereobasis

Die Klangquellen werden symmetrisch nach ihrer Tonlage auf der Stereobasis angeordnet, also hohe Tonlage (links) – tiefe Tonlage (Mitte) – hohe Tonlage (rechts). Diese Anordnung hat vor der Anordnung tief – hoch – tief Vorrang, weil vor allem hohe Instrumente die Flanken der Stereobasis deutlich markieren können und weil tiefe Instrumente die Problematik der Phantomschallquellen (→ S. 118) nicht so deutlich hörbar machen; auch ihrer musikalischen Funktion entspricht die Mitte, weil sie das gemeinsame harmonische Fundament aller Stimmen darstellen. In diesem klangästhetischen Sinne ist also auch die deutsche Orchesteraufstellung der amerikanischen vorzuziehen. Großbesetzte Werke, z. B. für Gesangssolisten, Orchester und Chor, haben mehrere Klangebenen der räumlichen Tiefenstaffelung, z. B. vorne die Gesangssolisten, etwas entfernter das Orchester, dahinter der Chor. Es fördert die Klarheit, die Durchhörbarkeit eines Stereoklangbilds, wenn die Verteilung der Schallquellen in den einzelnen Entfernungsebenen aufeinander abgestimmt ist. Dafür bieten sich bei zwei räumlich gestaffelten Klangebenen die folgenden Möglichkeiten, die Klangquellen entsprechend ihrer Tonlagen zu verteilen:

| tief – hoch – tief |
| hoch – tief – hoch |

| hoch – tief – hoch |
| tief – hoch – tief |

| hoch – mittel – tief |
| tief – mittel – hoch |

| tief – mittel – hoch |
| hoch – mittel – tief |

Bei drei räumlich gestaffelten Klangebenen können die Gestaltungselemente, die bei zwei Klangebenen möglich sind, in vielfacher Weise kombiniert werden, wobei die Grundsätze Symmetrie und Klarheit berücksichtigt werden.

Eine einzelne **solistische Gesangsstimme,** ebenso ein **solistisches Instrument,** wird in aller Regel in die Mitte der Stereobasis gelegt. Die Mitte ist ein absolut bevorzugter Ort, wahrscheinlich stark durch die andauernde optische Erfahrung zu erklären, dass wir das, was uns gerade wichtig ist, ansehen, dabei gerät natürlich auch die akustische Wahrnehmung in die Mitte. Rein im Sinne der Stereotechnik betrachtet ist die Mitte der Basis allerdings ein wiedergabetechnisch besonders unvollkommener Ort, da ein Mittensignal eine reine Phantomschallquelle ist, also bei der Wiedergabe nicht ortsstabil bleibt. Dass in der Praxis solchen klangästhetischen Gesichtspunkten vielfach aufführungspraktische Gewohnheiten und Forderungen entgegenstehen, schränkt ihre Gültigkeit nicht ein. Immerhin dürfte es in vielen Fällen leicht möglich sein, zumindest durch die Aufstellung der Gesangssolisten die Klangsymmetrie und -klarheit zu erhöhen.

Breite der Stereobasis

Die Basisbreite soll der Logik der räumlichen Perspektive nicht widersprechen. Große Klangkörper werden so breit wie möglich abgebildet; kleine Klangkörper, z. B. zwei Instrumente, werden umso schmaler abgebildet, je größer die Entfernung der Hörereignisse ist, nur bei Mikrofonstandorten im Nahfeld widerspricht eine breite Abbildungsbasis nicht der räumlichen Perspektive des Hörers. Grundsätzlich sollte ein Klangbild eher breiter angelegt werden, weil so die Problematik der Phantomschallquellen gemindert wird. Ein solistisches Klavier wird vor dem Orchester ebenfalls breit abgebildet. Unabhängig von der Abbildungsbreite der Schallquellen erfüllt der Raumschall immer die ganze Basis.

Tiefenstaffelung

Die kleinste akustisch darstellbare Entfernung bei Lautsprecherwiedergabe ist die Entfernung der Lautsprecher, die größte akustisch darstellbare Entfernung liegt zwischen 10 und 20 m (→ S. 116). Da die Entfernungswahrnehmung des Gehörs nicht ebenso gut entwickelt ist wie die Richtungswahrnehmung, können zwischen kleinster und größter darstellbarer Entfernung nur wenige Entfernungsebenen leicht unterschieden werden. Eine ausgeprägte Tiefenstaffelung entspricht zumindest bei Musikaufnahmen durchaus auch nicht der Erfahrung aus dem natürlichen Hören, sondern ergibt sich erst als akustische Perspektive aus der Position eines Hauptmikrofons, allerdings auch aus der Position des Dirigenten. Die Tiefenstaffelung bietet jedoch die Möglichkeit, den Klangraum zu differenzieren, eine Möglichkeit, die bei der für Lautsprecherwiedergabe unüberwindbaren Einengung des Raumeindrucks grundsätzlich genutzt werden sollte. Tiefenstaffelung ist zugleich auch Bedeutungsstaffelung; aus der alltäglichen Hörerfahrung ist das Nahe das, was anspricht oder auch bedroht, kurz, was wichtiger ist als Entfernteres. Die bei einer Aufnahme realisierte Tiefenstaffelung kann umso ausgeprägter sein, je größer die Besetzung ist und je größer der empfundene Raum ist. Die akustische Darstellung der Entfernung ist nicht bei allen Aufnahmeverfahren gleich gut zu realisieren (→ S. 126).

U-Musik, Popmusik, Folklore, Volksmusik, Jazz

Die genannten klangästhetischen Prinzipien finden in diesen Musikbereichen ebenso Anwendung wie im E-Musikbereich. Die Verteilung der Schallquellen nach ihrer Tonlage ist hier vielleicht noch wichtiger, weil durch die praktizierten Aufnahmeverfahren, also vor allem durch das Einzelmikrofon- und Stützmikrofonverfahren, die Lokalisierbarkeit auf der Stereobasis noch besser ist. Die Definition der Klangebenen muss etwas anders gefasst werden: eine Klangebene stellt hier auch z. B. die Rhythmusgruppe mit Schlagzeug, Harmonie- und Bassgitarre dar oder auch das Schlagzeug für sich allein. Sinngemäß wird die Bass drum in die Mitte gelegt, werden Becken und Hi-hat auf die Flanken verteilt, während die vier Toms mit steigender Tonlage z. B. von links nach rechts auf der Stereobasis angeordnet werden. Die räumliche Tiefenstaffelung erreicht schon wegen der üblicherweise viel kleineren Besetzungen nicht die Bedeutung, die sie bei E-Musikaufnahmen besitzt.

Klangästhetische Ziele

Das sog. **natürliche Klangbild,** wie es sich bei einer Aufführung für den beteiligten Hörer darbietet, muss zunächst als ästhetisches Ziel bei E-Musikaufnahmen aufgestellt werden, denn Musik wird – von wenigen Ausnahmen aus heutiger Zeit abgesehen – für die Aufführung vor Publikum geschrieben. Nun zeigt schon ein einfacher Versuch, dass ein Stereomikrofon, am Ort eines guten Zuhörerplatzes aufgestellt, in der Regel ein unbefriedigendes Klangbild liefert, zu entfernt, zu hallig, zu undifferenziert, zu unklar; es fehlt der optische Eindruck, es fehlt die Einhüllung in Klang, es fehlt vielfach auch die absolute Konzentration auf das Klanggeschehen, die im Konzertsaal selbstverständlich ist. Die Bedingungen bei elektroakustischer Wiedergabe sind so anders, dass das **klangästhetische Ziel** anders formuliert werden muss: Das Klangbild muss mit den Mitteln der Aufnahme- und Tonregietechnik so geformt werden, dass es dem natürlichen Klangbild künstlerisch mindestens gleichwertig ist, es in der Klangdarstellung an Klarheit, in der Darstellung der Partitur und den erkennbaren Absichten des Komponisten möglichst sogar übertrifft. Dieses Ziel anzustreben, erfordert es, mit zunehmender Komplexität der Partitur von dem sog. natürlichen Klangbild abzuweichen. Für ein einzelnes Cembalo muss das natürliche Klangbild das Klangziel sein, ein Werk mit großer Orchesterbesetzung muss in der Verantwortung eines Künstlers mit den Mitteln der Tonaufnahmetechnik klangästhetisch gestaltet werden.

Bei der Wiedergabe können die **Lautsprecher als Stellvertreter** von Instrumenten oder Stimmen aufgefasst werden, als sog. Ersatzschallquellen. Diese Klangästhetik macht den Wiedergaberaum scheinbar zum Aufführungsraum; sie kann sich dann eignen, wenn ein einzelnes oder wenige vergleichsweise klangschwache Instrumente aufgenommen werden sollen, also für den Teil der Kammermusik, die wirklich für die Kammer geschrieben ist und nicht für den Konzertsaal, und natürlich für

das gesprochene Wort z. B. einer Lesung. Die Gegenposition zu dieser Aufnahmetechnik ist die scheinbare **Ankopplung des Aufnahmeraums an den Wiedergaberaum** durch Vermittlung der Lautsprecher; sie ist gefordert für alle umfangreicher besetzten Kompositionen mit dem Ambiente eines Konzertsaals oder eines Opernhauses, aber z. B. auch, wenn der sakrale Charakter eines Kirchenraums dargestellt werden soll. Solche Werke werden meist mit den oben genannten klangästhetischen Zielen aufgenommen.

Historische Entwicklung

Ein historischer Rückblick auf die Klangästhetik von Aufnahmen ist nicht nur für die Geschichte der Interpretation von Musik interessant, sondern breitet zugleich nochmals die Möglichkeiten der Klangästhetik von Musikaufnahmen aus. Vereinfacht kann die Entwicklung so nachgezeichnet werden:

Für die ersten Jahrzehnte der Tonaufnahmetechnik nach Erfindung des Phonographen 1877 durch Edison standen nur Aufnahmeeinrichtungen zur Verfügung, die die mechanische Energie der Schallwellen direkt zur Aufzeichnung nutzten. Sie wurde über Trichter und Schläuche einer Membran zugeleitet, die die Schwingungen zunächst in Walzen, später nach Berliners Erfindung ab 1899 in Platten eingravierte. Diese Technik benötigt viel Schallenergie; deshalb standen die Ausführenden möglichst nahe vor den Trichtern, die Lautstärke musste möglichst gleichbleibend hoch sein. Damit wurde mit der **Nahaufnahme** ein Klangbild geschaffen, das – zu einer Klangästhetik erhoben oder zum Sound erklärt – bis in unsere Zeit als eines der möglichen Klangziele gilt. Pop- und ähnliche Musik arbeiten mit ihrem Einzelmikrofonverfahren bis heute nach diesen, wenn auch modifizierten und differenzierten Grundsätzen. Auch die Erfindung des Mikrofons für die Fernübertragung durch elektrische Leitungen – als Kohlemikrofon ebenfalls 1877 durch Edison –, bei dem die Schallenergie nur noch elektrische Energie steuert, und von Verstärkern und Mischtechnik in Verbindung mit magnetischer Aufzeichnung auf Draht oder Band haben diese Klangziele nicht grundsätzlich revolutioniert, weil der zur Verfügung stehende Dynamikbereich zwar mit den technischen Fortschritten erheblich wuchs, aber immer noch keine dynamisch differenzierten Klangbilder zuließ.

Erst in den fünfziger Jahren war die Aufnahme- und Aufzeichnungstechnik so weit entwickelt, dass eine befriedigende Wiedergabe des Raumschalls sinnvoll war. Nun entstanden Aufnahmen aus größerem Abstand mit Raumambiente; ein Druckempfänger am optimalen Ort in einem akustisch guten Raum stellte eine klangästhetische Alternative dar, das **Hauptmikrofonverfahren** war geschaffen. Damit wurden auch alle Zwischenformen zwischen dem zunächst technisch bedingten Nahaufnahmeverfahren, heute Einzelmikrofonverfahren, und dem neuen, wie man heute sagt, Hauptmikrofonverfahren möglich und angewendet, vor allem die Kombination beider Verfahren, die **Stützmikrofontechnik.**

Die Einführung der **Stereofonie** um 1960 brachte ein neues Problem mit sich: Stereoaufnahmen sollten monokompatibel sein. Die Schallplattenindustrie setzte auf die neue Technik und stellte strenge Kompatibilitätsforderungen zurück; so konnte sie auch mit Laufzeitstereofonie arbeiten. Der Rundfunk musste mit Recht mehr auf Kompatibilität achten und verwendete bevorzugt die Intensitätsstereofonie.

Bis in die achtziger Jahre hatte sich die Stereofonie als Standard eingeführt, die Aufnahmetechnik konnte nun über eine **große Vielfalt stereofoner Aufnahmetechniken** verfügen; dies führte auch zu einer intensiven Beschäftigung mit den verschiedenen Verfahren, vor allem mit den Hauptmikrofonverfahren. Die Mikrofone konnten weiter verbessert, die **Typenvielfalt der Mikrofone** erhöht werden: Neuentwicklungen wie das Kugelflächenmikrofon, der Kunstkopf, bedienungsfreundliche MS-Mikrofone, das Grenzflächenmikrofon, die Breite Niere, die Wiederbelebung der Achterrichtcharakteristik, die Entwicklung von Druckempfängern mit Freifeld- und Diffusfeldentzerrung und von Körperschallmikrofonen, Weiterentwicklungen der Mikrofonverstärkertechnik durch Einsatz von FET-Transistoren, ICs und transformatorlosen Schaltungen, Miniaturisierung u. a. Parallel zu den technischen Weiterentwicklungen und Qualitätssteigerungen existiert ein wenn auch schmales Segment, das die modernen „objektiven" Mikrofone bewusst durch „subjektive" Mikrofone ergänzt, Mikrofone mit einem besonderen Klang, der auch die Klangästhetik mitformt. Dazu gehören klassisch gewordene ältere Röhren-Kondensatormikrofone und Bändchenmikrofone, aber auch die Wiederaufnahme „historischer" Techniken in neue Mikrofone wie Elektronenröhren im Mikrofonverstärker und der Nachbau „historischer" Mikrofonkapseln.

Heute steht der Aufnahmetechnik ein differenziertes Instrumentarium zur Verfügung, mit dem in den gesetzten Grenzen der Zweikanalstereofonie hervorragende Aufnahmen in jedem Klangstil möglich sind. Mit der Entwicklung der Mehrkanaltechnik in der Tonaufnahme kommen erweiterte Forderungen und Überlegungen auf die klangästhetische Diskussion zu (→ S. 160).

Aufnahme einzelner Instrumente und Stimmen

Aufnahme von Streichinstrumenten
Aufnahme von Blasinstrumenten
Aufnahme von Schlaginstrumenten
Aufnahme von Gitarren
Anschluss elektrischer Musikanlagen
Aufnahme von Tasteninstrumenten
Wortaufnahme
Aufnahme von Gesangssolisten und Chören

Die meisten Aufnahmeverfahren, wie sie hier beschrieben wurden, gehen davon aus, dass eine Darbietung nach dem Vorbild des menschlichen Hörens mit zwei Mikrofonen möglich ist. Es wurde aber auch ein Verfahren beschrieben, bei dem mit jeweils einem Mikrofon einzelne Schallquellen bzw. Teilschallquellen z.B. einer Gruppe von Instrumenten aufgenommen wird, gemeint ist das **Einzelmikrofonverfahren** ($\rightarrow$ S. 134). Bei diesem Verfahren spielt der Raum eine geringere Rolle, gefragt sind die Eigenschaften eines Mikrofons im Freifeld und die Schallabstrahleigenschaften der Schallquelle im Nahfeld in Richtung des Mikrofons. Die gleiche Situation stellt sich auch bei der Kombination von Haupt- und Einzelmikrofonverfahren, beim Einsatz von **Stützmikrofonen** ($\rightarrow$ S. 154). Bei solchen Aufnahmesituationen spricht man von der Abnahme oder dem **Abnehmen von Instrumenten.**

Bei der Abnahme von Instrumenten oder Stimmen ergibt sich insofern eine andere Situation, als die normalen Erfahrungen mit Klang hier weniger greifen. So nah wie das Mikrofon hört man im Allgemeinen ein Instrument nicht. Es ergeben sich mindestens teilweise neue oder **ungewohnte Klangbilder,** die zudem durch eine Veränderung des Mikrofonstandorts bezogen auf das Instrument in weit größerem Maß variiert werden können als bei der Aufnahme aus größerer Entfernung.

Während für die Anwendung von Hauptmikrofonverfahren Grundsätze aufgestellt werden können, die wegen ihrer physikalischen Grundlagen Gültigkeit haben, sind für die Abnahme von Instrumenten oder Stimmen objektive Kriterien weit weniger anwendbar. Die folgenden Artikel beruhen deshalb mehr auf subjektiven Erfahrungen und Klangvorstellungen, über die es dennoch eine gewisse Einigkeit gibt. Für den einzelnen Anwender bedeutet dies aber, dass die Angaben als Anregungen und Empfehlungen aufzufassen sind.

Aufnahme von Streichinstrumenten

Abstrahlcharakteristik und Formanten

Die Abstrahlcharakteristik der Streichinstrumente (→ S. 66), Hauptgesichtspunkt für die Aufstellung der Mikrofone, ist durch **weniger scharfe Ausprägung,** aber **größere Komplexität** verglichen mit den Blasinstrumenten charakterisiert; die Klangfarbe ändert sich weniger mit dem Mikrofonort, die Mikrofonaufstellung ist demnach nicht so kritisch wie bei Blasinstrumenten. Bei **Aufnahmen im Nahbereich** ergibt sich – bedingt durch Unregelmäßigkeiten der Abstrahlung – ein der Kammfilterkurve vergleichbarer Frequenzgang im höheren Frequenzbereich (→ S. 65, Abb. D). Bei künstlicher Verhallung überträgt er sich auch auf den Frequenzgang des Halls. Größerer Mikrofonabstand und damit größerer Anteil des Raumhalls vermeidet diesen Effekt, der zu einer gewissen metallischen Schärfe des Klangs führt. Wichtig für die Erfassung der Klangeigenart der Instrumente ist der **Hauptformantbereich** (→ S. 59); er ist allerdings oft nur in einem relativ engen Winkelbereich besonders ausgeprägt. Bei der **Violine** wird der klangbestimmende A-Formant (um 1000 Hz) vor allem von der Decke des Instruments abgestrahlt, so dass in diesem Bereich auch der günstigste Mikrofonort ist. Die Entfernung richtet sich nach der Akustik des Raums, der Aufnahmetechnik und der angestrebten Klangästhetik der Aufnahme (Abb. A). Bei der **Viola** herrschen ganz ähnliche Verhältnisse wie bei der Violine. Das **Violoncello** strahlt die Tiefen vor allem in Richtung senkrecht zur Decke des Instruments ab, hier besitzt der Klang Fülle; bei höherer Anordnung des Mikrofons ergibt sich ein schlankerer Klang, da die dafür wichtigen Komponenten (2000-5000 Hz) bevorzugt nach oben abgestrahlt werden (Abb. A); sie lassen die Violoncellostimme im Orchester in hohen Partien schlanker erscheinen als die Violinstimme. Auch beim **Kontrabass** erweist sich eine Ausrichtung des Mikrofons auf die Decke, besonders auf die F-Löcher, als günstig. Typisch für den gestrichenen Kontrabass sind die bis um 10 000 Hz reichenden Schwingungsgeräusche der Bogenhaare. Ihr „Sirren" gibt dem Klang des Kontrabasses auch durch den Klang des ganzen Orchesters hindurch eine charakteristische Prägnanz. Die schlechten Bedingungen für die Ortbarkeit der Kontrabässe wird durch dieses Geräusch wünschenswert verbessert.

Extreme Nahaufnahme

Die extreme Nahaufnahme von Streichinstrumenten ergibt ein sehr **präsentes und dichtes Klangbild,** auch bei starker Verhallung; es wirkt dabei nicht natürlich und eignet sich deshalb für U-Musik u. ä. Nahabnahme kommt in erster Linie bei chorischer Besetzung in Betracht. Bei gleichzeitiger Saalbeschallung ist diese Aufnahmetechnik wegen der relativ geringen Mikrofonverstärkung sehr rückkopplungsarm. Auch aus optischen Gründen kann bei Fernsehaufnahmen eine solche Aufnahmetechnik angebracht sein. **Ansteckmikrofone** werden bevorzugt am Saitenhalter befestigt, bei Violoncello und Kontrabass an den Steg geklemmt (Abb. B). Ansteckmikrofone zeigen, wenn es sich wie meist um Druckempfänger handelt, keine Tiefenanhebung im Nahfeld. Daß Ansteckmikrofone vielfach Lavaliermikrofone mit einem entsprechenden Frequenzgang sind (→ S. 102), ist in der Praxis nicht erheblich. Für die extreme Nahaufnahme können auch **herkömmliche Mikrofone** auf Stativen aufgestellt werden, was den Musikern große Einschränkungen ihrer Bewegungsfreiheit abfordert. Bei Violoncello und Kontrabass können die Mikrofone mit Schaumstoff umwickelt unter den Steg geklemmt werden (Abb. B). In erster Linie kommen Druckempfänger in Betracht. Schließlich können auch Grenzflächenmikrofone ohne Grundplatte oder Körperschall-Kontaktmikrofone eingesetzt werden. Eine weitere Möglichkeit bieten Spezialmikrofone, die anstelle des Saitenhalterknopfs (Violine und Viola) bzw. Stachels (Violoncello und Kontrabass) eingesetzt werden und die Instrumente im Resonanzkörper aufnehmen.

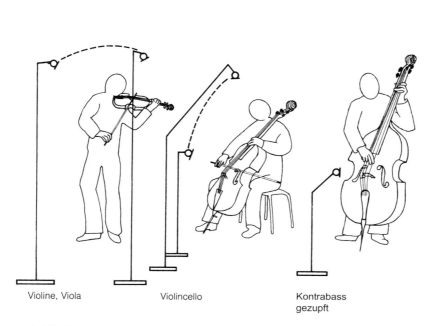

Violine, Viola   Violincello   Kontrabass
gezupft

A. Mikrofonaufstellung bei Streichinstrumenten

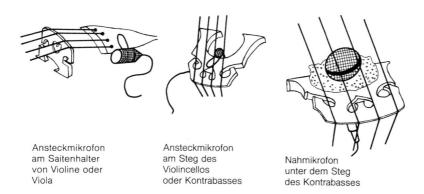

Ansteckmikrofon
am Saitenhalter
von Violine oder
Viola

Ansteckmikrofon
am Steg des
Violincellos
oder Kontrabasses

Nahmikrofon
unter dem Steg
des Kontrabasses

B. Ansteck- und Nahmikrofone bei der Aufnahme von Streichinstrumenten

Aufnahme von Blasinstrumenten

Abstrahlcharakteristik

Blasinstrumente haben – verglichen mit den Streichinstrumenten – ausgeprägte **Richtungsabhängigkeiten bei der Schallabstrahlung** ($\rightarrow$ S. 70). Für die Aufnahmetechnik bedeutet dies, dass mit der Wahl des Mikrofonorts erheblich größere Einflüsse auf den Klang der Instrumente realisierbar werden als mit der Wahl des Mikrofontyps, dass oft schon geringfügige Verschiebungen von einigen cm von Mikrofon oder auch Musiker zu deutlichen Klangveränderungen führen, dass es aber auch Mikrofonorte gibt, die einen unakzeptablen Klang liefern. In aufnahmetechnischer Hinsicht gibt es zwischen den Holz- und Blechblasinstrumenten zwei wesentliche Unterschiede:

Blechblasinstrumente haben gegenüber den Holzblasinstrumenten einen großen Schalltrichter (Stürze). Konsequenz daraus ist eine deutlich stärkere Schallbündelung als bei den Holzblasinstrumenten, auch schon im mittleren Frequenzbereich. Der größere Schalltrichter gewährleistet aber auch eine günstigere akustische Anpassung des Instruments an den umgebenden Raum, dadurch kann mehr Schallenergie abgegeben werden; Blechblasinstrumente können demnach wesentlich lauter sein als Holzblasinstrumente. Sie strahlen etwa 5- bis 10mal mehr Schallleistung ab, d. h. sie klingen bis doppelt so laut wie Holzblasinstrumente.

Holzblasinstrumente haben im Gegensatz zu den Blechblasinstrumenten am Instrument entlang Grifflöcher, aus denen wesentliche Klanganteile abgestrahlt werden. Die Abstrahlcharakteristiken sind demnach bei den Holzblasinstrumenten komplizierter und nicht rotationssymmetrisch um die Stürze herum.

Weiterhin ist die **Ausrichtung der Schalltrichter** der Instrumente nicht einheitlich; die Schalltrichter sind auf den Boden (Klarinette, Oboe, Sopransaxophon), mehr oder weniger waagrecht nach vorn (z. B. Trompete, Posaune), nach oben (Fagott, Tuba) oder hinter den Spieler gerichtet (Horn). Auch aus diesem Gesichtspunkt ergeben sich unterschiedliche Mikrofonaufstellungen für die einzelnen Instrumente.

Es ist relativ anstrengend, auf Blasinstrumenten zu spielen; Aufnahmen erfordern deshalb einen ökonomischen Umgang mit den Kräften der Musiker.

Holzblasinstrumente

Bei der **Klarinette** und **Oboe** werden Klangkomponenten bis etwa 3000 Hz vorwiegend durch die Grifflöcher abgestrahlt, höhere Komponenten aus der Stürze ($\rightarrow$ S. 70). Dadurch kann mit dem Aufnahmeort des Mikrofons der Klangcharakter der Aufnahme heller oder dunkler gestaltet werden (Abb. A). Im engeren Bereich der Stürze wirkt der Klang unnatürlich eng und scharf sowie mit mehr Blasgeräuschen. Im Allgemeinen ist dies deshalb kein empfehlenswerter Mikrofonort. Der Abstand wird vom Aufnahmeverfahren bestimmt. Je geringer der Abstand wird, desto stärker wirken sich auch kleine Bewegungen des Instruments auf die Klangfarbe aus. Abstände um 50 cm und weniger sind deshalb nur bei erfahrenen Studiomusikern angebracht, die das Instrument in der einmal festgelegten Position halten. Wird das Mikrofon mehr in die Nähe des Mundstücks gebracht, entsteht bei relativ geringem Abstand der unangenehme Effekt, dass die einzelnen Töne aus verschiedenen Entfernungen zu kommen scheinen, je nachdem, welche Klappen gerade geöffnet sind. Normalerweise wird das Mikrofon von oben auf das Instrument gerichtet, in besonderen Fällen – z. B. zur Erhöhung der akustischen Trennung zum Nachbarinstrument – kann es aber ohne klangliche Beeinträchtigung auch von der Seite her auf das Instrument gerichtet werden. Das gelegentlich hörbare Klappern der Applikatur tritt störend nur bei abgespielter Mechanik des Instruments auf.

Bei der **Flöte** erweist sich eine Mikrofonposition über den Klappen des Instruments als klanglich befriedigend (Abb. A). Der Klang vor der Stürze ist dünn, verrauscht und eng; eine solche Mikrofonposition kommt für die Aufnahme praktisch nicht in Betracht. Bei Pop und Jazz, wo die Atemluft vielfach in die musikalische Gestaltung einbezogen wird, ist oft eine Aufnahme dicht am Mundstück adäquat.

Klang
dunkler

Klang
heller

Oboe,
Klarinette

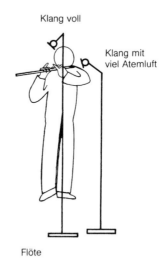

Klang voll

Klang mit
viel Atemluft

Flöte

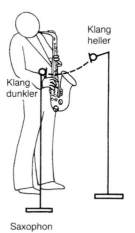

Klang
heller

Klang
dunkler

A. Mikrofonaufstellung bei Holzblasinstrumenten   Saxophon

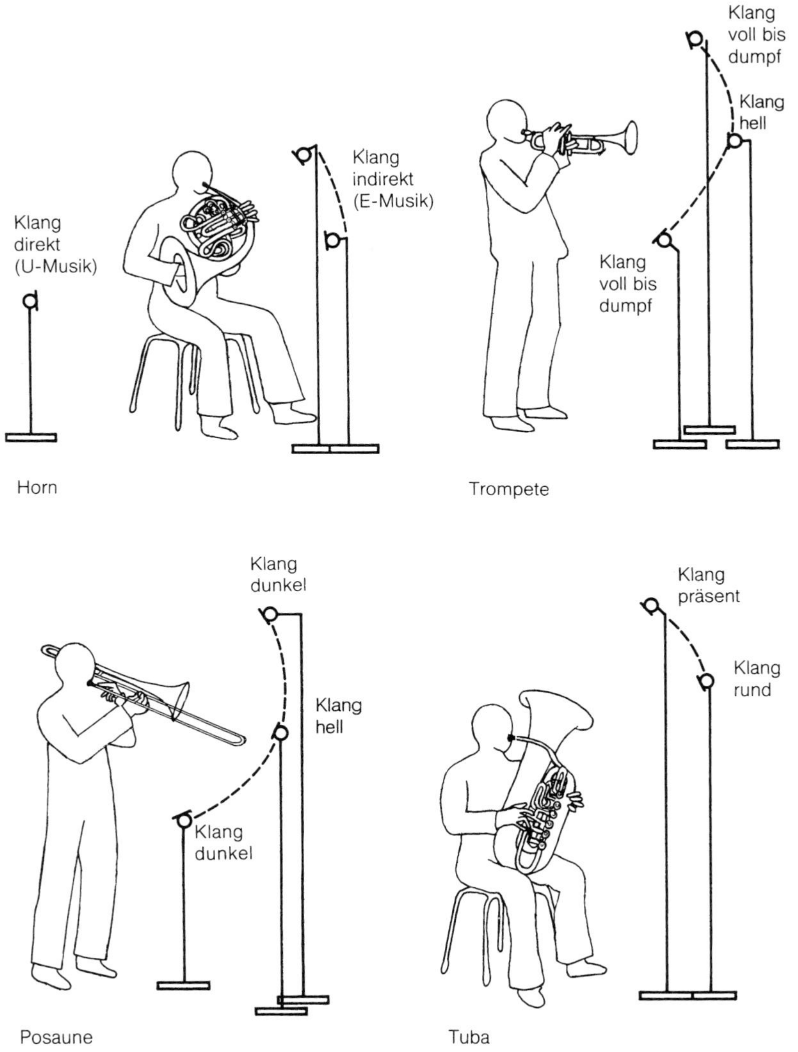

Klang
voll bis
dumpf

Klang
hell

Klang
indirekt
(E-Musik)

Klang
direkt
(U-Musik)

Klang
voll bis
dumpf

Horn

Trompete

Klang
dunkel

Klang
präsent

Klang
hell

Klang
rund

Klang
dunkel

Posaune

Tuba

B. Mikrofonaufstellung bei Blechblasinstrumenten

Beim **Saxophon** können durch die abgebogene Stürze die durch die Grifflöcher und die durch die Stürze abgestrahlten Klanganteile vor dem Instrument gemeinsam aufgenommen werden. Wärmer und weicher wird der Klang bei seitlichen Mikrofonpositionen. Extreme Nahaufstellung an der Stürze lässt den Klang stumpf und topfig werden. Für das Sopransaxophon mit gerader Stürze gelten dieselben Gesichtspunkte wie für die Klarinette.

Das **Fagott** strahlt hohe Klangkomponenten schräg nach vorne oben ab, die tiefen Komponenten wie alle Holzblasinstrumente seitlich. Sinngemäß gilt für die Mikrofonaufstellung dasselbe wie für Oboe und Klarinette.

Blechblasinstrumente

Das **Horn** strahlt als einziges Orchesterinstrument seinen Klang hinter den Spieler ab (→ S. 75). Der Hornklang ist im Orchester deshalb immer relativ indirekt und räumlich. Da diese Haltung des Instruments praktisch seit seiner Einführung ins Orchester im 18. Jahrh. üblich ist, haben die Komponisten das Horn auch in der seinem Klang entsprechenden musikalischen Funktion verwendet; es hat klangverbindende Aufgaben, besonders das gestopfte Horn soll wie von weitem her klingen. Bei E-Musik ist deshalb – auch bei Kammermusik – ein Mikrofon vor der Stürze nicht angebracht (Abb. B). Schallharte Wände hinter dem Horn können zu störenden Reflexionen führen, aber einen zu schwachen Hornklang auch stützen. Bei U-Musik muss bei einer Aufnahmetechnik mit Einzelmikrofonen selbstverständlich auch beim Horn das Mikrofon im Nahfeld, d. h. direkt vor der Stürze aufgestellt werden, bei sog. gehobener U-Musik kommt auch die E-Musik-Aufstellung in Betracht.

Trompete und **Posaune** bieten miteinander vergleichbare Aufnahmebedingungen (Abb. B); in der Haupt-achse des Instruments ist der Ton am hellsten, aber – anders als bei Holzblasinstrumenten – klangschön. Außerhalb der Achse wird er zunehmend dumpfer (Abb. B, → S. 74, Abb. C). Beide Instrumente erreichen – abgesehen von einigen Schlaginstrumenten – die höchsten Lautstärken von allen Orchesterinstrumenten. In 50 cm Entfernung vor der Stürze werden Schallpegelwerte von mehr als 120 dB erreicht, in 20 cm Entfernung über 135 dB. Damit kommen die Schallpegel u. U. in eine Größenordnung, die nicht von allen Kondensatormikrofonen – auch nicht von allen modernen Typen, auch nicht bei eingeschalteter Verdämpfung – verzerrungsfrei übertragen werden kann. Maßgeblich hierfür ist der in den Mikrofondaten angegebene Grenzschalldruckpegel bei einem Klirrfaktor von 0,5%. Oft werden deshalb z. B. bei der Big Band dynamische Mikrofone eingesetzt, bei denen es praktisch keine Übersteuerungsgrenze gibt.

Die **Tuba**, das Bassinstrument der Blechbläsergruppe, strahlt ihren Klang nach oben ab wie das Fagott, das Bassinstrument der Holzbläsergruppe. Die an der Tuba geschätzte Prägnanz des Toneinsatzes sowie die besonders gute Erkennbarkeit der Tonhöhe kommen bei Aufnahme über dem Instrument am deutlichsten heraus, bei etwas seitlicher Aufstellung wird der Klang runder, Blasgeräusche werden geringer (Abb. B). Das Sousaphon ist eine Tuba, die den Klang nach vorne abstrahlt; es findet gelegentlich bei der Blechblasmusik Verwendung.

Die **Bügelhörner** sind die wichtigste Instrumentenfamilie des Blasorchesters. Sie strahlen den Klang je nach Bauform verschieden ab: bei der Trompetenform (Flügelhorn, Althorn) nach vorn, bei der Waldhornform (Althorn) nach hinten, bei der ovalen und der Tubaform (Althorn, Tenorhorn, Bariton) schräg nach oben. Da sich hier das Einzelmikrofonverfahren i.a. weniger empfiehlt – die wenigsten Blasorchester sind Berufsorchester – spielt die Abstrahlrichtung keine so große Rolle.

Aufnahme von Schlaginstrumenten

E-Musik

Die Musik teilt bis weit ins 19. Jahrhundert den Schlaginstrumenten (→ S. 76) eine verhältnismäßig untergeordnete Rolle zu. Regelmäßig vorgeschrieben sind praktisch nur zwei bis drei **Pauken;** von ihrer musikalischen Funktion her sind sie das Bassfundament der Trompeten, erst im 19. Jahrhundert löst sich die Paukenstimme aus dieser Bindung. Um die Pauke klanglich präzise aufnehmen zu können, empfiehlt sich in vielen Fällen, auch bei Verwendung der Hauptmikrofontechnik im Nahbereich der Pauken ein Stützmikrofon aufzustellen; damit kann bei vorsichtiger Einmischung ein markantes und dem Orchesterklang geringfügig voraneilendes Einschwingen erreicht werden.

Das **Triangel** benötigt kein eigenes Mikrofon; es soll dem Orchesterklang eine allgemeine, diffuse Klanghelligkeit geben, vergleichbar dem Zimbelstern der Orgel. Die verschiedenen **Trommeln** erhalten dann Stützmikrofone, wenn ihnen eine besondere musikalische Funktion zukommt, was in vielen Werken des 20. Jahrhunderts allerdings der Fall ist. Dasselbe gilt für **Becken,** die durch starke Klangkomponenten im hohen Frequenzbereich gekennzeichnet sind und bei einem Orchesterfortissimo den Gesamtpegel nochmals merklich erhöhen können, ebenso wie das **Tam-Tam.** Die Stützmikrofone stehen in etwa 1,5 m Höhe bei den Schlaginstrumenten; es kommen bei dieser Entfernung nur gerichtete Mikrofone in Betracht.

Akustische Schlaginstrumente in der U-Musik

In der Aufnahmetechnik des Schlagzeugs (Drums) gibt es die verschiedensten Möglichkeiten, die jeweilige Technik hängt nicht nur von der Art der Musik, der Spieltechnik, den akustischen und aufnahmetechnischen Gegebenheiten ab, sondern auch von dem angestrebten Sound und damit zusammenhängend auch von Geschmackstrends. Die Möglichkeiten reichen von extremen Nahmikrofonen für jedes Instrument bis zu einem Stereomikrofon in Intensitätsstereofonie oder zwei Einzelmikrofonen für das gesamte Schlagzeug.

Die wohl üblichste Methode Schlagzeug aufzunehmen, ist, für jedes Instrument oder für zwei Instrumente zusammen **Einzelmikrofone** (→ S. 134) zu nehmen, dazu zwei sog. **Overheads,** zwei Mikrofone etwa 50 cm über den Becken oder ein Stereomikrofon über der gesamten Anordnung. Die **stereofone Einordnung** der einzelnen Mikrofone bzw. Instrumente entspricht ungefähr der Aufstellung der Instrumente. Dies wird bei Verwendung von Overheadmikrofonen ohnehin notwendig, um Doppelabbildungen der Instrumente auf der Stereobasis zu vermeiden; aber auch unabhängig davon entspricht die Anordnung der Schlaginstrumente (Abb. A) einer günstigen Zuordnung zur Stereobasis: tiefe Instrumente (Bass drums, Tom-Toms) in der Mitte, weil sie ohnehin schlechter geortet werden können, hohe Instrumente (Becken, Hi-hat) an den beiden Flanken der Basis, weil sie die Breite der Basis besonders deutlich machen. Generell gilt für den **Mikrofonabstand,** dass er bei reinen Studioaufnahmen etwas größer ist oder sein kann als auf der Bühne bei gleichzeitiger Saalbeschallung. Für die **Mikrofonwahl** gilt: Vielfach werden vor allem aus klanglichen Gründen dynamische Mikrofone verwendet; als weitere Gründe hierfür gelten die besondere Robustheit der Mikrofone, ihre völlige Übersteuerungsfestigkeit und ihre Anschlusstechnik, die keine Versorgungsspannung benötigt. Da moderne Kondensatormikrofone ebenfalls robust sind, die Übersteuerungsfestigkeit meist ausreicht und heute selbst einfache Mischpulte Phantomspeisung der Mikrofone bieten, sollten nur noch klangliche Gründe für die Mikrofonwahl entscheidend sein. Kondensatormikrofone sind klanglich nicht grundsätzlich besser als dynamische Mikrofone, jedenfalls nicht bei Aufnahmen im Bereich U-Musik, schwingen aber präziser, d. h. kürzer ein (→ S. 100, Abb. D). Wegen der sehr hohen Schalldrücke empfiehlt es sich aber, generell die Vordämpfung an den Mikrofonen einzuschalten. Wegen des hohen Schall-

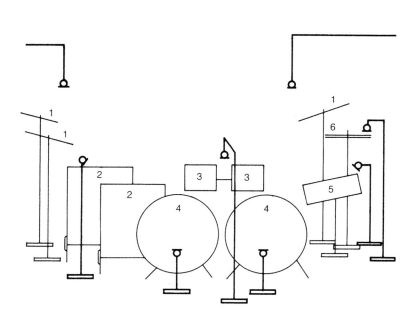

A. Schlagzeug, Mikrofonaufstellung

1 Becken (Cymbals)
2 Stand-Tom-Toms
3 Hänge-Tom-Toms

4 Bass drums (Große Trommeln)
5 Snare (Kleine Trommel)
6 Hi-hat

B. Mikrofon-
anordnung
bei
Trommeln

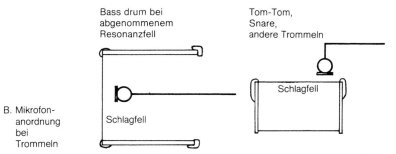

Bass drum bei
abgenommenem
Resonanzfell

Tom-Tom,
Snare,
andere Trommeln

Schlagfell

Schlagfell

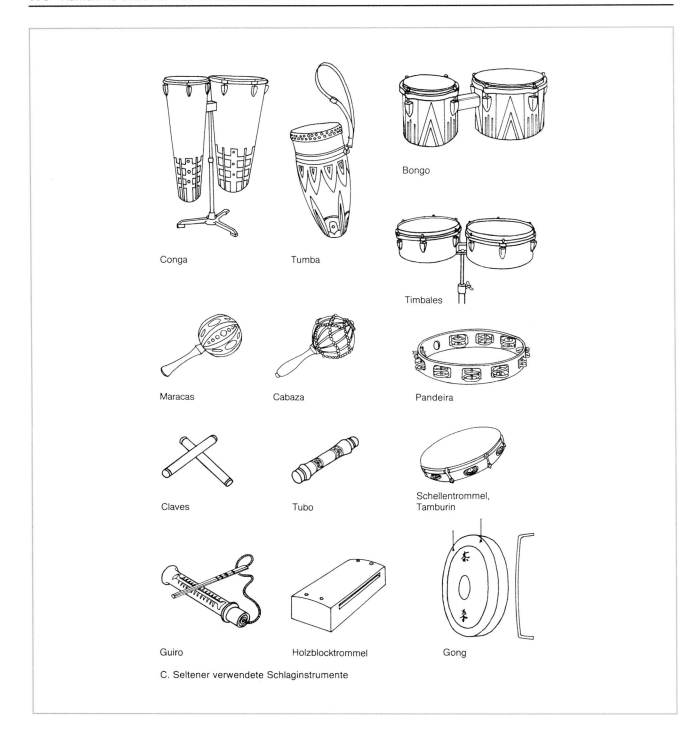

Conga

Tumba

Bongo

Timbales

Maracas

Cabaza

Pandeira

Claves

Tubo

Schellentrommel,
Tamburin

Guiro

Holzblocktrommel

Gong

C. Seltener verwendete Schlaginstrumente

drucks sollte bei der Bass drum allerdings immer ein dynamisches Mikrofon eingesetzt werden.

Bei der **Bass drum** (Große Trommel) wird im Allgemeinen das dem Schlagfell gegenüberliegende Resonanzfell entfernt. Damit kann das Mikrofon in etwa 10 bis 15 cm Abstand hinter dem Schlagfell aufgestellt werden. Dies sichert einen trockenen Sound und hohe Übersprechdämpfung zu den anderen Mikrofonen. Weiterhin wird das Schlagfell durch eine in die Bass drum eingelegte Decke oder Schaumstoff, möglichst noch mit einem Stein beschwert, an das Schlagfell gepresst, ebenfalls um eine zusätzliche Dämpfung und damit einen trockenen, nicht nachklingenden Sound zu erreichen. Als Mikrofon wird ein dynamisches Druckmikrofon verwendet. Die Bass drum hat im Spektrum einer Aufnahme die bei weitem größten Pegel, sie bestimmt damit die Aussteuerung der Aufnahme; die Bass drum kann also nur zu Lasten der Gesamtlautstärke herausgehoben werden. Eine wünschenswerte Pegelreduzierung ohne wesentlichen Einfluss auf ihren Sound kann durch Herausfiltern ihrer tiefsten Klangkomponenten unter etwa 100 Hz erfolgen. Eine elektrische Unterdrückung des Nachklingens ist mit Noisegate oder Expander möglich, ein schnelles, präzises Einschwingen zusätzlich mit einem hochangesteuerten Begrenzer oder Kompressor. Die **Snare drum** wird von oben (Abb. B) in einem Abstand von 5 bis 10 cm aufgenommen; dabei muss vor allem auf geringes Übersprechen von den Becken geachtet werden. Für die **Tom-Toms** wird das Mikrofon wie bei der Snare über das Schlagfell gehängt, wobei ein Mikrofon auch zwei Tom-Toms aufnehmen kann. Bei den Hänge-Toms kann das Resonanzfell entfernt werden. Das Mikrofon kann dann wie bei der Bass drum von unten im Inneren des Instruments aufgestellt werden (Abb. B). Bei der Snare und den Tom-Toms werden vielfach als zusätzliche mechanische Dämpfung des Schlagfells Filz- oder Schaumstoffstreifen mit Klebeband an den Rand des Schlagfells geheftet. Die **Becken**-Mikrofone hängen 30-50 cm über den Becken, beim **Hi-hat** ist auch ein geringerer Abstand möglich.

Zu den genannten Instrumenten, die den Kern jedes Schlagzeugs bilden, können weitere Instrumente kommen (Abb. C): **Gongs** werden von hinten in einem Abstand von 30 bis 80 cm aufgenommen; bei geringem Abstand erhält jeder Gong ein eigenes Mikrofon. **Bongos** und **Congas,** auch die den Congas sehr ähnlichen **Tumbas,** finden meist paarig Verwendung. Haben sie wichtigere Funktionen, werden sie je Paar mit zwei Mikrofonen aufgenommen, um die Instrumente stereofon auffächern zu können. Die einzelnen Mikrofone des Schlagzeugs werden im Allgemeinen in ihrem Frequenzgang mit **Filtern** oder **Equalizern** korrigiert: Bei der Bass drum werden die hohen, bei den Becken und beim Hi-hat werden die tiefen Frequenzen weggefiltert. Mikrofonaufstellung und Klangeinstellung erfordern Zeit und Sorgfalt.

Jazz, Folklore, Volksmusik

Jazzaufnahmen können wie Popmusik mit dem Einzelmikrofonverfahren gemacht werden; ist eine ausbalancierte Saalbeschallung gefordert, kommt praktisch nur diese Aufnahmetechnik in Betracht. Vielfach wird aber auch nach Gesichtspunkten aufgenommen, die für E-Musik gelten; dann findet die Aufnahmetechnik mit Haupt- und Stützmikrofonen Anwendung, oder es werden Einzelmikrofone in größerem Abstand aufgestellt. Die jeweilige Aufnahmetechnik hängt ganz besonders vom **Stil der Musik** ab und muss mit den Musikern abgestimmt werden. Dies gilt natürlich auch für andere Gattungen, die im weiteren Sinne zwischen Jazz und Pop stehen.

Für Aufnahme von Folklore, Volksmusik u. ä. gilt sinngemäß das für den Jazz Gesagte. Vielfach wird eine Aufnahmetechnik bevorzugt, die zwischen Einzelmikrofon- und Stützmikrofon-Aufnahmetechnik einzureihen ist. Bei Laienensembles sollte der Mikrofonabstand prinzipiell größer sein als bei Profiensembles.

Aufnahme von Gitarren

Konzertgitarre und Akustikgitarre

Da die **Konzertgitarre** verhältnismäßig leise klingt, muss der Mikrofonabstand auch bei E-Musikaufnahmen relativ gering sein, etwa 50 bis 100 cm. Andernfalls wird der akustische und elektrische Geräuschpegelabstand zu gering. Das Mikrofon wird am günstigsten auf den Bereich unterhalb des Stegs bis hin zum Schalloch gerichtet (Abb. A). Dies gilt generell auch für die **akustische Gitarre,** Sammelbegriff für die verschiedenen Formen der Gitarre ohne elektrische Verstärkung im U-Musikbereich. Wegen der geringen Lautstärke des Instruments gibt es hier aber mit dieser Anordnung Probleme bei gleichzeitiger Saalbeschallung, ebenfalls wenn der Gitarrist zugleich singt und eine Balancemöglichkeit zwischen Gesang und Gitarre während der Aufnahme gewünscht wird. In diesen Fällen kann ein Ansteckmikrofon, das am Schalloch befestigt wird, die gewünschten Ergebnisse bringen. Bei denjenigen Akustikgitarren, die auch einen eingebauten Tonabnehmer besitzen, wird oft das Mikrofon mit der Modulation des Tonabnehmers gemischt. In diesem Fall liefert der Tonabnehmer bevorzugt den mittleren Frequenzbereich, das Mikrofon fügt dem die höheren und tieferen Komponenten hinzu; um die Rückkopplungsgefahr zu verringern, kann · beim Mikrofon der mittlere Frequenzbereich mit einem Equalizer zurückgenommen werden.

Für die **Mandoline** und die **Laute** und ähnliche Zupfinstrumente gilt dieselbe Aufnahmetechnik wie für die Konzertgitarre. Bei der **Harfe** wird das Mikrofon auf den Resonanzkörper gerichtet.

E-Gitarre

Erst die elektrische Verstärkung und Klangwiedergabe über Lautsprecher ließ die Gitarre zu einem der wichtigsten Instrumente der modernen U- bzw. Popmusik werden. Die Verstärkung bietet zugleich die Möglichkeit, den Klang auf verschiedenste Weise üer **Effekgeräte** – mit Reglern oder pedalbedient – zu beeinflussen (Abb. C). Anteil an der Klangcharakteristik besitzen aber auch der Tonabnehmer und der Gitarrenlautsprecher sowie natürlich die Konstruktion und die Materialien von Korpus und Saiten der Gitarre. **Dynamische Tonabnehmer** müssen außerhalb magnetischer Felder sein, ein Trenntransformator etwa unter dem Stuhl des Gitarristen verursacht Brummstörungen über den Tonabnehmer. Da der Gitarrensound so, wie ihn der Gitarrist einstellt, aufgenommen werden soll, kommt in erster Linie die **Abnahme mit Mikrofon vor dem Gitarrenlautsprecher** in Frage (Abb. B). Das Mikrofon wird im absoluten Nahbereich vor dem Lautsprecher – auf die Mitte der Membran weisend – aufgestellt. Bei Zweiweglautsprecherboxen sind zwei Mikrofone notwendig. Wegen der meist sehr hohen Lautstärken werden dynamische Mikrofone bevorzugt. Der geringe Mikrofonabstand erfordert bei Richtmikrofonen eine Bassabsenkung, entweder durch Verwendung eines Solistenmikrofons oder durch Filterung. Bei **Direktabnahme** des elektrischen Signals vom Gitarrenverstärker oder Effektgerät („Direct injection") entstehen vielfach Probleme mit Brummen, hervorgerufen durch Mehrfacherdung; Sicherheitsprobleme können mit einer DI-Box (**D**irect **I**njection **B**ox) oder entsprechend aufgebauten Mikrofonverstärkern gelöst werden; dabei ist die Verbindung zur Tonregie erdfrei (→ S. 180). Vielfach wird Direktabnahme und Mikrofonabnahme auch gemischt.

Der **E-Bass** kann wie die E-Gitarre mit Mikrofon aufgenommen werden. Tritt der E-Bass musikalisch nicht in den Vordergrund, kann er auch direkt elektrisch in die Regieanlage eingespeist werden. Natürlich können auch beide Aufnahmetechniken kombiniert werden; dies geschieht oft dann, wenn bei reiner Mikrofonabnahme Rückkopplungen auftreten.

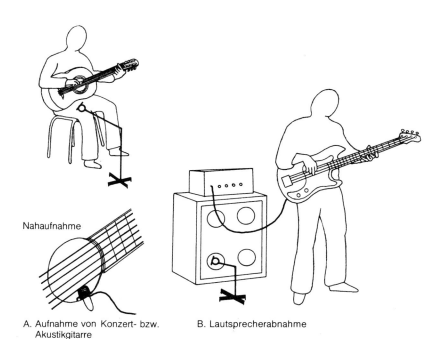

Nahaufnahme

A. Aufnahme von Konzert- bzw. Akustikgitarre

B. Lautsprecherabnahme

Chorus:	Stimmvervielfachung, subjektive Intensivierung
Compression Sustainer:	Kompressor, der eine Tonverlängerung ohne abfallenden Pegel bewirkt
Distorsion:	nichtlineare Verzerrungen mit einstellbaren Eigenschaften
Flanger:	zeitverzögerte Zumischung desselben Signals, Verzögerungszeit schwingend, Vibratoeffekte
Noise Gate:	Abschaltung in Modulationspausen
Over Drive:	Verzerrungen wie ein Röhrenverstärker, d.h. mit größer werdendem Pegel zunehmend
Phaser:	phasenverschobene Zumischung desselben Signals, Frequenzgang einer Kammerfilterkurve, auch schwingend
Spectrum:	einstellbare Anhebung in einem stufenlos einstellbaren Frequenzbereich
Touch Wah:	bei jedem Ton automatisch durchlaufendes Filter
Wah Wah:	Durchlauffilter, das individuell gesteuert wird

C. Gitarren-Effektgeräte (Auswahl)

Anschluss elektrischer Musikanlagen

Da elektrische Musikinstrumente und Musikanlagen wie E-Gitarren, E-Bässe, E-Pianos, Keyboards usw. ihre Tonsignale als elektrischen Strom abgeben, können sie direkt – ohne Mikrofon – in die Tonregieanlage eingespeist werden, wovon bei gleichzeitiger Beschallung, aber auch aus klanglichen Gründen vielfach Gebrauch gemacht wird; daneben werden die Instrumente aber auch über Mikrofon vom Lautsprecher der Musikanlage abgenommen, da hier der vom Musiker gewollte und vom Hörer erwartete Klang entsteht. Vielfach wird auch das Signal der Direktabnahme und das Mikrofonsignal gemischt.

Musikanlagen haben vielfach nicht den im Studiobereich durch Unfallverhütungsvorschriften geforderten hohen Sicherheitsstandard, außerdem muss immer mit einem nicht fehlerfreien Zustand von Fremdgeräten gerechnet werden. Daraus entstehen Gefahren für Leib und Leben, gegen die Maßnahmen zu ergreifen sind. Weiterhin genügen die Tonsignale der Musikanlagen meist nicht den in der professionellen Tonstudiotechnik üblichen Standards. Tonsignalleitungen sind meist unsymmetrisch geführt, also mit nur einer potentialführenden Ader und der zweiten Ader an Masse bzw. Erde; weiter werden die im Studio üblichen Übergabepegel und Impedanzen nicht eingehalten; dies kann zu Problemen der Anpassung führen. Vor allem aber entstehen häufig Störungen, meist als Brummeinstreuungen in das Tonsignal mit der Netzfrequenz 50 Hz.

Grundsatz ist, dass beim Anschluss fremder Musikinstrumente oder -geräte vorrangig auf die Sicherheit aller Mitwirkenden geachtet werden muss, danach auf die Anpassung der Tonsignale, schließlich auf Störungen durch Brummen im Tonsignal.

Sicherheit

Unfälle durch elektrischen Strom in Studios und auf Bühnen sind immer die Folge von fehlerhaften Geräten, Installationen oder unzulässigen Arbeitsgewohnheiten; dies erfordert besondere Sorgfalt und Vorkehrungen aller Beteiligten und insbesondere des Verantwortlichen. Da Musikeranlagen durch den Bühnenbetrieb erhöhten Beanspruchungen ausgesetzt und deshalb öfter fehlerhaft sind, außerdem vielfach von Herstellern stammen, die die hohen Standards des Studiobetriebs nicht einhalten, ist erhöhte Vorsicht geboten.

Gefahr entsteht dann, wenn einerseits berührbare Teile z. B. von Instrumenten an Netzspannung liegen, andererseits geerdete Teile von anderen Geräten oder Anlagen im Bühnenbereich gleichzeitig berührt werden; in diesem Fall schließt sich der Netzstromkreis über den Menschen, der dann in Lebensgefahr ist.

Als **Vorsichtsmaßnahme** dagegen muss verhindert werden, dass Stromkreise über Erde überhaupt aufgebaut werden. Stromkreise werden durch Trennübertrager oder Trenntransformatoren, sog. **Trenntrafos,** unterbrochen; diese bewirken eine sog. Schutztrennung der Netzleitung (Abb. A). Tonleitungen werden durch Modulationstrenntransformatoren, im Allgemeinen DI-Boxen (Direct Injection-Boxen) genannt, unterbrochen.

Diese **Schutztrennung** des Stromnetzes ist die wichtigste Maßnahme, die stets Vorrang hat und grundsätzlich anzuwenden ist. Der Netz-Trenntrafo liefert ein erdfreies Netz, er ist netzseitig geerdet, verbraucherseitig aber erdfrei. Grundsätzlich muss für jedes Gerät ein gesonderter Trenntrafo verwendet werden, natürlich darf der Verbraucher z. B. bei Brummstörungen nicht anderweitig geerdet werden.

Anpassung mit DI-Box

Die **DI-Box** (Direct Injection-Box), auch Dibbox, Splittbox, Splitter oder Modulationstrennübertrager, auch Mikrofon-Trennverteiler, enthält zwar einen Trenntrafo für die Modulation, stellt aber als Sicherheitsmaßnahme keine Alternative zum Netz-Trenntrafo dar.

Ihre Hauptaufgabe ist die **Anpassung** von Leitungsführung, Pegel und Impedanz des Ausgangs der Musikanlage an die Verhältnisse am Eingang der Tonstudioanlage, d. h. die DI-Box muss ein symmetrisches, erdfreies, niederohmiges und damit rückwirkungsfreies Signal mit Mikrofon- oder Leitungspegel liefern. Sie besteht als passives Gerät aus einem Übertrager mit einer durch einen Schalter

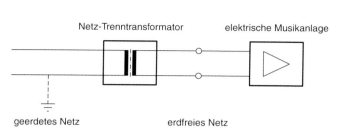

A. Schutztrennung durch einen Netz-Trenntransformator

1. Direkteinspeisung von Gitarre in Mischpult/Ü-Wagen

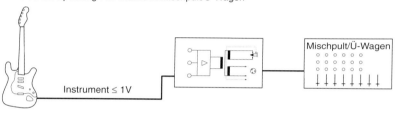

2. Direkteinspeisung von Gitarre in Mischpult bei gleichzeitiger Ansteuerung des Gitarrenverstärkers

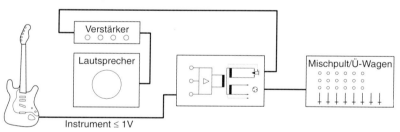

3. Abnahme eines Verstärkerausganges (Line-Out) zur Speisung des Mischpultes

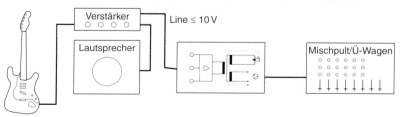

B. 3 Beispiele für den Einsatz einer DI-Box

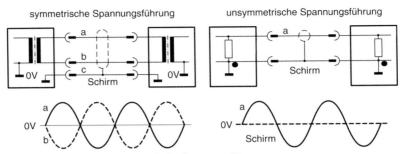

symmetrische Spannungsführung   unsymmetrische Spannungsführung

C. Symmetrische und unsymmetrische Spannungsführung

Brummstörungen	Ursachen und Merkmale	Maßnahmen zur Abhilfe
bei Verwendung eines Netz-Trenntransformators	Die Gerätemasse liegt nicht auf Erdpotential. Der Verstärker „liegt hoch". Das Brummen verändert sich, wenn die Leitung verschoben wird oder metallische Teile des Verstärkers bzw. des Instruments durch Berührung geerdet werden.	1. Beseitigung der Ursachen: Leitungen oder Geräte mit starken magnetischen Wechselfeldern meiden durch entsprechendes Verlegen der Leitungen und Verschieben der Geräte. 2. Erdung der Geräte an einer Funktionserde, d.h. ausreichend ist jedwede Verbindung zum Erdpotential; die Schutzfunktion des Trenntrafos wird dadurch nicht beeinträchtigt.
durch Massenschleifen	Bei der Zusammenschaltung von Geräten mit unsymmetrischen Ein- oder Ausgängen und Schutzerdung der Geräte werden die Gerätemassen auf zwei Wegen miteinander verbunden und bilden eine Massenschleife, in die ein magnetisches Wechselfeld Störspannungen induzieren kann.	1. Beseitigung der Ursachen: Leitungen oder Geräte mit starken magnetischen Wechselfeldern meiden durch entsprechendes Verlegen der Leitungen und Verschieben der Geräte. 2. Massenverbindung der Netzleitung durch Trenntrafo unterbrechen. 3. Massenverbindung der Tonleitung durch DI-Box in Stellung LIFT unterbrechen.
durch Mehrfacherdung	Zwischen Geräten können Potentialunterschiede auftreten, die – je nach Schaltungsaufbau – Ausgleichsströme auf den Massenverbindungen verursachen können.	Die Mehrfacherdung muss beseitigt werden: 1. Der Schirm wird bei symmetrischer Leitungsführung ausgangsseitig aufgetrennt, bei unsymmetrischer Leitungsführung durch eine DI-Box in Stellung LIFT unterbrochen. 2. Die Geräte werden erdfrei über jeweils einen Trenntrafo angeschlossen. 3. Alle Schutz- und Funktionserden werden sternförmig mit großem Leitungsquerschnitt zusammengeführt.

D. Beseitigung von Brummstörungen

auftrennbaren Schirmung (GROUND/ LIFT), unterschiedlichen Abgriffen für die Pegelanpassung bzw. sekundärseitig Signalsplittung. Als aktives Gerät besitzt die DI-Box zusätzlich einen Verstärker, der zugleich als Impedanzwandler hohe Quellimpedanzen von Musikanlagen niederohmig macht für den Anschluss an die Tonregie (Line- oder Mikrofoneingang). Neben dem Ausgang für die Tonregie steht auch ein unsymmetrischer Ausgang für einen Musikverstärker zur Verfügung. Die Versorgungsspannung erhält der Verstärker entweder aus einer Batterie oder aus der Phantomspeisung des Mikrofoneingangs. DI-Boxen sind kleine Adapter, die direkt in die lose verlegte Leitung zur Tonregie bei Bedarf eingefügt werden.

Einige Anwendungsbeispiele der DI-Box (Abb. B):

1. Eine E-Gitarre soll direkt abgenommen werden. Der Ausgang des Tonabnehmers wird direkt an den Eingang der DI-Box angeschlossen, diese macht die Leitung symmetrisch, hebt den Pegel an und sorgt für die niederohmige Impedanzanpassung. Der Ausgang der DI-Box wird mit einem Mikrofoneingang der Tonregie verbunden.

2. Die E-Gitarre soll zusätzlich zur Aufnahme einen Gitarrenverstärker auf der Bühne versorgen. Er erhält aus dem Aux-Ausgang der DI-Box sein Signal. Die DI-Box hat in diesem Fall die zusätzliche Aufgabe, den Signalweg zu splitten. Zur Sicherheit wird der GROUND / LIFT-Schalter auf LIFT gestellt und damit der Schirm unterbrochen.

3. Wenn bei einer Aufnahme die Effekte des Gitarrenverstärkers genutzt werden sollen, wird der Ausgang des Gitarrenverstärkers entweder mit einer entsprechenden Dämpfungseinstellung auf die DI-Box gegeben oder auf deren Line-Eingang, sofern ein solcher vorhanden ist.

Brummeinstreuungen

Verantwortlich für die beim Anschluss von Musikanlagen vielfach auftretenden Brummstörungen ist die in der Musikelektronik verwendete **unsymmetrische Leitungstechnik** (Abb. C). Sie macht die Anlagen empfindlich für elektrische und magnetische Einstreuungen von Feldern der Netzleitungen, Scheinwerfer und anderer elektrischer Installationen, da die Einstreuungen anders als bei symmetrischer Leitungsführung nur auf eine Ader wirken und sich dem Tonsignal voll überlagern. Da die verwendeten Spannungen bei Musikanlagen im Millivoltbereich liegen, können schon relativ schwache Felder Störungen hervorrufen.

In der Praxis stellt die **Beseitigung von Brummstörungen** eines der Hauptprobleme dar. Je nach der Ursache – bei Verwendung eines Netz-Ternntrafos, bei Massenschleifen oder bei Mehrfacherdung – müssen unterschiedliche Maßnahmen für ihre Unterdrückung ergriffen werden; vielfach muss dabei experimentiert werden, um die wirksamste Maßnahme herauszufinden (Abb. D).

Aufnahme von Tasteninstrumenten

Klavier

Klaviere sind generell alle besaiteten Tasteninstrumente mit Hammermechanik. Das kleine Instrument – im allgemeinen Sprachgebrauch mit Klavier bezeichnet – heißt eigentlich Pianino; für Aufnahmen wird aber der klanglich bessere Flügel verwendet.

Bei **E-Musikaufnahmen** wird das Instrument monofon aufgenommen, wenn es z. B. nur die Funktion eines Schlaginstruments im Orchester erfüllt, sonst grundsätzlich stereofon. Dabei wird der Raumklang möglichst einbezogen, der Mikrofonabstand also nicht zu klein gewählt. Dies kann in einem der Verfahren der Hauptmikrofontechnik geschehen; ein allgemein anerkanntes Verfahren hat sich nicht durchgesetzt, die Laufzeit- und mehr noch die „gemischten" Aufnahmeverfahren sind besonders geeignet. Wenn in der Musik die tiefsten Töne gefordert sind, sollte unbedingt ein Verfahren mit Druckempfängern verwendet werden, z. B. AB, auch mit einem Straus-Pärchen. Weiter wird gelegentlich eine Aufstellung am „tail end", am hinteren Ende verwendet. Bei geschlossenem Flügeldeckel, ein Wunsch vieler Sänger, bringt ein Mikrofonstandort rechts neben dem Pianisten oder über dem Notenständer – hier stören allerdings Geräusche durch Umblättern besonders – noch die beste Präsenz; grundsätzlich bietet der geschlossene Deckel aber keinerlei Vorteile, Klangbalance ist auch bei geöffnetem Deckel zu realisieren. Ein geschlossener Flügel klingt immer etwas unklar und dumpf, eine befriedigende Stereoanordnung ist hier kaum möglich (Abb. A).

Bei **U-Musikaufnahmen** wird je ein Mikrofon den tiefen und hohen Saiten in geringem Abstand (10 bis 20 cm) zugeteilt und über Panpot stereofon aufgefächert. Für monofone Aufnahmen eignet sich die Position über den hohen Saiten, eventuell auch über einem der vorderen Löcher im Gußrahmen. Obwohl der Resonanzboden von unten her offen auf dem Rahmen aufliegt, wirkt der Klang bei einer Mikrofonposition unter dem Flügel dumpf und topfig; der Resonanzboden ist relativ dick (ca. 12 mm) und damit für hohe Frequenzen wenig schwingungsfähig, diese strahlen die Saiten direkt ab. Bei der für Aufnahmen relativ selten verwendeten Pia-

nino-Bauform (Abb. B) wird beim Einzelmikrofonverfahren (U-Musik) der Deckel geöffnet. Durch Entfernen beider Frontabdeckungen können die Klangeigenschaften des Pianinos deutlich verbessert werden.

Ein Problem, das gerade bei Aufnahmen von Klavier und einer Singstimme oder einem Instrument auftritt und in der Praxis oft kaum zu lösen ist, ist die **Zweiräumigkeit** solcher Aufnahmen. Sie entsteht, wenn zwei Schallquellen unterschiedlich laut sind, aber in der Tonregie auf gleiche Lautstärke gebracht werden; im Nachhall ist dann dennoch die lautere Schallquelle stärker repräsentiert. Damit wirkt das jeweils lautere Instrument stets weiter entfernt und in einem größeren Raum, das leisere stets näher. Die Zweiräumigkeit entsteht aber auch daraus, dass der Klavierton mit seinem Ausklingen zeitlich und spektral im Grunde dieselbe Struktur besitzt wie der Nachhall aus dem Raum; dabei verdeckt der längere „instrumenteneigene Nachhall" den Raumnachhall, der Raum ist in geringerem Maße hörbar. Außerdem kann gerade z. B. die Gesangsstimme den Raum besonders deutlich hören lassen; durch einzelne impulsartige Laute entstehen Einzelreflexionen, die den Raum besonders deutlich abbilden. So scheint der Sänger in einem größeren Raum zu sein als das Klavier.

Für gute Aufnahmen sehr wichtig ist ein hervorragender **Zustand des Instruments** (Stimmung, Intonation). Die **Klaviermarke** und mit ihr der Klangcharakter des Instruments spielen in der Praxis durchaus eine Rolle. Je nach Werk und Pianist werden bestimmte Fabrikate bevorzugt; tatsächlich werden die klanglichen Unterschiede oft überbewertet.

Andere Tasteninstrumente

Die **Celesta** (Abb. C), ein Tasteninstrument mit der Hammermechanik des Klaviers, jedoch Metallstäben anstelle der Saiten sowie mit einzelnen, hölzernen Resonatoren, wird seit dem Ende des 19. Jahrhunderts häufiger im Orchester vorgeschrieben.

Aufnahmetechnisch kann sie wie ein Pianino behandelt werden (Abb. B). Um das Anschlaggeräusch bei der Auf-

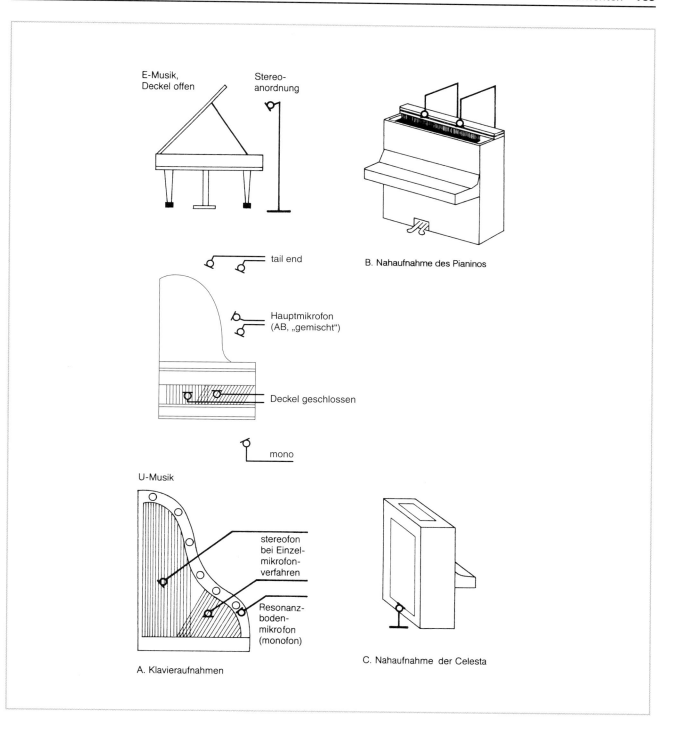

E-Musik,
Deckel offen

Stereo-
anordnung

tail end

Hauptmikrofon
(AB, „gemischt")

Deckel geschlossen

mono

U-Musik

stereofon
bei Einzel-
mikrofon-
verfahren

Resonanz-
boden-
mikrofon
(monofon)

A. Klavieraufnahmen

B. Nahaufnahme des Pianinos

C. Nahaufnahme der Celesta

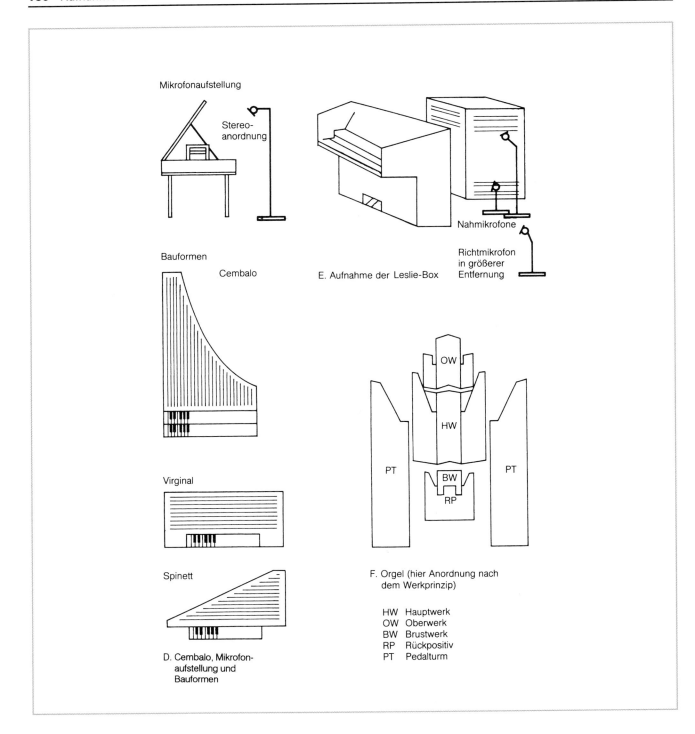

Mikrofonaufstellung

Stereo-anordnung

E. Aufnahme der Leslie-Box

Nahmikrofone

Richtmikrofon
in größerer
Entfernung

Bauformen

Cembalo

Virginal

Spinett

D. Cembalo, Mikrofon-
aufstellung und
Bauformen

F. Orgel (hier Anordnung nach
dem Werkprinzip)

HW Hauptwerk
OW Oberwerk
BW Brustwerk
RP Rückpositiv
PT Pedalturm

nahme nicht zu stark werden zu lassen, empfiehlt sich ein Mikrofonstandort auf der Rückseite.

Das **Cembalo** ist ein Tasteninstrument mit gezupften, genauer angerissenen Saiten. Normalerweise hat es die äußere Form eines Flügels, kleinere Bauformen sind das dreieckige Spinett (seltener fünf- oder sechseckig) und das rechteckige Virginal (Abb. D). Die Instrumente wurden bis in die achtziger Jahre in moderner, schwerer Bauweise – neben anderen Konstruktionsmerkmalen meist mit einem von unten offenen Resonanzboden wie der Flügel –, heute aber in der sehr leichten historischen Konstruktion mit von unten geschlossenem Resonanzkörper gebaut. Die Mikrofonaufstellung entspricht im Wesentlichen derjenigen beim Flügel (Abb. D). Charakteristisch für diese Instrumente ist die fehlende Dynamik des Klangs, die nur durch Registerschaltungen, Artikulation und durch die Dichte des musikalischen Satzes variierbar ist, sowie eine subjektiv vergleichsweise hohe Lautstärke bei gleicher Aussteuerung wie andere Instrumente; die hohe Lautstärke wird durch die zeitlich betrachtet große Klangdichte – verursacht durch ein nur langsames Ausklingen – und das bis zu hohen Komponenten reichende Spektrum verursacht. Deshalb wird in der Praxis vielfach nur auf 50% ausgesteuert. Im Gegensatz dazu gehört das **Clavichord** zu den leisesten Instrumenten der Musik überhaupt. Hier empfiehlt sich eine Nahaufnahme über dem relativ kleinen Resonanzboden auf der rechten Seite im Instrument.

Keyboards

Die Tasteninstrumente der Popmusik u. ä. werden unter dem Sammelbegriff Keyboards (engl. Klaviatur, Tastatur) zusammengefasst. Mit Ausnahme des Klaviers handelt es sich dabei um **elektronische** (Elektronische Orgeln, Synthesizer, E-Pianos, Digital-Pianos u. a.), seltener um **elektromechanische Instrumente** (Hammond-Orgeln). Der Klang wird also durch Lautsprecher abgestrahlt bzw. steht für die Aufnahme als elektrisches Signal zur Verfügung. Wie bei der E-Gitarre ist die Abnahme mit einem Mikrofon vom Lautsprecher möglich, im All-gemeinen wird jedoch direkt („Direct Injection") in das Mischpult eingespeist.

Bei Verwendung der **Leslie-Box** ist dies jedoch nicht möglich, weil der typische Leslie-Klang durch rotierende Lautsprecher erzeugt wird; die Rotation ergibt aufgrund des Doppler-Effekts ein Tonhöhenvibrato, das rein elektrisch produziert nicht dieselbe Wirkung hat. Bei langsamer Rotation entsteht der „Kathedraleffekt", bei schneller der „Leslie-Effekt". Da für die Bassabstrahlung und für die Höhenabstrahlung zwei getrennt rotierende Lautsprechersysteme benutzt werden (Abb. E), ist ein stark gerichtetes Mikrofon in größerem Abstand aufzustellen.

Pfeifenorgel

Die große Pfeifenorgel ist als **Kirchen- oder Konzertorgel** das nach äußerem Umfang und Materialaufwand größte Musikinstrument. Bei der **Anordnung der Orgelpfeifen** gibt es verschiedene Prinzipien: Nach dem Vorbild der Barockorgeln werden Gruppen von Registern zu sog. Werken, die ihrerseits einem bestimmten Manual zugeordnet sind, zusammengefasst (Abb. F). Aus optischen und akustischen Gründen sind dabei die tiefen Register des Orgelpedals so auf zwei flankierende „Pedaltürme" verteilt, dass nebeneinanderliegende Halbtöne jeweils verschiedenen Türmen zugeordnet sind; dadurch springt eine Bassmelodie ständig zwischen links und rechts. Insbesondere bei Orgeln des 19. Jahrhunderts ist der sichtbare Orgelprospekt nach rein optisch-ästhetischen Gesichtspunkten angeordnet, oft sogar mit unechten, nichtklingenden Pfeifen; die einzelnen Register werden nicht zu mehreren klanglich ausgewogenen Werken zusammengefasst. Zwischen diesen beiden Prinzipien gibt es jede denkbare Kombination optischer und akustischer Prinzipien der Pfeifenanordnung. Bei der großen Kirchen- und Konzertorgel soll die **Aufnahme** das Erlebnis eines großen Raums vermitteln, was einen größeren Abstand und eine Hauptmikrofontechnik bedingt. Zu bevorzugen ist hier die AB-Technik, da die Anordnung der Pfeifen nicht die Struktur der Musik repräsentiert und der Raumeindruck im Vordergrund steht.

Wortaufnahme

Abhörlautstärke und Frequenzgang

Der Zusammenhang zwischen **Abhörlautstärke**, „natürlicher Lautstärke" und Klangfärbung, also Frequenzgang, besteht zwar bei Tonaufnahmen generell, wird aber bei Sprache besonders deutlich wahrgenommen, weil der Klang der menschlichen Stimme zu den tiefsten akustischen Erfahrungen des Menschen gehört. Die Stärke der Klangkomponenten der Stimme ist unterhalb etwa 100 Hz bei Männern und 200 Hz bei Frauen relativ unabhängig von der Sprechlautstärke (→ S. 80), wird also hauptsächlich von der Entfernung zum Sprecher bestimmt. Bei jeder elektroakustischen Wiedergabe, bei der die Abhörlautstärke aber von der „natürlichen" Lautstärke am Mikrofonort abweicht, muss sich somit eine unnatürliche Wiedergabe der Tiefen ergeben; bei „unnatürlich" lautem Abhören dröhnt die Stimme, weil die tiefen Komponenten relativ zu den höheren zu stark sind, bei „unnatürlich" leiser Wiedergabe wird ihr Klang flach, weil die Tiefen zu schwach sind (Abb. A).

Sprecheraufnahmen

Bei normaler Sprechweise herrscht in einer Entfernung von etwa 60 cm vom Sprecher ein **Schalldruckpegel** von rund 60 dB, der sich bei Annäherung auf etwa 30 cm auf 64 dB erhöht; wird laut gesprochen, erhöht sich der Pegel um jeweils etwa 6 dB. Damit ergibt sich in einem Studio, das den an ein Rundfunkstudio gestellten Anforderungen gerecht wird, ein **Störpegelabstand** zu dem allgemeinen Studio- und Mikrofongeräusch von 40 bis 50 dB. Da das Studio- und Mikrofongeräusch bei Sprachaufnahmen über dem Geräusch des Speichermediums liegt, müssen kürzere Pausen bei Sprachaufnahmen aus einer Aufnahme der „Studioatmosphäre" („Atmo", „Raum statisch") bestehen; es empfiehlt sich deshalb, zu einer Sprachaufnahme stets noch einige Minuten „Atmo" als Mischung aus Studio- und Mikrofongeräuschen für evtl. einzufügende Pausen aufzunehmen.

Bei relativ geringem Mikrofonabstand – unter 30 bis 50 cm – verursacht der **Nahbesprechungseffekt** (→ S. 101) durch eine hörbare Anhebung der Tiefen ein unnatürliches Dröhnen; für diesen Fall stehen Mikrofone mit einer festen Bassabsenkung zur Verfügung, sog. Solistenmikrofone (→ S. 102). Bei der vielfach vor allem im Studio üblichen Entfernung von etwa 60 cm spielt der Effekt keine nennenswerte Rolle. Weiterhin werden bei Sprachaufnahmen auf der Brust zu tragende Mikrofone verwendet, sog. Ansteck- oder Lavaliermikrofone (→ S. 102); sie haben trotz ihrer ungewöhnlichen Position keine Klangfärbungen. Störender sind bei geringerem Mikrofonabstand **Poppeffekte** durch die Explosivlaute des Sprechers; ein Windschutz schafft hier Abhilfe (→ S. 97). Störende **Klangfärbungen** entstehen, wenn das Mikrofon zugleich mit dem Direktschall Reflexionen vom Sprechertisch oder Manuskript aufnimmt. Je nach Anordnung lassen sich solche Reflexionen jedoch vermeiden (Abb. B). Klangfärbungen machen sich vor allem dann störend bemerkbar, wenn die durch die Reflexion entstehende Kammfilterkurve (→ S. 144, Abb. D) sich durch Bewegungen des Sprechers verschiebt. Im Gegensatz zu Hörspielstudios benötigen reine **Sprecherstudios** keine Mindestgröße; durch Festlegung des Sprechplatzes und des Mikrofonorts kann die raumakustische Gestaltung alle akustischen Anforderungen erfüllen. Die Nachhallzeit beträgt im Allgemeinen etwa 0,2 bis 0,3 s; erste Reflexionen und stehende Wellen (Raummoden) werden dabei so weit wie möglich unterdrückt.

An den **Sprecher** werden Anforderungen gestellt, die teils von der Technik kommen, teils aus der Eigenart des Mediums: Stark betonte Einzelwörter oder Satzanfänge müssen zu einem geringeren Durchschnittspegel führen und damit die Verständlichkeit und auch die Lautstärkebalance mit anderen Sprechern oder Musik beeinträchtigen. Pausen zwischen Textteilen z. B. sollen bei Aufnahmen kürzer sein als etwa bei einer Lesung vor Zuhörern. Weiterhin wird bei Aufnahmen eine größere Disziplin in bezug auf Nebengeräusche z. B. beim Umblättern verlangt. Wegen der größeren Nähe des Mikrofons und damit auch des Hörers gegenüber „natürlicher" Sprachdarbietung werden Nebengeräusche aus dem Stimmapparat, vor allem „Schmatzer" aufgrund starken Speichelflus-

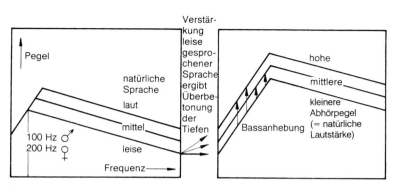

A. Schematische Darstellung der Frequenzgangveränderung
bei „unnatürlich" lautem Abhören

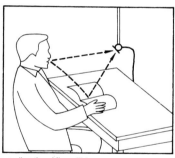

ungünstige Klangfärbungen

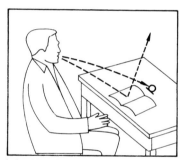

keine Klangfärbungen,
Gefahr der Mikrofonverdeckung

keine Klangfärbungen

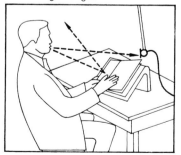

B. Mikrofonaufstellung bei einer Ansage
oder Lesung

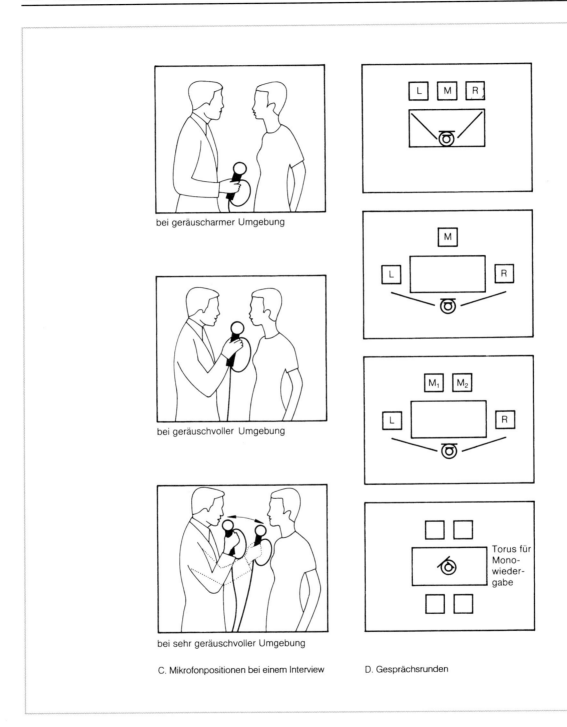

bei geräuscharmer Umgebung

bei geräuschvoller Umgebung

bei sehr geräuschvoller Umgebung

C. Mikrofonpositionen bei einem Interview

D. Gesprächsrunden

Torus für Mono-wiedergabe

ses, störend hörbar. Schließlich korrigiert der Sprecher seine Versprecher sofort, indem er nach einer kurzen Pause den Satz nochmals von vorn beginnt.

Interviews, Reportagen

Ein geeignetes Interview-Mikrofon wird zunächst nach seiner **Richtcharakteristik** ausgewählt: Die Kugelrichtcharakteristik eignet sich, wenn zugleich mit einem Interview oder einer Reportage die akustische Atmosphäre übertragen werden soll; sofern es sich um Druckempfänger handelt, sind Kugelmikrofone weniger wind- und handempfindlich als Richtmikrofone. Die Niere eignet sich für Aufnahmesituationen, in denen Nebengeräusche ausgeblendet werden sollen und wenn nur der Reporter oder nur der Befragte aufgenommen werden soll; das Störgeräusch entscheidet über Mikrofonhaltung bzw. -führung (Abb. C). Eine Acht blendet Störgeräusche noch etwas besser aus als die Niere, sie kann deshalb bei zwei Gesprächspartnern gut eingesetzt werden, muss allerdings fast in Mundhöhe gehalten werden.

Grundsätzlich ist ein **Wind- und Poppschutz** zu empfehlen. Bei Mikrofonabständen unter 30 cm sollte bei der Verwendung von Richtmikrofonen ein **Nahbesprechungsmikrofon** genommen werden (siehe oben); dieser Mikrofontyp verfälscht aber die akustische Atmosphäre. Bei sehr geringem Besprechungsabstand wird die Mikrofonmembran möglichst nicht frontal angesprochen, sondern zur Vermeidung von Übersteuerungen schräg bis seitlich. Da Richtmikrofone ziemlich empfindlich gegen **Körperschall** sind, müssen Reibgeräusche am Mikrofon und am Mikrofonkabel unbedingt vermieden werden. Dazu wird das Kabel mit einer Schlinge entlastet (Abb. C).

Gesprächsrunden

Zunächst gelten für eine Gesprächsrunde (Roundtable) dieselben Gesichtspunkte bezüglich Schallpegel, Studiogeräusch, Nahbesprechungseffekt und Klangfärbung durch Reflexionen wie bei einem Einzelsprecher.

Bei der Mikrofonaufstellung kommen zwei Möglichkeiten in Betracht: Zunächst kann jedem Gesprächspartner nach dem **Einzelmikrofonverfahren** (→ S. 134) ein Mikrofon zugeteilt werden, das dann bei Stereoaufnahmen in der Tonregie durch den Panpot in seiner Abbildungsrichtung eingeordnet wird. Dieses Verfahren bietet zugleich die Möglichkeit, die Mikrofone nur bei Bedarf zu öffnen. Diese Funktion kann auch ein **Schwellwertschalter** (Noisegate) oder der Sprecher selbst übernehmen; um in Gesprächspausen kein akustisches Loch entstehen zu lassen, muss dabei zusätzlich ein Raummikrofon aufgestellt werden. Einen besseren Eindruck von der akustischen Atmosphäre im Gesprächsraum gibt eine Aufnahme mit einem oder zwei **Stereomikrofonen** in etwas größerem Abstand von der Gesprächsrunde. Dabei können die Gesprächsteilnehmer auf einem Kreisbogen von 270° und mit einem Koinzidenzmikrofon in Intensitätsstereofonie (→ S. 124) angeordnet werden. Die Verwendung von zwei Stereomikrofonen „Rücken an Rücken" ist nicht sinnvoll.

Für **Monoaufnahmen** eignet sich ein Stereomikrofon mit unter 90° gekreuzten Achten, die über ein 90°-Filter zusammengeschaltet werden; es entsteht dabei eine Richtcharakteristik, die einer rotierenden Acht (Torus) entspricht, also waagrecht allseitig gleich empfindlich ist, senkrecht aber diffusen Schall ausblendet.

Aufnahme von Gesangssolisten und Chören

Gesangssolisten (Popmusik)

In diesem Musikbereich ist der Mikrofonabstand grundsätzlich sehr gering. Um dabei Bewegungsfreiheit für den Gesangssolisten zu gewährleisten, werden im Allgemeinen **Handmikrofone** in drahtloser Übertragungstechnik benutzt. Die hinteren Öffnungen des Mikrofons dürfen nicht mit der Hand zugehalten werden, da sich in diesem Fall die Richtcharakteristik in eine Kugelcharakteristik umwandelt. Wenn der Sänger z. B. zugleich Gitarre spielt, wird ein Stativ für das Mikrofon notwendig, wobei auch Ansteckmikrofone in Frage kommen. Der geringe Mikrofonabstand bedingt hohen Schalldruck, der besonders bei Explosivlauten (b, p, d, t) zu **Poppstörungen** und bei Zischlauten (s, sch, ß, z) zu einem „Kratzen" – beides sind Übersteuerungen – führen kann. Die Gefahr solcher Störungen kann wesentlich reduziert werden, wenn die Mikrofonmembran nicht senkrecht angesungen wird, sondern seitlich (Abb. A). Vor allem Popp- oder Windschutz (→ S. 113), der über das Mikrofon gestülpt wird, reduziert solche Störungen erheblich, er ist praktisch unentbehrlich und bei einigen Solistenmikrofonen in die Kapsel integriert. Der Poppschirm ist die wirksamste Maßnahme, aber nur bei Mikrofonen auf Stativen anwendbar. Neben den dynamischen Mikrofonen stehen selbstverständlich auch Kondensatormikrofone als Solistenmikrofone zur Verfügung, sie haben dieselben Frequenzgangkorrekturen und erfüllen alle Anforderungen, die an ein Nahbesprechungsmikrofon gestellt werden.

Als **Mikrofone** für den Gebrauch bei geringem Abstand werden vielfach hochwertige dynamische Mikrofone gewählt. Sie sind einerseits sehr übersteuerungsfest, andererseits robust; ein Anschlagen oder Sturz auf den Boden sollte ein dynamisches Mikrofon ohne Schaden überstehen. Obwohl im Allgemeinen Richtmikrofone verwendet werden, kann auch der Einsatz eines Druckempfängers mit Kugelrichtcharakteristik in Betracht gezogen werden; Vorteile sind: geringere Poppempfindlichkeit wegen der höheren Membranspannung, geringere Körperschallempfindlichkeit z. B. bei Reibgeräuschen, kein

Nahbesprechungseffekt, demgegenüber wiegt der Nachteil allseitiger Empfindlichkeit oft nicht so schwer, weil durch den geringen Mikrofonabstand hohe Pegel zur Verfügung stehen. Bei leisen Sängern wird allerdings die Gefahr der Rückkopplung bei gleichzeitiger Bühnen- und Saalbeschallung meist unzulässig hoch werden. Bei allen gerichteten Mikrofonen ergibt sich durch den Nahbesprechungseffekt eine mit abnehmendem Abstand zunehmende Bassanhebung. Aus diesem Grunde sind die speziellen Solistenmikrofone entweder mit einem Schalter zur Bassabschwächung versehen oder sie haben eine feste, unbeeinflussbare Bassabsenkung. Andererseits kann eine solche Bassverstärkung auch gewollt sein.

Bei der Aufnahme kleinerer **Gesangsgruppen** oder Backgroundchöre können Einzelmikrofone unter denselben Gesichtspunkten wie für Einzelsänger verwendet werden. Vorteilhaft ist dabei die Möglichkeit, die einzelnen Stimmen leicht ausbalancieren zu können. Da bei Studioaufnahmen meist mit Noten gearbeitet wird, sind Stative dann günstiger, wenn umgeblättert werden muss. Bei einer stimmlich ausgeglichenen Gruppe können zwei Sänger ein gemeinsames Mikrofon erhalten (Abb. B).

Gesangssolisten (E-Musik)

In diesem Bereich werden bei Gesangsaufnahmen grundsätzlich keine Handmikrofone eingesetzt, der Mikrofonabstand wird im Allgemeinen zwischen 1 und 2 m liegen. Bei der **Mikrofonaufstellung** muss darauf geachtet werden, dass der Schallweg zum Mikrofon nicht durch ein Notenheft gestört wird; weiterhin wird bei Live-Aufnahmen mit der Mikrofonaufstellung Rücksicht auf die Konzertsituation zu nehmen sein, das Mikrofon sollte vom Publikum aus gesehen nicht vor dem Gesicht des Solisten zu sehen sein. Günstig erweist sich ein Mikrofonort etwa in Höhe der Noten (Abb. C), was gleichzeitig störende Reflexionen am Notenbuch vermeidet. Mehrere Solisten können jeweils zu zweit in ein Mikrofon singen (Abb. D). Bei Gesangssolisten im E-Musikbereich muss mit hohen Lautstärken gerechnet werden, besonders bei Sopranen, so dass die Dynamik

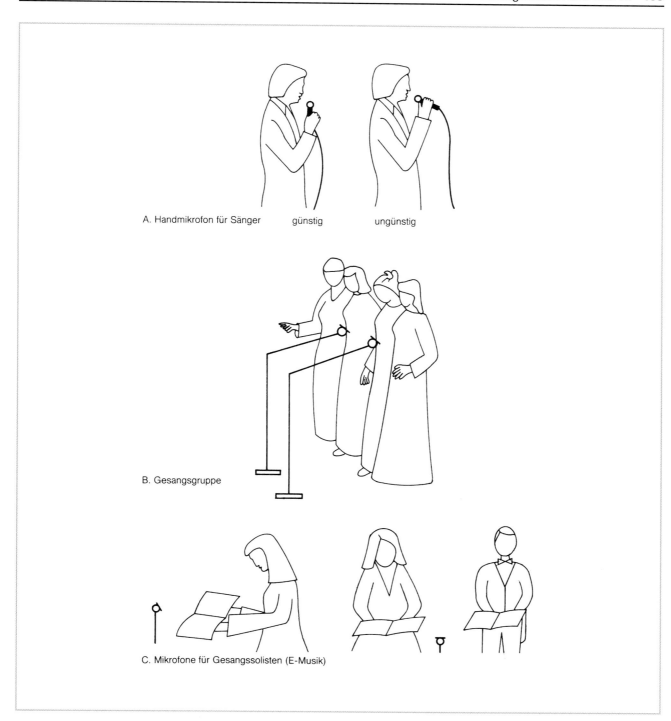

A. Handmikrofon für Sänger günstig ungünstig

B. Gesangsgruppe

C. Mikrofone für Gesangssolisten (E-Musik)

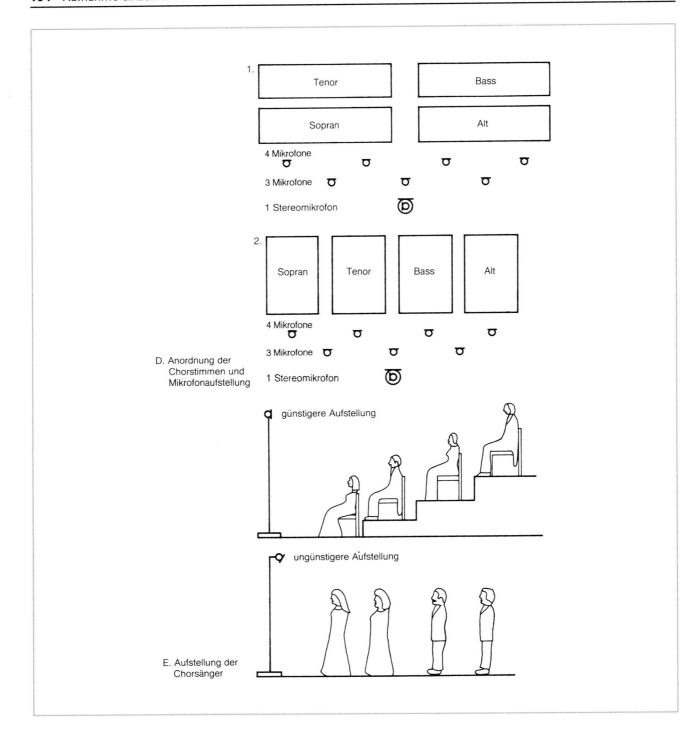

1.

| Tenor | Bass |
| Sopran | Alt |

4 Mikrofone

3 Mikrofone

1 Stereomikrofon

2.

| Sopran | Tenor | Bass | Alt |

4 Mikrofone

3 Mikrofone

1 Stereomikrofon

D. Anordnung der Chorstimmen und Mikrofonaufstellung

günstigere Aufstellung

ungünstigere Aufstellung

E. Aufstellung der Chorsänger

sehr groß werden kann, größer als bei den meisten Musikinstrumenten (→ S. 60).

Chor

Ein **Stereomikrofon** eignet sich nur dann, wenn der Chor nicht hinter dem Orchester steht. In diesem Fall sind die Orchesteranteile auf dem Chormikrofon zu stark, um Chor und Orchester gegeneinander ausbalancieren zu können; sie verschleiern auch das Klangbild des Orchesters. Günstiger sind in diesem Falle drei oder besser noch vier **Monomikrofone,** die bei sektorieller Aufstellung der Stimmen noch eine Ausbalancierung der Stimmgruppen zulassen.

Die **Anordnung der Stimmen** (→ S. 80) innerhalb eines gemischten Chors entspricht meist Abb. D (oben). Vorteil dieser Aufstellung ist, dass mindestens die zur Mitte hin stehenden Sänger jeder Stimme einen guten akustischen Kontakt zu allen anderen Stimmen haben. In der Aufnahme führt diese Anordnung zur Homogenität des Chorklangs, aber auch zur Verschleierung z. B. kontrapunktischer Strukturen. Die Stimmenanordnung nach Abb. D (unten) erlaubt dem Hörer eine deutliche akustische Unterscheidung der einzelnen Stimmgruppen, führt zu größerer Durchsichtigkeit, erschwert aber andererseits das exakte Zusammenwirken der Chorsänger. Diese sektorielle Aufstellung ist an denselben Gesichtspunkten der Klangsymmetrie orientiert, die auch der deutschen Orchesteraufstellung zugrunde liegen; denkbar ist auch eine Anordnung entsprechend der amerikanischen Sitzweise des Orchesters: Sopran – Alt – Tenor – Bass. Die Sänger sollten möglichst auf Stufen aufgestellt sein, um die freie Schallausbreitung zu den Mikrofonen zu ermöglichen. Auch ein entsprechend hoch angeordnetes Mikrofon kann die Aufstellung auf Stufen nicht ersetzen (Abb. E). Es gibt verschiedene **Besetzungen** eines Chors oder einer Chorkomposition:

Bezeichnung des Chor	Besetzung	Anzahl der Stimmen	Bezeichnung der Stimmen von oben nach unten	Sonderformen, Bemerkungen
gemischter Chor	Frauen- (Kinder-) und Männerstimmen	meist 4, seltener 5, 6 oder 8	Sopran, Alt, Tenor, Bass; bei mehr als 4 Stimmen: Sopran I und II usw.	Kammerchor (kleiner gemischter Chor), Doppelchor (2 gemischte Chöre), A-cappella-Chor (ohne Mitwirkung von Instrumenten)
gemischte Chöre mit besonderen Aufgaben:				
Konzertchor				meist Laiensänger; weltliche und geistliche Musik mit Orchester
Kirchenchor				meist Laiensänger; geistliche Musik
Opernchor				Berufssänger; Mitwirkung bei Opernaufführungen
Rundfunkchor				Berufssänger; weltliche und geistliche Musik für Rundfunkaufnahmen
Frauenchor	nur Frauenstimmen	meist 3	Sopran I, II und Alt	
Männerchor	nur Männerstimmen	meist 4	Tenor I, II und Bass I, II	
Knabenchor	nur Knabenstimmen, vielfach als gemischter Chor mit Männerstimmen	1 bis 3 4 bis 8	Sopran I, II und Alt wie gemischter Chor	

Weiterführende Literatur, eine Auswahl

Aufnahmeraum

Taschenbuch Akustik, hg. von W. Fasold, W. Kraak, und W. Schirmer, 2 Bde., Berlin 1984, VEB Technik

Taschenbuch der Technischen Akustik, hg. von M. Heckl und H. A. Müller, 2. Aufl., Berlin 1994, Springer

I. Veit: Technische Akustik: Grundlagen der physikalischen, physiologischen und Elektro-Akustik, 5. Aufl. Würzburg 1996, Vogel

L. Cremer und H. A. Müller: Die wissenschaftlichen Grundlagen der Raumakustik, 2 Bde., Stuttgart 1976-78, Hirzel

H. Kuttruff: Room Acoustics, 4. Aufl., London 2000, Applied Science Publishers

M. Forsyth: Bauwerke für Musik – Konzertsäle und Opernhäuser, Musik und Zuhörer vom 17. Jahrhundert bis zur Gegenwart, aus dem Englischen von M. und R. Dickreiter, München 1992, Saur

L. L. Beranek: Concert and Opera Halls – How They Sound, New York 1996, Acoustical Society of America

J. Meyer: Akustik und musikalische Aufführungspraxis, 4. Aufl. Frankfurt a. M. 1999, Bochinsky

Diverse Aufsätze in den Fachzeitschriften Acustica und Acta Acustica, Das Musikinstrument, Rundfunktechnische Mitteilungen u. a., Vorträge in den Berichten über die Tonmeistertagungen 1981, 1984, 1986, 1988, ... München 1982, 1985, 1987, 1989, ... Saur, s. u. bei *Aufnahmeverfahren*.

Schallquellen

M. Dickreiter: Musikinstrumente – Moderne Instrumente, historische Instrumente, Klangakustik, 4. Aufl., Kassel 1994, Bärenreiter

J. Meyer: Akustik und musikalische Aufführungspraxis, 4. Aufl. Frankfurt a. M. 1999, Bochinsky

E. Zwicker und H. Fastl: Psychoacoustics, Facts and Models, Berlin 1990, Springer

J. Roederer: Physikalische und psychoakustische Grundlagen der Musik, Berlin 2000, Springer

L. Mathelitsch und G. Friedrich: Die Stimme: Instrument für Sprache, Gesang und Gefühl, Berlin 1995, Springer

Diverse Aufsätze in den Fachzeitschriften Acustica, Acta Acustica, Das Musikinstrument u. a., s. u. bei *Aufnahmeverfahren*.

Mikrofone

M. Dickreiter: Handbuch der Tonstudiotechnik, 2 Bde., 6. Aufl., München 1997, Saur

Th. Görne: Mikrofone in Theorie und Praxis, Aachen 1994, Elektor

W. Reichardt: Grundlagen der Elektroakustik, Leipzig 1968, Goest und Portig

M. Gayford, Microphone Engineering Handbook, Oxford 1994, Focal Press

Räumliches Hören

J. Blauert: Räumliches Hören, Stuttgart 1974, Hirzel

Aufnahmeverfahren

Darstellungen zu dieser Thematik, Forschungsergebnisse, Praxisberichte und Erfahrungen sowie ästhetische Positionen sind hauptsächlich in Aufsätzen in verschiedenen Zeitschriften und in Tagungsbeiträgen zu finden. Diese können wegen ihrer großen Zahl im einzelnen hier nicht aufgeführt werden.

Wichtige Literatur bis 1996 ist zusammengestellt im Artikel „Musikproduktion" von W. Schlemm in „Die Musik in Geschichte und Gegenwart", Bd. 6, Kassel 1997, Bärenreiter.

Zeitschriften in Auswahl: Acustica und Acta Acustica, Stuttgart, Hirzel, Audio Professional, Ulm, Kellerer und Partner, Rundfunktechnische Mitteilungen, Norderstedt, Mensing, Studio Magazin Oberhausen.

Tagungen und Kongresse in Auswahl: Tonmeistertagungen seit 1949 an verschiedenen Orten, zuletzt 1981, 1984, 1986, 1988 usw., Berichte im jeweils darauffolgenden Jahr beim Verlag Saur, München; AES-Conventions in U.S.A. und an wechselnden Orten in Europa, Audio Engineering Society, Vorträge als Preprints.

Bildquellennachweise

S. 8: W. Kuhl, Terminologie der Hörakustik, erarb. vom Fachausschuss Elektroakustik der Nachrichtent. Ges., Acustica 39 (1977) und Taschenbuch Akustik, Bd. 2. Hg. von W. Fasold, W. Kraak und W. Schirmer, Berlin 1984

S. 12 (Abb. E): W. Kuhl, Das Zusammenwirken von direktem Schall, ersten Reflexionen und Nachhall bei der Hörsamkeit von Räumen und bei der Schallaufnahme, Rundfunktechn. Mitt. 9 (1965)

S. 20 (Abb. B): Akust. Inf. des Inst. f. Rundfunkt. 2.26-1

S. 20 (Abb. C): W. Furrer und A. Lauber, Raum- und Bauakustik, Lärmabwehr, Basel 1972

S. 28 (Abb. E), 58 (Abb. D, E), 61 (Abb. C), 62 (Abb. E), 70 (Abb. D), 74 (Abb. D), 78 (Abb. C): J. Meyer: Akustik und musikalische Aufführungspraxis, Frankfurt/Main, 2. Aufl. 1980

S. 35 (Abb. B, C, D), 40 (Abb. E),43, 44: M. Forsyth, Bauwerke für Musik, Übers. M. und R. Dickreiter, München 1992

S. 36 (Abb. E): J. Meyer, Raumakustik und Orchesterklang in den Konzertsälen Joseph Haydns, Acustica 41 (1978)

S. 43 (Abb. C), 44 (Abb. D): Die Musik in Geschichte und Gegenwart, E. Thienhaus, Art. Raumakustik, Kassel 1963

S. 44 (Abb. E): Foto Friedrich, Berlin

S. 65 (Abb. A), 66 (Abb. D): J. Meyer, Physikalische Aspekte des Geigenspiels, Siegburg 1978

S. 81 (Abb. C): T. Tarnoczy, Die durchschnittlichen Energiespektren der Sprache, Acustica 24 (1971)

S. 100 (Abb. D und E): G. Boré, Mikrophone, Firmenschrift Georg Neumann, Berlin

S. 103 (Abb. D): R. Plantz, Elektroakustische Anforderungen an Lavalier-Mikrofone, Rundfunktechn. Mitt. 9 (1965)

S. 117, 143 (Abb. B), 155 (Abb. C): J. Blauert, Räumliches Hören, Stuttgart 1974

S. 120 (Abb. D): G. Theile, Untersuchungen zur Wahrnehmung der Richtung und Entfernung von Phantomschallquellen bei 2-Kanal-Stereofonie, Techn. Ber. 24/80 des Inst. f. Rundfunkt., München 1980

S. 128 (Abb. E): M. Williams, Unified theory of microphone systems for stereophonic sound recording, 82. AES-Convention, London 1987

S. 151 (Abb. C, D): Firmenunterlagen Schalltechnik Schoeps

S. 152 (Abb. E und F): Th. Lechner, Klangeigenschaften und Richtungsabbildung von Stereo-Mikrofonanordnungen mit Druckempfängern, Ber. 16. Tonmeistertagung 1990, München 1991

Sachregister

A

Abhörbedingungen 140f.
Abhörlautstärke 188f.
Absorption 6, 18ff.
-, durch Publikum 18, 20
Abstrahlcharakteristiken
-, Blechblasinstrumente 74f.
-, Holzblasinstrumente 68, 70
-, Klavier 78f.
-, Stimme 83
-, Streichinstrumente 66f.
AB-Verfahren 124ff., 142ff.
Akustik
-, Blechblasinstrumente 68ff.
-, Holzblasinstrumente 68ff.
-, Klavier 79
-, Schlaginstrumente 76ff.
-, Stimme 80ff.
-, Streichinstrumente 64ff.
Amplitude 4
Anhall 22f.
Anpassung der Leitungsführung 180
Anschluss elektrischer Musik-
anlagen 180ff.
Ansteckmikrofon 102f.
Assoziationsmodell der räumlichen
Wahrnehmung 120f.
Aufnahme
-, Blechblasinstrumente 172f.
-, Chor 194f.
-, Gesangssolisten 192ff.
-, Gesprächsrunden 190f.
-, Gitarren 178f.
-, Holzblasinstrumente 170f.
-, Interviews 190f.
-, Klavier 184f.
-, Orgel 186f.
-, Schlaginstrumente 174ff.
-, Sprecher 188ff.
-, Streichinstrumente 168f.
-, Tasteninstrumente 184ff.
Aufnahmeverfahren 122ff.
-, gemischte 127, 146ff.
Ausgleichsvorgänge 5
Aussteuerungsmesser 138

B

Bändchenmikrofon 95, 97
Bestuhlung, Absorption 18, 20
Biegewellen 2f.
BLM siehe Grenzflächenmikrofon
Blumlein-Technik 130f.
Brummstörungen 182f.
Bündelungsmaß 90

C

Center-Kanal 162
Concertgebow Amsterdam 39, 41f.

D

DI-Box siehe Direct injection
Dichtewellen 2
Diffusschall 6f.
-, bei der Mikrofonaufnahme 9
Digitalmikrofon 108f.
Direct Injection 178
Direktschall 6f., 10ff.
-, Ausbreitungsdämpfungen 10
-, bei der Mikrofonaufnahme 13
Doppelmembranmikrofon 93
Durchsichtigkeit 8f.
Dynamik
-, Musik 60
-, technische 60f.

E

Echo 17
Echtzeitfrequenzanalyse 5
Effektivwert 4
Einschwingen des Raums 6
Einzelmikrofonverfahren 124ff. , 134ff.
Elektretmikrofon 97
Entfernungshören 116f.

F

Feldübertragungsfaktor 96
Fernfeld 3, 5
FFT, siehe Fourier-Transformation
Filterbank 5
Flatterecho 17
Fourier-Transformation 5

G

Gesangsmikrofon 101ff.
Gesetz der ersten Wellenfront 14
Gewandhaussaal Leipzig 39, 41
GK siehe Grenz-Kurven
Goniometer siehe Stereosichtgerät
Grenzflächenmikrofon 106f.
Grenzschalldruckpegel 96
Grenz-Kurven 30f.
Großmembranmikrofon 110

H

Hallabstand 6, 8, 26ff.
Hallradius 26ff.
Hauptmikrofonverfahren 124, 146ff.
Helmholtz-Resonator 21
Höhenabsorber 18
Holzverkleidung 20f.
Hörakustik, Grundbegriffe 6, 8
Hören, räumliches 115ff.
Hörfläche 85, 141
Horizont, akustischer 11, 13
Hörsamkeit 6, 8
Hörschwelle 85

I/J

Intensitätsstereofonie 124ff., 128ff.
Intervalle 85
Jecklinscheibe siehe OSS-Verfahren

K

Kammermusik
-, Besetzungen 52f.
-, Sitzordnungen 54f.
Kammfilterkurve 16f., 106, 144f.155f.
Kardioidebenenmikrofon 102f.
KEM siehe Kardioidebenenmikrofon
Keulenmikrofon siehe Rohrrichtmikrofon
Klangästhetik bei Musikaufnahmen
163ff.
Klangecho 17
Klangfarbe, Wahrnehmung 84ff.
Klangfarbendynamik 63
Kleinräumigkeit 17, 157
Koinzidenzmikrofonverfahren 127ff.

Kompatibilität 126, 144f., 148f.
Kondensatormikrofon 94ff.
Kontaktmikrofon 106
Kopfhörerwiedergabe 158f.
Korrelation 126
Korrelationsgrad 138, 140
Kugelflächenmikrofon 150f.
Kunstkopfstereofonie 127, 158f.

L
Längswellen siehe Longitudinalwellen
Laufzeitstereofonie 124ff., 142ff.
Lautheit 60ff.
Lautstärke, Wahrnehmung 84
Lautstärkepegel 60f.
Lavaliermikrofon 102f.
Leitungsführung, Anpassung 180
LFE-Kanal 162
Loch in der Mitte 138
Longitudinalwellen 2
Low frequency-Kanal siehe LFE-Kanal

M
Mehrkanalstereofonie 160ff.
Mikrofone
-, Achterrichtcharakteristik 90ff.
-, Ausgangspegel 96
-, Diffusfeldfrequenzgang 98ff.
-, Dynamik 96
-, dynamische 95ff.
-, elektroakustische Kennwerte 96f.
-, elektroakustische Wandlung 90, 94ff.
-, Empfängerprinzip 90f.
-, Ersatzgeräuschpegel 96
-, Freifeldfrequenzgang 98ff.
-, Frequenzgang 96, 98ff.
-, geräuschkompensierende 102f.
-, Geräuschpegelabstand 96
-, Grenzflächenmikrofon 91f.-,
-, Grenzschalldruckpegel 96
-, Hypernierenrichtcharakteristik 92f.
-, Impedanzen 96
-, Klirrfaktor 96
-, Körperschallstörungen 112f.
-, Kugelrichtcharakteristik 90ff.
-, Nierenrichtcharakteristik 91ff.
-, Poppstörungen 112f.
-, Richtcharakteristiken 90ff., 98f.
-, Supernierenrichtcharakteristik 92f.

-, Windstörungen 112f.
Mikrofonpärchen 102f.
Mithall 22f.
Mittenabsorber 21
MS-Verfahren 124ff., 128f., 132f.
Musikaufnahmen, Klangästhetik 163ff.
Musikinstrumente
-, Akustik 56ff.
-, Dynamik 60ff.
-, Formanten 58f., 63
-, Geräuschkomponenten 59
-, Lautstärke 60ff.
-, Spektrum 58f.
Musikvereinssaal Wien 38

N
Nachhall 6f. 22ff.
-, künstlicher 25, 34
Nachhalldauer 22
Nachhallzeit 6, 22f.
-, Frequenzabhängigkeit 25
-, optimale 22, 24, 40
Nahbesprechungseffekt 100f., 188
Nahfeld 3f.

O
Opernhaus Bayreuth 48f.
Orchester
-, Besetzungen 52ff.
-, Dynamik und Pegel 55
-, Sitzordnungen 52ff.
ORTF-Verfahren 146ff.
OSS-Verfahren 152f.

P
Parabolspiegel 102
Partialtöne siehe Teiltöne
Pascal 2
Periodendauer 4
Phantomschallquellen 118ff.
Phantomspeisung 94f.
Philharmonie Berlin 44
phon 60
Polymikrofonie siehe Einzelmikrofon-
verfahren
Poppschirm 112
Poppschutz 112f., 188
Publikum, Absorption 18, 20
PZM siehe Grenzflächenmikrofon

R
Raumakustik
-, Bearbeitungsräume 31
-, Grundbegriffe 6ff.
-, Hörspielstudios 31
-, Kammermusikstudios 30f.-,
-, Kirchen 32f.
-, Konzertsäle des 18. Jahrhunderts 34ff.
-, Konzertsäle des 19. Jahrhunderts 38ff.
-, Konzertsäle des 20. Jahrhunderts 42ff.
-, Konzertstudios 30f.
-, Opernhäuser 46ff.
-, Opernhäuser des Barock, 46f.
-, Opernhäuser des 19. Jahrhunderts 48f.
-, Popstudios 30f.
-, Sendesäle 30f.
-, Sprecherstudios 31
-, Tonstudios 30f
Räume, reflexionsarme 21
Raumeindruck 8f.
Raumeinflüsse auf das Schallereignis 6, 9
Raumgröße, empfundene 17
Räumliche Wahrnehmung, Assoziations-
modell 120f.
Räumlichkeit 8, 17
Reflexionen, erste 6f., 14
Richtcharakteristiken siehe Mikrofone
Richtungsmaß 90
Röhrenmikrofon 110f.
Rohrrichtmikrofon 103f.
Royal Festival Hall London 44

S
Salle Pleyel Paris 43f.
Schallanalyse 4
Schallausbreitung
-, Einfluss der Luftfeuchtigkeit 10
-, Einfluss der Temperatur 10
-, Einfluss des Winds 11, 13
- im freien Schallfeld 2
- in geschlossenen Räumen 7
-, Schallausbreitung über Publikum 12f.
Schallbeugung 12f.
Schalldämmung 21
Schalldruck 2, 4
Schalldruckgradient 5
Schalldruckpegel 2, 4
Schallgeschwindigkeit 5

Schallkennimpedanz 4f.
Schallquellen
-, großflächige 10f.
-, linienförmige 10f.
-, punktförmige 10f.
Schallreflexion 14ff.
Schallschatten 12f.
Schallschnelle 2, 4f.
Schallvorgänge
-, nichtperiodische 5
-, periodische 5
Schallwahrnehmung 84ff.
Schallwellen
-, Ausbreitung 4
-, ebene 2f.
-, Grundbegriffe 2ff.
-, Kennwerte 2
-, Kugelwellen 2f.
-, mathematische Zusammenhänge 4
-, stehende 16f.
Schnecke, akustische 21
Schuhschachtelsaal 38
Schwingungsformen 58f.
Solistenmikrofon 101ff.
sone 60
Spektraldynamik siehe Klangfarben-
dynamik

Spitzenwert 4
Stereofonie 124ff.
-, kopfbezogene 124ff.
-, raumbezogene 124ff.
Stereohörfläche 119
Stereomikrofon siehe Koinzidenz-
mikrofon
Stereosichtgerät 140f.
Stereosignale 126
Straus-Paket 102
Stützmikrofone 126, 154ff.
Surroundton 162
Symphony Hall Boston 39, 41f.
Systemdynamik 61

T
Teiltöne 5, 56ff.
Teppichboden, Absorption 18, 20
Tiefenabsorber 21
Ton
-, Ausklingen 56f.
-, Einschwingen 56f.
-, quasistationärer Zustand 56
-, Wahrnehmung der Dauer 84
-, Zeitverlauf 56f.
Tonhöhe 4, 84
Torsionswellen 2f.

Torus-Richtcharakteristik 191
Transient siehe Ausgleichsvorgang
Transversalwellen 3
Trennkörperverfahren 150ff.
Trittschallfilter 112

U
Überhöhungskurve 42f.

V
Verdeckungseffekte des Gehörs 86f.
Verständlichkeit 6, 8f.
Vibrato 56, 84
Vorhänge, Absorption 18ff.

W
Weinbergtreppen 45
Wellen siehe Schallwellen
Wellenlänge 4f.
Windjammer 112
Windschutz 112f.
Wortaufnahme, siehe Aufnahme,
Sprecher

X
XY-Verfahren 124ff., 128f.